Inhalt

	Einführung	5
1	Der erste VW Camper?	8
2	Adventurewagen	10
3	Amescador	14
4	Arcomobil	17
5	Australische Camper	20
6	Auto-Sleeper	27
7	Bilbo's Camper	31
8	Von Campmobiles und Canadianas	34
9	Canterbury Pitt Moto-Caravans	37
10	Der Caraversions HiTop	42
11	Danbury Conversions	43
12	Dehler Profi	48
13	Devon Camping Conversions	49
14	Dormobile	74
15	Eurec Camper	80
16	EZ Camper	81
17	Holdsworth-Umbauten	84
18	Joch Camping	87
19	Kamper Ausrüstungen	88
20	Karmann Camping-Ausbauten	89
21	Moortown Motors	91

22	Oxley Coachcraft Umbauten	95
23	Camping im dänischen Stil: der Poba Camper	96
24	Reimo Umbauten	99
25	Riviera/ASI Camper	100
26	Safaré Custom Camper	104
27	Der Service Mota-Caravan	105
28	Der Slumberwagen	106
29	Südafrikanischer Camper	109
30	Sport Kocijan: eine österreichische Alternative	111
31	Sportsmobile	112
32	Sundial Campers	114
33	Syro Kit Campers und Umbauten	117
34	T25 Camper (Großbritannien)	118
35	Teca Reisemobile	122
36	Tischer (abnehmbare Campingeinheit)	123
37	Viking	124
38	Westfalia Camper	128
39	2005: Zum Schluss ein VW Camper ...	158
■	Anhang	159

Einführung

Seit seiner Einführung im März 1950 ist der Volkswagen Transporter zu einem allgemein anerkannten Klassiker auf allen Straßen der Welt geworden. Von allen Verwendungsmöglichkeiten, speziellen Aufbauten und Varianten ist der VW Camper sowohl die Beliebteste als auch die Bekannteste.

Dieses Buch beschreibt die von professionellen Umbaufirmen angebotenen verschiedenen Modelle und Innenausstattungen, die aus einem VW Bus einen Camper machen. Kein Buch könnte jemals jeden einzelnen Umbau der letzten 50 Jahre dokumentieren, aber in diesem Werk finden sich sowohl alle wichtigen Modelle und Umbauten aus Europa und Nordamerika als auch viele weniger bekannte und ungewöhnliche Umbauten aus anderen Teilen der Welt. In den Kapiteln selbst sind zur leichteren Auffindbarkeit alle Umbauten in alphabetischer Reihenfolge aufgeführt und, wo es möglich war, alle von einer Firma hergestellten Generationen des VW Bus in chronologischer Reihenfolge beschrieben.

Mit diesem Buch kann man nicht nur herausfinden, zu welchem Fabrikat und zu welcher Modellreihe ein bestimmter Camper gehört, sondern auch, welche Ausstattung ursprünglich im Lieferumfang enthalten war. Vorsichtshalber sei jedoch erwähnt, dass nicht immer alles so in Serie ging, wie es den Anschein hat. Manchmal wurden Prototypen zu Werbezwecken produziert, und so weichen die später tatsächlich ausgelieferten Ausstattungen gelegentlich von den in den Prospekten dargestellten ab. Auch war vieles als optionale Zusatzausstattung erhältlich; was nach Serienausstattung aussieht, kann durchaus ein Extra sein. Bedenkt man außerdem, dass Kunden bestimmte Dinge aus höherwertigen Modellen in die Standardversion einbauen ließen bzw. Ausstattungsdetails aus der Standardversion streichen konnten, wird die Annahme, dass alle Camper eines bestimmten Modells aus einem bestimmten Jahr gleich sein müssen, kaum zutreffen. Beispielsweise besitzt ein Bus in diesem Buch eine Innenausstattung mit Tischen, die in einem früheren Jahr verwendet worden sind. Diese Tische wurden auf Kundenwunsch ausgetauscht, weil der Kunde das helle Orange der aktuellen Version nicht mochte. Das ist nur deshalb bekannt, weil der ursprüngliche Besitzer diese Innenausstattung noch heute sein Eigen nennt, allerdings hat er sie jetzt in einen früheren Bus eingebaut! Und dann gibt es natürlich noch Retro-Ausstattungen; dabei werden Möbel oder andere Ausstattungsgegenstände aus einem Baujahr oder Modell in einem Fahrzeug aus einem anderen Baujahr verbaut. Man kann also durchaus einen Devon Caravette mit einem Richard Holdsworth-Dach finden oder die Innenausstattung eines 1978er Moonraker in einem 1976er Bus, der damit so aussieht, als handele es sich tatsächlich um einen original 1976er Moonraker. Und dann ist da noch die Tatsache, dass Ausrüstungsgegenstände verloren gehen oder mit der Zeit ersetzt werden müssen und dass die verschiedenen Besitzer ihre eigenen Vorstellungen verwirklicht haben …

Der Tisch in diesem Devon von 1972 sollte eigentlich orange sein, um optisch zur Arbeitsfläche zu passen, aber die Kundin mochte das Orange nicht und bat Devon, den Tisch zu ersetzen.

1967 war das einzige von Devon erhältliche Hubdach die Dormobile Version. Als 1968 Devons eigene Version eines Klappdachs, das Modell mit den Erkerfenstern, erschien, brachte der Eigentümer seinen 1967er Split Camper sofort zu Devon, um das neue Dach einbauen zu lassen.

Einführung

Jedenfalls sind die hier gemachten Angaben so weit wie möglich überprüft, sowohl anhand von Prospektmaterial und zeitgenössischen Artikeln der Fachpresse wie auch durch das Aufspüren von überlebenden Exemplaren. Es sollte also nicht nur möglich sein, die standardmäßige Möblierung und Innenausstattung eines speziellen Modells festzustellen, sondern man kann auch sehen, woraus die anderen Modelle der Reihe bestanden haben und welche Optionen für welches Modell möglich waren. Obwohl es viele Basisausstattungen für die Camper gab, hat jede Ausstattung ihre charakteristischen Eigenschaften und ihre eigenen Fans.

Vor 1939 waren Wohnmobile und motorisierte Caravans schwere, umgebaute Busse und ein Spielzeug der Besserverdienenden. Der VW Bus erschien 1950 mitten in einer Zeit, in der Europa sich von den Zerstörungen des Krieges erholte und am Anfang einer Periode der Hochkonjunktur, verbunden mit mehr Freizeit für den Einzelnen. Das Kombimodell mit seinen herausnehmbaren Sitzbänken war besonders beliebt wegen seiner einzigartigen Fähigkeit, in der Woche als kommerzieller Lieferwagen und am Wochenende als Freizeitgefährt für die Familie zu dienen. Endlich gab es ein bezahlbares Fahrzeug, das sowohl für die Arbeit als auch für die Freizeit verwendet werden konnte.

Werbebroschüren aus den letzten 50 Jahren gewähren einen einzigartigen Einblick in die sich ändernden Lebensstile und Moderichtungen ebenso wie in die Erwartungen und Vorstellungen der Käufer. Aber eines bleibt immer gleich: Einen Camper zu besitzen bedeutet die Freiheit, dem täglichen Trubel wann und wohin auch immer man möchte zu entfliehen. Einen VW Bus zu besitzen hat mehr mit Lifestyle zu tun als bei jeder anderen Marke, und obwohl die Medien unermüdlich den Mythos verbreiten, dass nur blumenschwenkende Hippies VW Camper fuhren, ist die Wahrheit, dass Menschen aller Altersgruppen und Generationen, mit allen möglichen Hintergründen und mit den unterschiedlichsten Einstellungen und Erwartungen VW Camper besessen haben und noch besitzen. Ein VW Camper ist in jedem Fall etwas Besonderes, und wohin man damit auch fährt, werden sich die Menschen immer dafür interessieren und mit Ihnen ins Gespräch kommen.

**1951 – 1967 (T1):
Die Camper mit geteilter Windschutzscheibe**

1951 brachte die Firma Westfalia den ersten Camper auf den Markt. Ihre frühen Campingboxen waren auch nicht mehr als das, nämlich abgeschlossene Einheiten, die mit allem ausgestattet waren, was man zum Übernachten in einem Bus brauchte. Sie konnten einfach hinein- und wieder herausgeschoben werden. Eine frühe Werbung stellte sogar die Möglichkeit heraus, die Campingeinrichtung im Haus für Gäste zu benutzen! Andere Schränke wie der Toilettenschrank auf der Ladetür waren optionale Zusatzeinrichtungen. Ab 1955 produzierte Westfalia voll ausgestattete Camper, und die Einführung des SO 23 im Jahre 1959 setzte Maßstäbe.

Dieser 1971er Devon besitzt ein langes Hubdach, das es von Devon zu dieser Zeit gar nicht gab. Es handelt sich um ein Holdsworth-Dach, das ein späterer Besitzer einbauen ließ.

Im Großbritannien wurden Wohnmobile rasch immer beliebter, aber Importzölle führten dazu, dass viele bekannte Umbaufirmen andere Fahrzeuge als den Volkswagen verwendeten. Die Firma Dormobile war eine der ersten, die in Großbritannien Wohnmobile baute, und ihr patentiertes Hubdach war in ihren Modellen erhältlich, lange bevor VW eine Version davon anbot. Peter Pitt war 1956 der Erste in Großbritannien, der einen VW Bus in einen Camper umbaute. Wegen der höheren Preise für importierte VW basierte der Pitt-Umbau hauptsächlich auf britischen Marken wie Austin, und eine Produktion des gesamten Umbaus auf VW-Basis kam nicht vor 1960 in Gang. Sein 1956 entwickelter Großraum-Aufbau, der eine Essecke und flexible Möbelarrangements ermöglichte, beeinflusste das Wohnmobildesign maßgeblich.

Die Firma Devon brachte ihren ersten VW-Umbau 1957 auf den Markt, gefolgt von Moortown 1958 und dem Slumberwagen von European Cars 1959. Der VW Dormobile erschien nicht vor 1961 und Danbury-Versionen gab es ab 1964. Während den 60er Jahren waren nur Devon, Dormobile und Danbury (und natürlich Westfalia) von VW offiziell zugelassen, andere mussten eigene Garantien anbieten. In Europa und Nordamerika beherrschte Westfalia den Markt, aber während der 60er Jahre konnte der Bedarf in den USA bei Weitem nicht gedeckt werden, was US Camper wie EZ, Sundial und Road Runner auf den Plan rief, alle mit ähnlichen Designs und Entwürfen wie Westfalia.

**1960:
Die ersten Hubdächer tauchen auf**

Obwohl das Hubdach von Dormobile schon ab 1957 erhältlich war, wurde es erst 1960 zu einer festen Option, als European Cars das einzigartige Calthorp-Dach anbot. Der deutsche Umbauer Arcomobil hatte ab 1961 ebenfalls ein Hubdach im Programm, aber anstatt das Dach aufzuschneiden, verwendete man direkt von VW gefertigte Sonnendachmodelle ohne die Verschiebemechanik und den Schiebedachbezug. Devon bot 1962 sein eigenes Gentlux-Hubdach an, aber das neu vorgestellte VW Dormobile hatte sich bereits durchgesetzt, und ab 1963 bot Devon das Dormobile-Dach optional anstelle des Eigenen an. Obwohl Westfalia fast von Anfang an eine Dachluke im Programm hatte, waren erst ab 1964 Hubdächer erhältlich, entweder das eigene Modell, oder eine Version, der das Martin Walter Dormobile-Dach zugrunde lag.

**1968 – 1979:
T2-Camper mit Erkerfenster**

Seit Einführung der neuen Transportergeneration mit der gebogenen einteiligen Windschutzscheibe und mehr Platz im Innenraum im August 1967 war das VW Wohnmobil einer der bekanntesten und beliebtesten Campingwagen. Hubdächer wurden die Regel – zusammen mit ausziehbaren Betten, die das mühsame Auslegen mit Dielen überflüssig machten. Devon und Danbury hatten eigene aufklappbare Dächer, und Westfalia brachte ein neues Hubdach heraus, vorne mit einem Scharnier versehen und mit einem integrierten Dachgepäckträger am Ende. Dieses wurde 1972 geändert, es war nun hinten mit einem Scharnier versehen, und der Gepäckträger war über der Fahrerkabine angebracht. Holdsworth begann 1967 VWs in Camper umzubauen. Ihre Modelle mit Erkerfenster besaßen ein in Aluminium gefasstes Hubdach. Alle Hubdächer konnten optional mit Hängematten ausgerüstet werden. Das Dach des Viking Spacemaker, vorgestellt 1974, verfügte über einen riesigen Schlafraum. Feste Aufsätze mit oberen Kojen über die ganze Breite wurden immer beliebter, und Firmen wir Sheldon boten nur noch Aufsätze und einen Einbauservice statt einer vollständigen Campingversion an. Die frühen 1970er brachten das Ende der soliden Holzkonstruktionen im Innern, obwohl Orange, Braun und Beige sehr beliebt waren! Das neue Melamin und laminierte Oberflächen, oft immer noch im Holzdesign, waren billiger, leichter und wurden als moderner angesehen. In Wahrheit ging ein Stück Qualität verloren, als die handwerklichen Holzarbeiten durch einfach angebaute Massenprodukte ersetzt wurden.

**1980 – 1990:
Der T3 (T25)**

Die dritte Generation von VW Bussen (oft T25 statt T3 genannt) brachte einen bedeutenden Fortschritt in Sachen Luxus und Ausstattung. Es waren ganz andere Autos als die vorherigen, langsamen Arbeitspferde, geräumiger und besser ausgestattet und als Fahrzeug für die 1980er konzipiert, wobei unübersehbare Fortschritte im Design, in der Mechanik und im Styling unter einen Hut gebracht wurden. Die Innenausstattungen spiegelten dies wider, wobei Komfort und Stil das Design bestimmten. Einrichtungsgegenstände wie Spülen, Gas- oder elektrische Kühlschränke und Stromanschlüsse zählten nun zur Serienausstattung und waren keine Extras mehr. Die Polster und die Innenausstattung waren aufwändiger, und schwenkbare Vordersitze, die größere Flexibilität ermöglichten, waren oft serienmäßig vorhanden. Der innere Grundriss und die Ausstattung machte sie zu Luxuscaravans oder Freizeitmobilen. Für die Möblierung und die Schränke wurden moderne Laminate und Pastellfarben verwendet, die Stoffe und die Ausstattungen jeweils aufeinander abgestimmt.

**1990 – 2002:
Der T4**

Die Produktion anspruchsvoller Reisemobile wurde auf den T4 und ab 2004 auf den T5 Plattformen fortgesetzt. Die Innenausstattung war oft besser als in manchem Zuhause, es gab Mikrowellengeräte, Backöfen, satellitengestützte Navigation, Fernseher und CD/DVD-Player – ein gewaltiger Unterschied zu den Campingkisten, in denen die Betten gebaut wurden, indem man Schränke und Tische zusammenklappte und die Sitzkissen umräumte! Dafür hat sich eine vorhersehbare Ähnlichkeit in den modernen Umbauten breitgemacht, und ein Stück der alten Camperkultur ist wohl verloren gegangen, der Hang zur einfachen Lebensweise, wo man einfach Kinder und Freunde in den Bus zusammengepackt hat, das Bettzeug dazu und ab auf die Straße, um einen Lebensstil durch einen andern zu ersetzen, indem man den täglichen Ärger einfach hinter sich ließ.

1 Der erste VW Camper?

Dieser 1951er „Barndoor-Bus" ist einer der ersten, wenn nicht der Erste mit einem professionellen, kompletten Campingumbau, nur ein paar Monate früher gebaut als der erste komplett umgebaute Camper von Westfalia. Er ist sicherlich der älteste noch im Originalzustand befindliche VW Camper und somit ein Stück lebendiger Geschichte, denn, anstatt in einem Museum zu stehen, wird er immer noch benutzt.

Im Mai 1951 auf Fahrgestell Nr. 20-13280 gebaut, wurde er ohne Sitze, aber mit Fenstern an einen Autohändler in Dresden geliefert. Dieser ließ den Bus 1952 von einer Dresdener Karosseriewerkstatt in einen Camper umbauen. Der originale Dachgepäckträger entspricht den allerersten Westfalia-Modellen, er ist unter Ausnutzung der inneren Dachverstrebungen direkt am Dach festgeschraubt. Die Innenausstattung war hochwertig und für die Zeit luxuriös. Sie bestand aus drei in U-Form angeordneten hölzernen Kästen, ganz ähnlich den früheren Poba-Bausätzen (siehe Kapitel 23). Die Bank hinter der Stirnwand konnte aufgeklappt werden, und darin befanden sich eine eingebaute Waschschüssel und ein zweiflammiger Kocher. An einem Ende gibt es eine spezielle Nische für die Gasflasche. Die Waschschüssel besitzt einen Abfluss, aber weder einen Hahn noch eine Pumpe. Die Rückbank beherbergt die eingebaute Petroleumheizung und die dazu gehörigen Kontrollelemente. Über dem Motorraum gibt es ein Aufbewahrungsfach, und auf einem Bord über dem Motor gibt es eine Schlafmatratze, die als geräumiges Kinderbett dient. Die Kabine ist in massiver Eiche handgearbeitet. Die Polster sind wahrscheinlich noch original, mit PVC-Ecken und ein wenig abgeschabt, aber insgesamt noch in gutem Zustand. Die hinteren Sitzkissen sind auf Bretter montiert, die man einfach zwischen die Front- und die Heckkiste legte, um ein Bett aufzubauen. Passende Stoffverkleidungen sind an den Seitenwänden und den Türen angebracht, mit einer ebenfalls passenden Verzierung. Ein Dachhimmel ist vorhanden, und es gibt ein aufstellbares Dachfenster, ebenfalls mit passender Stoffverkleidung sowie ein rundherum reichendes Dachlicht. Die Vorhänge sind alle auf Metallstäben aufgehängt, einer für jedes Fenster. 1952 war das Camping nach der neuesten Mode!

Während der nächsten neun oder zehn Jahre wurde der Bus als Wohnmobil benutzt und während dieser Zeit zwei Mal weiterverkauft. Der dritte Besitzer war ein Hauptmann der Feuerwehr in einem kleinen Dorf bei Dresden. Er bekam den Bus 1962 und verwendete ihn als sein persönliches Transportmittel und als Campingwagen – und auch für die Arbeit. Der Bus wurde verwendet, um eine von einem VW-Motor angetriebene Wasserpumpe auf einem Anhänger zum jeweiligen Feuer in der Umgebung zu transportieren und diente überdies als zusätzlicher Mannschaftstransporter.

Die Feuerwehr benutzte den Bus fünfundzwanzig Jahre lang, bis der Hauptmann 1987 starb. Seine Witwe schenkte den Bus dem örtlichen Feuerwehrmuseum, wo er die nächsten fünfzehn Jahre ausgestellt war, bis er für ein anderes Ausstellungsstück Platz machen musste und verkauft wurde. Maurice Klok, vom Spezialisten für klassische VW, Kieft & Klok, erwarb den Bus 2002, und um das Gefährt zurück nach Holland zu bringen, füllte er lediglich Motoröl ein (der Motor war vorher trocken), tankte auf und schloss eine neue Batterie an – der Bus sprang sofort an, nachdem er fünfzehn Jahre lang gestanden hatte!

Im September 2002 kaufte Richard Burrows den Bus von Kieft & Klok, und er kam am 30. September 2002 auf den Harwich Docks in England an. In den ersten beiden Jahren nach dem Kauf des Busses unternahmen Richard und seine Familie Reisen von

Der erste VW Camper?

über 8000 km, inklusive einer Reise nach Bad Camberg 2003 und einer zweiwöchigen Tour durch Holland und Deutschland, die den Bus auch auf einen Besuch in seinen Geburtsort Wolfsburg zurückbrachte. Richard fand die Innenausstattung sowohl praktisch als auch komfortabel, obwohl der ostdeutsche Kocher ersetzt werden musste, weil die ostdeutschen Anschlüsse nicht mit europäischen Standards vereinbar waren. Er hat auch den schwachbrüstigen 25-PS-Motor durch einen späteren 1300er Käfermotor ersetzt. Davon abgesehen ist alles, inklusive des Getriebes, im Originalzustand, und Richard möchte den Bus so lange wie möglich in Betrieb halten, bevor irgendetwas restauriert werden muss. Nach 43 Jahren tut dieser Wohnwagen immer noch genau das, wofür er gebaut wurde – er bietet einer Familie die Freiheit zu reisen und Camping mit Komfort.

Die Sitzkissen haben Vinylecken – sehr modern. Abschließbare Schränke für Küchen- und Toilettenartikel sind in der vorderen Bank untergebracht.

Das Oberlicht hat eine passende Verkleidung, ist aber offensichtlich nicht wasserdicht!

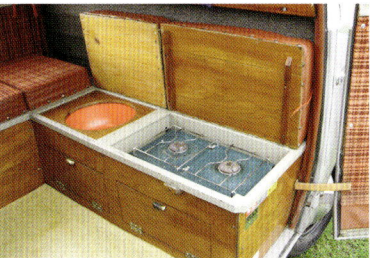

Der Sitz beherbergt eine Waschschüssel und einen Kocher, der originale ostdeutsche Kocher passt nicht zu EU-Anschlüssen und -bestimmungen und musste ersetzt werden.

Eine Petroleumheizung versteckt sich in der hinteren Sitzbank, die originalen Bedienknöpfe und der Luftaustritt sind an der unteren Verkleidung angebracht.

Reise/Wohnmodus: Alles passt ordentlich in die einfachen Kästen unter den Sitzen.

Der Spitzname „Scheunentor-Bus" kommt von der sehr großen Motorhaube, die in den Modellen vor 1955 eingebaut ist. Beachten Sie die diskret an der Stoßstange angebrachten Blinker. Der Dachgepäckträger ist direkt auf dem Dach befestigt.

Die Sitzkissen ergeben ein geräumiges Doppelbett.

2 Adventurewagen

1963 beschloss ein junges Paar aus Kalifornien namens Ed und Jereen Anderson, auszubrechen und die Welt zu sehen. Sie wollten die Freiheit, zu reisen wann und wohin sie wollten und entschieden, dass der VW Bus das ideale Fahrzeug dafür sei. Da ihnen die Umbauten, die es zu dieser Zeit gab, nicht gefielen und sie etwas Eigenes wollten, mit dem sie abseits ausgetretener Pfade reisen konnten, beschlossen sie, sich einen eigenen zu bauen. Und so wurde im Unterstellplatz eines Motels in Coventry, England, der erste Adventurer geplant und gebaut. Sie wollten kein aufklappbares Dach, weil es keinen Stauraum bot und die typischen zeitgemäßen Lösungen für Schlafgelegenheiten, die mehr Schlafplattformen mit vielen Kissen ähnelten als Betten, waren auch nicht nach ihrem Geschmack. Außerdem verwendeten viele Umbauten tragbare Kocher und Kühlkisten während sie einen richtigen Herd und einen Kühlschrank wollten. Was den Andersons vorschwebte und was sie bauten, war ein festes, permanentes Hochdach, ein Bett mit einer einteiligen Matratze, das hochgeklappt werden konnte, ein eingebauter Propangaskocher und Kühlschrank, fließendes Wasser für eine Spüle mit einem Abfluss, eine Toilette und genügend Stauraum.

Die nächsten siebzehn Monate verbrachten sie damit, in ihrem Adventurer durch einunddreißig Länder und vier Kontinente zu reisen und dabei 40.000 Meilen (64.360 km) zurückzulegen. Ein wirkliches Abenteuer! Anscheinend hatte Ed mitten in der Sahara die Idee, eine Firma für VW-Umbauten zu gründen, da sich der Camper besonders in Gegenden ohne Campingplatz und sonstige Einrichtungen als ideal erwies.

Nach ihrer Rückkehr nach Kalifornien 1965 setzte Ed seinen Traum in die Tat um und begann, „Abenteurer" zu bauen, wobei er seine Erfahrungen aus eineinhalb Jahren Leben im Bus einfließen ließ. Obwohl einige Umbauten am Splitwindow-Bus als einmalige Aufträge ausgeführt wurden, kam das Geschäft zunächst nicht richtig in Schwung – bis 1968 Umbauten auf Basis der neuen VW Busse herauskamen. Diese waren ernsthafte Wohnmobile, geplant und gebaut aus der Erfahrung heraus und unter Verwendung eines innovativen, stromlinienförmigen Glasfiberdachs. Es ist heutzutage in den USA immer noch möglich, wirklich abgelegene Orte zu finden, und der Adventure-Wagen war speziell dafür gemacht, Menschen die Freiheit zu geben, die Wildnis zu erkunden und dabei autark zu sein und es bequem zu haben. Die Umbauten wurden zunächst in der mit drei Stellplätzen versehenen Garage der Andersons vorgenommen, aber bald musste man in größere Räumlichkeiten umziehen. 1971 wurden die Adventurecamper im ganzen Land über die VW-Händler vertrieben.

1972 hatte Ed das Gefühl, dass ihm das Geschäft über den Kopf wuchs, und er war unzufrieden mit den Kompromissen bei der Qualität, die die hohen Verkaufszahlen mit sich brachten. Er verkaufte die Firma und zog nach Fort Bragg an der Mendocino-Küste von Kalifornien. Nur 18 Monate nachdem er sie verlassen hatte, ging die Firma durch Missmanagement in die Insolvenz, weshalb Ed sich wieder ins Geschäft stürzte, jetzt unter der Bezeichnung Adventurewagen. Er blieb in Fort Bragg und konzentrierte sich darauf, beschränkte Stückzahlen mit Schwerpunkt auf Qualität und Design zu produzieren. Zwischen 1974 und 1979 produzierte er das, was viele für den ultimativen VW Camper hielten. Die Verkäufe basierten im Wesentlichen auf Mundpropaganda durch zufriedene Kunden, und als 1980 der neue T25 (in den USA bekannt als Vanagon) herauskam, hatte Ed mehrere hundert Adventurewagen gebaut. Obwohl Kataloge gedruckt wurden, sind viele der produzierten Adventurewagen Auftragsarbeiten und speziell auf bestimmte Bedürfnisse zugeschnitten. Während der 1980er Jahre wurden Vanagons verwendet, aber mit der Einführung des T4 im Jahre 1990 konzentrierte sich Ed auf den Umbau von Fords. Schließlich führte er um 2003/4 seinen letzten Umbau aus (auf Basis eines Ford, für sich selbst) bevor er schließlich seine Firma schloss und einen wohlverdienten Ruhestand genoss.

Adventurewagen

Das hier gezeigte Beispiel ist ein 1971er Adventure, der Larry Edson gehört. Das Fiberglasdach mit Schiebefenstern und integralem Dachgepäckträger mit Aufbewahrungsraum am hinteren Ende ist das offensichtlichste Merkmal des Wagens.

Heißes Wasser aus dem Hahn war für die Zeit ein sehr fortschrittliches Zubehör. Beachten Sie den marmorierten Tisch und die Arbeitsplatte, die einen luxuriösen Eindruck erzeugen sollten.

Der Adventure

Der Adventure besaß Ausstattungsmerkmale, die es normalerweise nur in Wohnmobilen der Luxusklasse gab. Es gab eine Pumpe, um Wasserdruck zu erzeugen, und ein Hauptwasseranschluss war Standard (was den Campingmobilen, die so etwas bis Mitte der 1970er nicht hatten, weit voraus war). Ein Wasseraufbereitungssystem von Everpure sorgte dafür, dass das Wasser immer frisch und sicher war. Ein spezieller Behälter aus nicht rostendem Stahl lieferte sogar heißes Wasser für die Spüle! Der eingebaute Propangas-Kocher wurde mit einem Gastank betrieben, dessen Inhalt für sechs Wochen ausreichte, und der elektrische Kühlschrank besaß standardmäßig ein Tiefkühlfach. Um das alles zu betreiben, wurde ein spezielles, luftgekühltes Hochleistungs-Batteriesystem von Trojan, bestehend aus sechs separaten Zellen, installiert. Damit konnten 150 Ah und 12 Volt bereitgestellt werden. Zwischen den Frontsitzen gab es einen tragbaren Sitz mit eingebauter Toilette, und in der vorderen Kabine konnte ein Picknicktisch eingesetzt werden.

Das Dach zählt mit einer Standardhöhe von 1,80 m und den beiden großen, abgeschirmten und markisenartig zu öffnenden Fenstern (die man bei Regen offen lassen konnte), einer windgesteuerten Entlüftung, einem eingebauten, umkehrbaren 12V-Ventilator und zwei eingebauten Lampen zu den auffälligsten Merkmalen des Adventurewagens. Auf jeder Seite des Dachs gab es Hohlräume, die Angelruten und verschie-

Die Westfalia-Einflüsse zeigen sich hier an der Kocher-/Kühleinheit mit seitlich angebrachtem Klapptisch.

Das hohe Dach bietet vorne und hinten genügend Stauraum.

Ab 1973 konnte man eine neu gestaltete Version des Dachs über die volle Länge bestellen, mit einem auffälligen „Walfischschwanz" – Profil am Ende und einem eingesetzten kleinen Heckfenster.

Adventurewagen

Der Adventure VII

Der neue T25 war in den USA als Vanagon bekannt, der Name entstand aus den Worten VAN (Transporter) und station wAGON (Kombiwagen). Ed Andersons Anspruch war: „Ziel der Firma ‚wagen' ist es, die bestmöglichen Vanagon-Umbauten ohne Kompromisse zu produzieren". Dieser Umbau wurde nicht durch die VW-Händler vermarktet, was eine kostengünstige Herstellung erlaubte, und die Kunden wurden sogar ermutigt, ihren neuen Vanagon zum Umbau zu „wagen" zu bringen. Das Dach reichte jetzt über die volle Länge und hatte ein Heckfenster im „Walfischschwanz". Die Produktionskapazität war ziemlich beschränkt und es wurde besonderer Wert auf Qualität bei Konstruktion und Design gelegt. Um die Qualität sicherzustellen, wurden die Kunden aktiv aufgefordert, die Umbauten mit den Westfalia-Katalogen zu vergleichen, in der Werbung wurden sogar einzelne Ausstattungsmerkmale Punkt für Punkt verglichen.

Die Vanagon-Version war luxuriös ausgestattet. Die Innenausstattung bestand aus Hartholz, wofür Kirsche, Teak, Walnuss oder Eiche verwendet wurde, während der Westfalia „wie die meisten Produkte heutzutage hauptsächlich aus Plastik sind". Der Stauraum bestand aus einem Garderobenschrank, Regalen, Gewürzregal, Körben und Platz für Konserven, Angelruten, Koffer, Utensilien und Geschirr. Vorhänge für die Privatsphäre gab es oben und an der Fahrerkabine, und der Boden war mit pflegeleichtem Vinyl belegt. Beim Vergleich mit dem Westfalia wurde dargelegt, dass „erfahrene Camper, die einmal einen nicht auswechselbaren Teppichboden in ihrem ersten Wohnmobil hatten, nur sehr selten wieder einen haben möchten". Der Drehstuhl für den Beifahrer war Standard und unterschied sich vom Westfalia nur durch eine spezielle, sehr hell leuchtende Leselampe. Ebenso war eine Propanheizung Standard, und Solarzellen sorgten für heißes Wasser. Man konnte sogar eine Zeltdusche anbringen.

Die Frischwasserversorgung behielt das innovative Design von 1968 bei und verwendete kein Plastik, „wegen des unangenehmen Geschmacks, den Plastik auf Wasser überträgt und weil Wassertanks aus Plastik eventuell brechen und undicht werden können". Wasser wurde in einem mit Luftdruck betriebenen Aluminiumtank mitgeführt. Zusätzlich wurde durch Verwendung des Everpure-Filtersystems sichergestellt, dass das Wasser gesundheitlich unbedenklich war (oder gemacht werden konnte, wenn die Qualität zweifelhaft war) und frisch schmeckte. Die Wasserzufuhr zur Spüle hatte ebenfalls einen einstellbaren Zufluss, und es gab einen 59-l-Tank für Abwasser – für den Fall, dass am Campingplatz kein Abfluss vorhanden war.

Gestützt auf die Beliebtheit der großen Wohnmobile oder RV's in den USA, die jeden nur denkbaren häuslichen Komfort hatten, packte „wagen" all diese Eigenschaften in ein kleines Fahrzeug, das Orte erreichen konnte, an die die großen Wohnmobile nicht gelangen konnten. Das, zusammen mit einer Qualität, die nicht auf Massenproduktion basierte, machten „wagen" zu etwas Besonderem und sicherlich nicht nur zu einem weiteren AAW (Anders als Westfalia)! Die Werbung aus den 70ern fasst diesen einmaligen Umbau zusammen:

„Basierend auf ausgiebigen, persönlichen Erfahrungen ist der Camper ausgerichtet auf die speziellen Bedürfnisse des Reise- und Campingfreunds. Jeden Tag kommen Menschen, die nach einem kompakten, fahrbaren Heim suchen, das wirklich kompakt und fahrbar ist, zu uns. Abenteurer mit Zielen wie Alaska, Lateinamerika, Europa und überall in den Vereinigten Staaten suchen, was die Andersons geschaffen haben – eine preiswerte und bequeme Art zu leben, während man reist. Und sie finden, was sie brauchen."

Ein 1990er „wagen" auf Syncro (Allrad)-Basis

Das elegante „wagen"-Logo ist auch im vorderen obenliegenden Schrank eingebaut.

3 Amescador

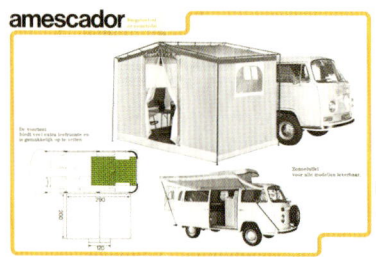

Dieser Katalog aus den 1970ern beschreibt alle drei Varianten, alle drei Dachversionen und das optionale Vordach.

Die holländische Firma Ames hatte sich bereits seit 1905 mit dem Automobilhandel beschäftigt und wurde 1947 einer der ersten VW-Importeure in Holland. Neben dem Verkauf hatten sie auch eine Autowerkstatt, in der sie Karosserien und Innenausstattungen nach Kundenwunsch fertigten. Als die Kunden anfingen, ihre VW mit geteilter Frontscheibe für die neuen Modelle mit der einteiligen Frontscheibe in Zahlung zu geben und die Nachfrage nach Westfalia Campern zunahm, entschied Ames, dass es billiger und einfacher wäre, selbst Camper umzubauen als die teuren Westfalia-Modelle zu importieren. Westfalia-Camper waren in Holland mit einer 35-prozentigen Importsteuer belegt, aber Nutzfahrzeuge waren davon ausgenommen. So konnte man einen Transporter oder einen Kombi importieren und nach der Anmeldung umrüsten. Das war immer noch wesentlich günstiger als einen neuen Camper zu importieren.

Der Camper von Ames wurde unter dem Namen Amescador bekannt, und er wurde während der 1970er Jahre gebaut. Es gab drei verschiedene Dachlösungen: Das Westy-Aufstelldach im alten Stil, das seitlich aufklappbare Dormobile-Klappdach, oder ein festes Hochdach, das sich vom Ende des Busses über 2/3 der Länge erstreckte. Das auffälligste und ungewöhnlichste Merkmal am Amescador war die Anordnung der Betten, wofür eine Zeltvergrößerung am Heck angebracht werden musste, sodass man halb drinnen und halb draußen schlief. Das Reserverad wanderte in eine an der Vorderseite montierte Halterung, um im Innern Platz zu schaffen, und ein Seitenfenster mit Luftschlitzen war Standard. Es gab drei Ausstattungsversionen: Im EA konnten 4 bis 5 Leute schlafen, und es gab einen Schrank und eine Schrankeinheit von der Schiebetür bis zum Heck sowie eine zweite Einheit auf der gegenüberliegenden Seite, wo sich normalerweise das Reserverad befand. An der Schiebetür hinter dem Beifahrer gab es eine Spülen-, Herdplatten- und Kühlschrank-Einheit, an der gegenüberliegenden Wand war ein herunterklappbarer Tisch befestigt. Darum gruppiert waren eine Sitzbank und ein Einzelsitz hinter dem Fahrer. Der Tisch konnte auch außen benutzt werden, indem man ihn an der Kühlschrank-/Herdeinheit befestigte und ein Verlängerungsbein anbrachte. Die Ausführung HA war dem ganz ähnlich, aber für zwei Leute gebaut. Die Version für vier bis fünf Personen AA hatte die Kocher-/Spüleneinheit am Ende der Rückbank, mit einem esseckenähnlichen gegenüberliegenden Doppelsitz und einem Tisch dazwischen. Die Polster für alle Modelle waren aus hellen, modernen Karostoffen, die zur Außenfarbe passten, dazu gab es passende Vorhänge und Bezüge für die Kabinensitze.

In den späten 1970ern ging Ames dazu über, Westfalia-Bausätze in importierte Lieferwagen einzubauen, wobei sie ihr eigenes Logo an den Fahrzeugen anbrachten. Da die Europäische Union sich ausweitete und Handelsbeschränkungen gelockert wurden, konnten holländische Interessenten, die einen Camper kaufen wollten, jetzt einen Westfalia T25 zu konkurrenzfähigen Preisen bekommen. Obwohl auch einige LT's von Ames in Camper umgebaut wurden, bewirkte die leicht erhältliche importierte Westfalia, dass der Bedarf sich verlagerte und die Produktion des Amescador eingestellt wurde.

Der hier gezeigte Amescador-Umbau gehört Cor Zeemans aus Holland. Im April 1975 als neunsitziger Kombi gebaut, der nach Holland an Ames Händler exportiert worden war, hatte er ursprünglich eine Trennwand. Es ist nicht bekannt, ob er als Minibus verwendet worden ist, aber die Papiere von 1976 weisen aus, dass er zu dieser Zeit zum Camper umgerüstet wurde, was den Ausbau der Trennwand erforderlich machte, um innen einen Durchgang zu erhalten. Außerdem wurden ein Westfalia-Klappdach und eine neue Innenausstattung unter Verwendung der EA-Vorlage eingebaut – mit dem Kocher und der Spüle bei der Ladeklappe. Um die Basisversion aufzuwerten, wurden Teile des höherwertigen VW-Bus und Zierteile wie der Gummistreifen auf der Stoßstange hinzugefügt.

Nur wenige Ames Umbauten haben überlebt, was dieses Modell noch außergewöhnlicher macht. Das Logo auf der Kabinentür ist die handgemalte Version, im Gegensatz zu den Vinylstickern, die später verwendet wurden. Ursprünglich gab es auch noch einen Aufkleber auf der Vorderseite unter der Windschutzscheibe, der dem auf der Hecktür glich, aber dieser fiel einigen Rostreparaturen zum Opfer, die stellenweise eine neue Lackierung erforderlich machten. Der Bus befindet sich in einem sehr guten Zustand und hat nur wenig Wartungsarbeit erfordert, wenn man von einem bisschen Nacharbeit an der Frontblende, einer Beule in der Kabinentür und der Nachlackierung der Stoßstangen absieht. Eine Anhängerkupplung der holländischen Firma Brink wurde ebenfalls montiert.

Für die Zelterweiterung hält ein Gestell die Heckklappe in Position und unterstützt die Unterkonstruktion.

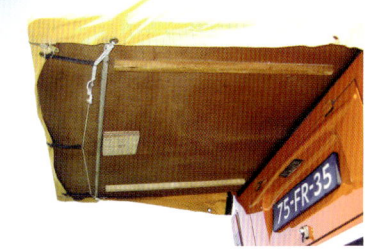

Das Stützgestell für die hölzerne Basis von unten.

Das Zelt wird um das Gestell herum drapiert und von Spannseilen gehalten, wie in der Nahaufnahme zu sehen.

Amescador

Der große Schlafraum ist ohne montiertes Zelt besser zu sehen. Beachten Sie den ausgeschnittenen Schrank hinten an der Seite, um den Schlafplatz zu maximieren.

Die hinteren Seitenschränke haben unten offene Ablageflächen – perfekt für solche Nachtaccessoires wie eine Taschenlampe!

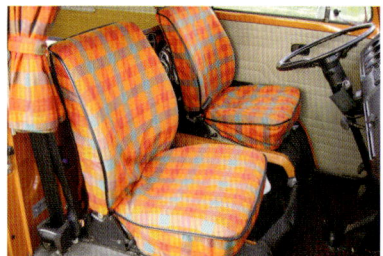

Passende Sitzbezüge aus Stoff sind Teil des Amescador-Looks.

Ein Amescador-Aufkleber ist auf der Heckklappe über dem Griff angebracht.

Auf der Vordertür ist das Amescador-Logo aufgemalt, spätere Modelle bekamen einen Sticker aus Kunststoff.

Die Rückansicht zeigt die Aufteilung des Grundrisses und die offene Ablage über dem Hinterdeck. Die modern anmutenden, hellen Polster und die passenden Vorhänge befinden sich im Originalzustand und unterscheiden sich deutlich vom beige-braunen Einerlei, dem man in britischen Campern aus den Siebzigern oft begegnet.

Der Tisch kann an der Spülen-/Kocher-/Kühleinheit befestigt und damit draußen benutzt werden, oder mit der optionalen Seitenplane.

Der Rücksitz, der Tisch und ein zusätzliches Brett wurden flach ausgelegt, um ein zweites Doppelbett zu erhalten.

4 Arcomobil

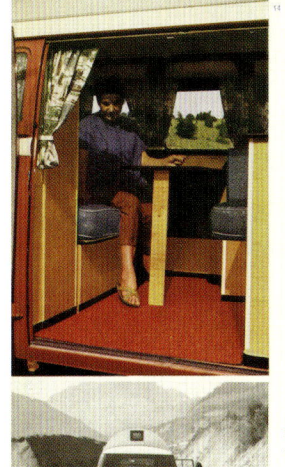

arcomobil

Der 62C war eine nicht durchgängig begehbare Version, bei der der Kocher entlang der vorderen Trennwand angebracht ist.

Frau Mehl ist auf dem oberen Bild zu sehen, das abnehmbare bootförmige Festdach auf dem unteren.

Die Firma Arcomobil Campers wurde ca. 1960 von Arnold Mehl in Stuttgart gegründet und verwendete ursprünglich nur Modelle mit Trennwand. Es war so sehr ein Familienunternehmen, dass Mehls Ehefrau Erika sogar als Foto-Modell in ihren Katalogen erschien! Sie produzierten qualitativ hochwertige Umbauten, und Arcomobil-Camper waren unter den Ersten, die ein Hubdach, dessen Design unverkennbar und ungewöhnlich war, für einen VW anboten. Hubdächer wurden auf von VW ohne Verschiebeschienen und ohne Verdunklungsrollos gelieferte Busse mit Sonnendach montiert, ein Dachausschnitt war deshalb nicht notwendig, und die VW-Garantie blieb vollständig erhalten. Wenn es geöffnet wird, bewegt sich das Dach vorwärts und aufwärts, sodass es einen Überhang an der Front bildet und faltbare hölzerne Seitenwände halten es an seinem Platz. Eine andere Version besaß ein leicht abnehmbares, bootsähnliches Hochdach, das ebenfalls auf die Sonnendachmodelle passte, aber es ist nicht bekannt, ob von dieser Version noch Exemplare existieren.

Holzvertäfelung und Dachhimmel, wie der von Westfalia verwendete, waren Standardausstattung, und das Reserverad war am Bug montiert, um mehr Platz im Innern zu schaffen. Die Firma war stolz darauf, dass Innenausstattungen nach Kundenwunsch gefertigt werden konnten, bis hin zur Auswahl des gewünschten Holzes oder speziell angefertigter Schränke, aber es gab auch drei Basisversionen – der Arcona, der Arcona C62 (mit traditioneller Essecke) und der Arcomobil Pullman. Alle waren mit festem Dach oder mit Hubdach lieferbar. Es gab auch eine Innenausstattung als Bausatz zum Selbsteinbau, bekannt als Aria. Arcomobil baute neben VW auch Transporter von Ford, Mercedes, Tempo, Citroën und Renault um.

In frühen Versionen ist der Kocher an der vorderen Trennwand angebracht, mit einem Einzelsitz hinter dem Fahrer und einer Waschgelegenheit an der Ladetür. Eine Garderobe war in der hinteren Ladetür integriert, was zusammen mit dem Rücksitz und dem Tisch eine traditionelle Essecke ergab.

Der Pullman, 1964 eingeführt, nutzte die Plattform ohne Trennwand. Hinter dem Fahrer gab es eine hängende Garderobe und seitlich einen großen Geschirr- und Utensilienschrank, auf dem der zur Ladetür hin zeigende Kocher montiert war. Ein einzelner Toilettenschrank befand sich an der vorderen Ladetür. Eine Sitzbank, mit Stauraum darunter, verlief unter dem Fenster bis zur Rücksitzbank, ebenfalls mit Stauraum darunter. Ein drehbarer Tisch, montiert am Sitz unter dem Fenster ermöglichte verschiedene Tischpositionen. In einer anderen Ausstattung verlief der Tisch unter dem Fenster über die volle Länge bis zur hinteren Trennwand und gegenüber gab es einen einzelnen Sitz, genau in der hinteren Ladetür. Bei dieser Variante war der Tisch hinten zwischen dem Einzelsitz und der Sitzbank befestigt. Weiteren Stauraum gab es im hinteren Dachschrank, oben auf der Garderobe und rund um das Hubdach. Eine sehr nützliche, offene Lattenrostkonstruktion war auf der hinteren Ladetür montiert.

Eine weitere Sicht auf das ungewöhnliche Hochdach (und auf Frau Mehl), das Rückfenster ist gerade noch erkennbar.

Arcomobil

Matthias Meyers 1965er Arcomobil Pullman

Die begehbare Fahrerkabine der Pullman-Version ist ein sinnvolles Detail.

Durch Montage des Reserverads an der Front wird zusätzlicher Innenraum geschaffen.

Das Dach hat sowohl vorne als auch hinten ein kleines Fenster.

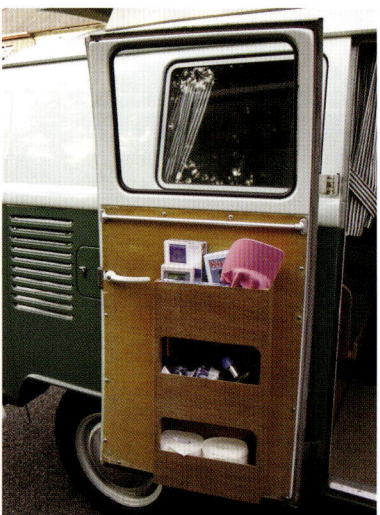
An der hinteren Ladetür ist eine offene Ablage montiert. Beachten Sie die durchgängig verwendete Birkenholzverkleidung.

Unter dem Kocher befindet sich ein Geschirr- und Utensilienschrank; das hier gezeigte Geschirr und die Utensilien gehören zur Originalausstattung – damals war ein Filterkaffeebereiter noch ein wichtiges Ausstattungsdetail!

Der Drehtisch ist an der Seite der Sitzbank montiert. Auch unter der Sitzbank und über dem Fenster gibt es Ablageflächen.

Holzverkleidung wird durchgehend verwendet.

Das abgebildete Arcomobil gehört Matthias Meyer. Es ist ein 1965er Arcomobil Pullman, komplett mit dem Originalgeschirr und allen anderen Utensilien, die mit dem Bus geliefert wurden. Matthias hat den ursprünglich vorhandenen Einzelsitz durch eine Arcomobil Rückbank ersetzt. Abgesehen davon ist alles im Originalzustand.

Nur wenige Arcomobile haben überlebt, wahrscheinlich, weil auch nur vergleichsweise wenige gebaut worden sind. Aber diese perfekt erhaltene 1967er Variante befindet sich jetzt in Großbritannien im Besitz von Steve Nolan. Die Ausstattung unterscheidet sich leicht vom damaligen Katalog, da der Kocher oben auf der Einheit an der Ladetür montiert ist und nicht auf dem großen Küchenschrank. Das Oberteil kann über den Durchgang geklappt werden, passt auf der anderen Seite in die Kücheneinheit und ergibt so eine große, L-förmige Arbeitsfläche. An der Seite der Kocheinheit, neben der Tür gibt es einen kleinen Beutel, in dem sich zwei Campingstühle befinden. Diese kleinen Abweichungen sind alle original und wahrscheinlich das Ergebnis individueller Wünsche eines Kunden.

Die Arcomobile mit ungeteilter Frontscheibe behielten das Design, was die Kabinenausstattung und die Gestaltung angeht, weitgehend bei, mit der Garderobe hinter dem Fahrer und dem großen Küchenschrank seitlich davon. Darauf stand während der Fahrt der Kocher, der sich sonst quer über dem Gang auf dem Küchenschrank und dem Wasserschrank seitlich der Schiebetür befindet. In diesem Schrank gab es auch einen herausnehmbaren, runden Wasserbehälter mit Ablasshahn. Unter dem Fenster war eine lange Sitzbank montiert und in der Schiebetür ein hinterer Einzelsitz. Ein langer rechteckiger Tisch befand sich neben dem Einzelsitz und erstreckte sich nach hinten bis über den Motorraum. Das Hubdach blieb das gleiche, obwohl es auch eine etwas längere Version ohne den auffälligen Überhang am Heck gab. Als der Schwiegersohn, Gerhard Grau, das Geschäft 1971 übernahm, wurde dieser Umbau als Grawomobil bekannt. Die Produktion wurde um 1997 herum eingestellt, aber Arcomobil Hubdächer wurden auf frühen T25 Campern gesehen.

Das Dach stellt sich auf und fährt vor ...

... und hölzerne Seitenteile klappen herunter, um es in Position zu halten.

Innenansichten von Steve Nolans 1967er Arcomobil – die Klappe über dem Durchgang ist gut zu erkennen.

Das 1969er Arcomobil behielt das gleiche Dachdesign bei.

Das Dach dieses 1972er Grawomobil stellt sich gerade auf.

Dieses 1976er Modell besitzt das übliche Dach und die originale zweifarbige Lackierung.

5 Australische Camper

The VOLKSWAGEN KOMBI VAN CARAVANETTE
...a luxury holiday home on wheels

1958, zur selben Zeit, als VW Australien gegründet wurde, begann Lanock Motoren, ein VW-Händler aus Sydney, einen als VW Kombi Van Caravanette bekannten Umbau anzubieten. Dieser war sehr gut ausgestattet und beinhaltete einen Spirituskocher, einen Kühlschrank mit Gefrierfach, Kleiderschrank, Wassertank und eine Essecke, die man zum Bett umbauen konnte. Es gab viele Ablagemöglichkeiten und ein optional erhältliches Vordach. Nur sehr wenige dieser Fahrzeuge haben überlebt, aber das hier gezeigte 1958er Modell von Bill Moore ist beinahe im Originalzustand und wurde liebevoll restauriert.

Das einzige, was noch fehlt, ist der original Messingrahmen, so dass Bill ein Original gestreiftes Vorzelt anfertigen lassen kann. Der Bus befand sich beim Kauf in gutem Zustand, abgesehen von den Türschwellern, die ersetzt wurden, Löchern in der Front, verursacht durch die Montage eines nicht originalen Kennzeichens und hinten ausgestellten Radhäusern, die für breitere Bereifung nötig waren. Er war im Original einfarbig, aber Bill hat ihn zweifarbig lackiert, unter Verwendung eines lokal erhältlichen Brauntons von General Motors. Der Bus wird liebevoll Paddle Pop genannt, nach einer örtlichen zweifarbigen australischen Eiscreme.

Der Originalmotor und das Originalgetriebe wurden ausgetauscht, und Bill hat vorne und hinten zusätzliche Blinklichter angebracht, „wegen der vielen Mitmenschen, die die Winker nicht beachten". Die Original-Winker sind nach wie vor geschaltet und funktionieren.

Die Innenausstattung verfügt noch über die Original-Vorhänge, Polster und Tischlerarbeiten, alles in ausgezeichnetem Zustand. Die Schränke sind weiß gestrichen mit lackierten Holztüren.

Der Spirituskocher sitzt in einem mit Metall ausgekleideten Abteil des Schranks, um eine sichere Handhabung zu gewährleisten.

Australische Camper

Das hier gezeigte Fahrzeug, Baujahr 1959, gehört Graham Darlington, der den Wagen restaurieren möchte. Er trägt immer noch die Originalfarbe Mangogrün, und die Innenausstattung ist größtenteils intakt, aber es braucht noch eine Menge Arbeitsstunden und liebevolle Pflege.

Der Camper benötigt sowohl innen wie auch außen eine komplette Restaurierung, ist es aber wert, da nur wenige so intakt überlebt haben.

In den frühen 1960ern wurden manchmal „Warzen"-Blinklichter angebracht, und eine Hauptleitung für 240-Volt-Lichtquellen im Innern und Steckdosen wurden hinzugefügt. Es gibt einige Unterschiede zur 1958er Version. Wo der Kocher war, befindet sich eine Spüle, und der Kocher fand in einem an der Tür montierten Schrank seinen Platz. Davon abgesehen, ist im Wesentlichen alles gleich.

Zwei Sitzbänke sind zur Essecke rund um den Tisch angebracht, dieser wurde zwischen die Sitze verlegt, um damit ein Bett bilden zu können. Bei dieser Version war in der vorderen Laderaumtür am Ende der Sitzbank eine Spüleneinheit mit einer manuellen Pumpe montiert, und der Kocher befand sich an der hinteren Ladetür. In der hinteren Laderaumtür gab es eine große Garderobe mit einer darüber an der Wand montierten Lampe und einen an der Seite über der Sitzbank montierten Spiegel. Die Gasflasche stand auf dem Boden der Garderobe und besaß einen flexiblen Schlauch, um den Kocher zu versorgen. Über dem Spiegel war eine Chromschiene eingepasst. Im Heck gab es zwei Aufbewahrungsschränke, einen großen und einen kleineren ganz hinten. Gegenüber davon gab es eine kleine, mit Metall ausgekleidete Kühlbox mit Verschlussgriff und Eisfach, komplett mit Ablaufrinne, um einen Beutel mit Eis aufzunehmen, um Nahrung frisch und kühl zu halten. Die Polster hatten Textilbespannung an einer Seite und Kunststoff auf der anderen, und die Bauteile waren alle weiß gestrichen, nur die Türen bestanden aus einfachem, klar lackiertem Holz.

Trotz des angegriffenen Zustands des Busses und der Innenausstattung weiß Graham, dass es sich um ein seltenes Modell handelt, und obwohl die Arbeit, die nötig sein wird, um es auf den Standard von Bill Moore's Modell zu heben, eher abschreckend wirkt, wird sie jede Mühe wert sein, da es nur noch sehr wenige Exemplare dieses frühen Campers gibt.

Der Dachhimmel ist mit Holz verkleidet, wie bei den frühen Westfalias. Beachten Sie die Lampe über der Schranktür.

Australische Camper

Der Essbereich

Neben der Ladetür gibt es eine Spüleneinheit mit einem darunter platzierten Wasserbehälter für das Abwasser.

Wendekissen mit Kunststoffseiten, zum Bett ausgelegt unter Verwendung der Sitzbänke und des Tischs. Die Polsterung ist wahrscheinlich noch die Originalausstattung.

Der Kocher ist an der hinteren Ladetür angebracht und mittels eines flexiblen Schlauches mit der Gasflasche in der Garderobe verbunden.

Der metalleingekleidete Kühlschrank mit einer geschlossenen Ablage darüber. Beachten Sie den Hakengriff, der sicherstellt, dass die Tür nicht plötzlich auffliegt!

Die Kühlkiste hat ein separates Fach mit Ablaufrinne und Tropfenfänger zur Aufnahme eines Eisbeutels.

Australische Camper

**Der Adventurer
Australiens eigenes Campingmobil**

In den 70ern gab es von VW Australien drei Versionen von Campingmobilen: Den Cruiser, den Adventurer und einen in Lizenz gebauten Dormobile. Wenn es in den USA schon Probleme gab, genügend Westfalia-Umbauten zu importieren, um der Nachfrage gerecht zu werden, war dies in Australien noch viel schwieriger. VW Australien wurde 1958 in Clayton, Victoria gegründet, und bis 1961 hatte man sich vom Zusammenbau vollkommen zerlegter Bausätze zu einer Produktion in großem Stil gemausert, mit eigenen Pressen und örtlichen Lieferanten von Bauteilen. Sie produzierten ihre eigene Version eines Campingmobils, basierend auf Westfalia-Designs und mit der Rückkehr zur Montage zerlegter Bausätze. 1968 brachten sie eine eigene australische Version des Campingmobils, den Adventurer heraus. Diesen gab es in drei Versionen: Den Adventurer, den Adventurer Traveller und den Adventurer Deluxe. Diese Umbauten wurden von E. Sopru & Co. in Zusammenarbeit mit Volkswagen Australien ausgeführt.

Alle Modelle waren standardmäßig mit „Känguru-Fänger" über der Frontstoßstange, vorne befestigtem Reserverad und einem aufklappbaren Hubdach über dem Passagier- und Heckraum ausgestattet. In das Hubdach war eine klappbare Dachluke (mit VW-Logo) eingelassen. Die Einrichtung war einfach, aber effizient und alles in hellen Farben mit pflegeleichtem Melamin gearbeitet. Eine Rückbank konnte mit einem Rock-and-roll-style-Mechanismus in ein Doppelbett verwandelt werden. An der Fahrerseite gegenüber der Schiebetür gab es einen großen Geschirrschrank mit einer Schublade darunter und einem seitlich befestigten Spiegel, eine Spüleneinheit mit Wasserzufuhr durch eine Pumpe (und einer Kochplatte für den Deluxe) sowie zwei Aufbewahrungsschränke hinten. Der Tisch war an der Spüleneinheit festgemacht, und über der Spüle war eine Leuchtstofflampe angebracht. Am Heck war ein Dachgeschirrschrank montiert. Unter dem Boden gab es einen 45,5-l-Wassertank, der von außen gefüllt wurde.

Der Adventurer war ein Sparmodell ohne Kocher und Kühlschrank und mit Standardausstattung wie beschrieben, besaß aber 240-V-Stromanschluss und einen Feuerlöscher.

Der Traveller besaß zusätzlich einen zweiflammigen Gasherd, einen mit Gas oder Elektrizität zu betreibenden Kühlschrank in einer Einheit an der Schiebetür hinter den Sitzen der Frontpassagiere, eine außenliegende Zugangsklappe für die Gasflasche und den Regler, Dachgepäckträger, ausfahrbare Treppenstufe an der Seite und einen herausnehmbaren Notsitz zwischen den Vordersitzen.

Der Deluxe besaß eine 240-V-Herdplatte neben Spüle und Sitzbank, eine 240-V-Steckdose, eine zusätzliche Leuchtstofflampe im Heck, einen klappbaren Außentisch mit Flaschenhalter und Textilbespannung an den Sitzen und den Seitenwänden. Weitere Ausstattungsdetails waren Moskitonetze, Zeltdach, ein abgeschirmtes Schiebefenster, eine Grillhaube, Scheinwerferschutz, Defroster für das Heckfenster, Sonnenblende und Anhängerkupplung. Für diejenigen, die wirklich in den Busch oder in die Wüste wollten, gab es optional einen Luftfilter gegen den Staub, der am Heck des Fahrzeugs auf dem Dach montiert wurde.

VW Australien konnte ebenfalls spezielle europäische Versionen bereitstellen und an Touristen aus Übersee liefern.

Der Adventurer Deluxe Camper

Der hier gezeigte 1975er Adventurer Deluxe gehört Ade Pitkin. Nachdem er bei einem Urlaub in Australien dort rostfreie Busse zu einem erschwinglichen Preis entdeckt hatte, startete er, nach Hause zurückgekehrt, eine Internetsuche. Schließlich stieß er auf diesen Kombi Camper und, nachdem er digitale Bilder aus jeder nur möglichen Perspektive gesehen hatte, fasste sich ein Herz und kaufte ihn. Der Bus gehörte ursprünglich einer örtlichen Kirche bei Brisbane und wurde für Aktivitäten des Jugendclubs benutzt. Er wurde schließlich verkauft und bekam einen Teil-Austauschmotor, bevor er wieder verkauft wurde. Während der letzten drei Jahre lief der Bus problemlos, und die Innenausstattung erwies sich als gut geeignet für Familienbenutzung. Als Deluxe-Modell hat er den elektrischen Kocher am Ende der Spüleneinheit. Der Kocher wird normalerweise ausgebaut, er benötigt nicht nur eine Generalüberholung sondern nimmt auch zu viel wertvollen Platz weg.

Davon abgesehen befindet sich die Innenausstattung in einem ausgezeichneten Zustand. Die Paneele und Schränke sind alle hellblau angestrichen, und Ade sagt, dass ihm der handliche Spiegel an der Seite des Schranks, der über die Spüle geschwenkt wird, besonders gefällt, weil er ideal zum rasieren geeignet ist.

Australische Camper

Die außenliegenden Dachstützen, die sich aus dem Dach herausschieben, sind gut zu sehen.

Eine aufschiebbare Dachöffnung, komplett mit VW-Logo, ist ein hübsches Detail.

Der Wassertank hängt unter dem Boden.

Der Kleiderschrank über die volle Höhe, mit Schublade unten, hat einen handlichen Toilettenspiegel, der, seitlich angebracht, über die Spüle geschwenkt werden kann.

Der Kocher und die Kühlboxeinheit sind in der Seitentür an der Trennwand angebracht, sie werden aber normalerweise entfernt, um mehr Platz zu gewinnen.

Der Zugang zur Gasflasche erfolgt durch eine außenliegende Seitenklappe. Die danebenliegende Plastikkappe verschließt den Frischwassertank.

Das Deluxe-Modell besitzt eine elektrische Kochplatte neben der Spüle.

Die inneren Paneele sind ebenfalls hellblau und passen zu den Schränken. Achten Sie auf die zusätzliche Stellfläche über dem Wäscheschrank und im Dach.

Der Wandschrank, die Spülen-/Herdeinheit, Wäscheschrank und die anderen Schränke sind alle aus hellblauem Laminat gefertigt. Das ausziehbare Bett bietet eine geräumige Schlafgelegenheit. Gepolsterte Kopfstützen an den Vordersitzen sind Standardausstattung beim Deluxe-Modell.

Das Campingmobil Adventurer

Dieses Campingmobil von 1975 ist das Sparmodell, importiert nach Großbritannien von der Firma Recycling VW's, die auf die Beschaffung von Australischen Bussen und Campern spezialisiert ist. Es besitzt einen Frontschutzbügel mit Halterung für das Reserverad, Sonnenblende, Dachgepäckträger auf der Fahrerkabine, seitlich öffnende Fenster und ein Hubdach.

E. Sopru produzierte ebenfalls eine Version für VW Australien, die Cruiser genannt wurde. Diese besaß einen Einzelsitz, einen seitlich an der Wand angebrachten Klapptisch und eine Rückbank. Der Rücksitz und der Tisch wurden verwendet, um das Bett zu bauen. Ein großer hängender Geschirrschrank war hinten neben der Schiebetür angebracht, mit zum Wohnbereich hin offenen Regalen, und es gab einen Schrank im Dach. An der Schiebetür hinter dem Beifahrersitz gab es eine Einheit mit Spüle, zweiflammigem Kocher und Kühlschrank. Ein herausziehbares Regal/Arbeitsplatte vorne sorgte für zusätzlichen Platz zum Waschen oder für die Nahrungszubereitung. Das Hubdach war optional, und das Reserverad befand sich normalerweise auf dem vorderen Dachgepäckträger.

Sopru baute – besonders für den Australischen Markt – auch Dormobiles in Lizenz. Statt des Kochers, der in britischen Versionen zu finden ist, gab es hier eine ausklappbare zweiflammige Herdplatte mit Grill in einer Einheit nahe der Schiebetür direkt hinter dem Beifahrersitz. Das Reserverad war an der Front montiert, die Leinwand des Hubdachs einfarbig und nicht gestreift, und die Tischlerarbeiten waren in hellbraun gefärbtem Dekor ausgeführt; Davon abgesehen waren Grundriss und Ausstattung die Gleichen wie beim britischen Dormobile. Optional gab es für alle Sopru Camper eine Anhängerkupplung, Moskitonetze, eine einklappbare Seitenstufe, ein abgeschirmtes Schiebefenster beim Esstisch, einen schwenkenden 12-V-Ventilator, tragbare Picknicksets inklusive Tisch und Klappstühlen, doppeltes Batteriesystem, Dachgepäckträger auf der Kabine und Klimaanlage.

Ein ungewöhnliches Ausstattungsdetail ist der zusätzliche Luftfilter auf dem Dach, der nahelegt, dass der Bus in extremen Staub- oder Sandbedingungen im Australischen Busch eingesetzt werden sollte.

Die Innenausstattung des Adventurer ist einfacher gehalten, mit großem Schrank, Spüleneinheit und ausziehbarem Bett. Der Tisch wird von der Vorderseite der Spüle hochgeklappt. Die Schränke sind aus hellgrauem Laminat gefertigt.

Australische Camper

Ein 1976er Sunliner Umbau

Eine kleine hochklappbare Arbeitsplatte ist an der Trennwand nahe der Schiebetür angebracht.

Sunliner-Hubdächer haben die gleichen außenliegenden Verstrebungen wie die Sopru Camper.

Das Sunliner-Logo ist vorne auf das Dach aufgemalt.

Der Einzelsitz beherbergt hinten eine Spülenenheit mit Wasser und Gasflasche im Boden.

Die Schränke aus Bootssperrholz verfügen über Schiebetüren.

Der Seitenschrank an der Schiebetür erstreckt sich bis zum Heck des Fahrzeugs.

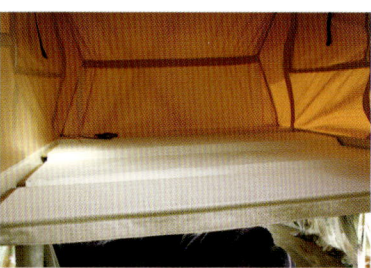
Kunststoffbezogene Bretter können zu einem geräumigen, soliden Bett im Dach ausgelegt werden.

Die späteren Trakka-Modelle besaßen einen schwenkbaren Kocher im Stil von Devon.

Weitere Australische Umbauten aus den 70ern waren beispielsweise:

Lanock Motors

Lanock Motors waren 1953 die ersten VW-Importeure in Australien. Sie stellten frühe Campingversionen her und hatten eine Firma unter Vertrag, die Busse umbauten und ein Hochdach aus Fiberglas nachrüsteten.

Noosa Conversions

In Noosa, Queensland, beheimatet, produzierte Noosa Conversions etwa ab 1976 Camper. Die Innenausstattung entsprach denen der Sopru Campingmobile, aber für einzelne Bauteile wurde häufig Fiberglas statt Holz verwendet. Diese Bauteile waren an der Seite gegenüber der Schiebetür angebracht und bestanden aus einem dreiflammigen Gaskocher von Tutor, einem Electrolux-Kühlschrank und Stauraum. Unter dem Fahrzeug gab es einen Wassertank aus Fiberglas und in der Schiebetür war eine abnehmbare Schrankeinheit. Das Hubdach war quadratischer geformt als bei den Campmobile-Versionen.

SunCamper

SunCamper-Umbauten gibt es seit 1977, die Firma existiert noch heute.

Sunliner

Sunliner Camper verwendeten ein Fiberglasdach über die volle Länge mit integriertem Dachgepäckträger über der Fahrerkabine, aber einfach gehalten, wie man in dem hier gezeigten Camper sieht. Dieser Bus ist rostfrei und gut erhalten. Da Sunliner außerhalb Australiens selten anzutreffen sind, haben die Eigentümer vor, die Innenausstattung und das Holz aufzuarbeiten, damit der Sunliner in gutem Zustand bleibt.

Trakka

Trakka produzierte seit etwa 1973 Umbauten, mit einem Wassertank unter dem Rücksitz, Spülen und Abflüssen aus Plastik, Küchen und Aufbewahrungseinheiten auf einer Seite und Kuhfänger mit 4 Streben. Das niedrige Hubdach über die ganze Länge war seitlich mit Stahl verstärkt.

6 Auto-Sleeper

Das Erscheinen des T25 brachte Camper-Umbauten auf VW-Basis in eine neue Ära des Luxus, so dass die 1980er Wohnmobile mit den spartanischen Inneneinrichtungen der 1950er, den handgearbeiteten Holzschränken der 1960er oder den braun-orangefarbenen Inneneinrichtungen der 1970er nur noch wenig Ähnlichkeit hatten. In den 1980ern nahm das Interesse an voll ausgestatteten, in sich abgeschlossenen und gut eingerichteten Campern rapide zu. Ende der 1980er hatten sich die Wohnmobil-Verkäufe auf 4267 Einheiten nahezu verdoppelt.

Auto-Sleeper, nahe Broadway in Worcestershire beheimatet, waren bereits eine angesehene Firma für den Umbau von Wohnmobilen, als sie 1988 VW-zugelassene Versionen in ihr Programm aufnahmen und zwar den VX 50 (mit Hubdach), den VHT (mit festem Hochdach) und den VT 20 (Sparmodell).

Die Ausstattung war sehr hochwertig und weit entfernt von den Basismodellen der Vergangenheit – jetzt war Camping und Reisen mit Stil angesagt! Der VX 50 und der VHT waren auf Wunsch mit drehbaren Sitzen vorne und einem kleinen Tisch ausgestattet, die man in eine zusätzliche Essecke verwandeln konnte. Koch- und Waschgelegenheit gab es unter den Fenstern gegenüber der Ladetür. Es gab einen 3-Wege-Kühlschrank mit Gefrierfach, der mit Gas oder elektrisch betrieben werden konnte, eine Edelstahlspüle, zweiflammiger Kocher, einen Schrank und eine chemische Toilette. Im VT 20 waren Kocher, Spüle und Kühlschrank etwas anders angeordnet, nämlich hinter dem Fahrersitz. Es gab eine U-förmige Esseckenanordnung mit Sitzgelegenheiten unter dem Fenster am Ende dieser Einheiten sowie die Rückbank. Der VT 20 besaß ebenfalls das Hubdach.

Ab 1989 wurden Autosleeper nur noch in zwei Versionen angeboten: Der Trident mit permanentem, aerodynamischem Hochdach und der Trooper mit Hubdach. Diese 1989er Modelle hatten den Kühlergrill mit Doppelscheinwerfern, die neuen Stoßstangen und Frontspoiler. Die Ausstattung war bei beiden auf gleich hohem Niveau, der einzige wirkliche Unterschied bestand im festen Dach beziehungsweise Hubdach. Die Namen Trooper und Trident für diese Umbauten sind außerordentlich bekannt geworden und wurden auch noch für die Umbauten auf T4- und T5-Plattformen verwendet.

Der 1989er Trident

Das hier gezeigte Trident-Modell ist ziemlich ungewöhnlich, da es auf einer Synchro-(=Allrad)basis mit vorderen und hinteren Differenzialsperren gebaut ist. Es wurden nur 2108 Rechtslenker-Synchros überhaupt gebaut, und nur sehr wenige davon wurden offiziell zum Camper umgerüstet. Diese Version ist in Pastellweiß (L90D) ausgeführt und trägt die charakteristischen Aufkleber und Streifen. Das Interieur ist reichhaltig ausgestattet mit 3-Wege-Kühlschrank mit Gefrierfach, Edelstahlspüle, zweiflammigem Grill/Kocher, der weggeklappt werden kann, um zusätzlichen Platz zu schaffen, einer chemischen Toilette mit eigenem Aufbewahrungsplatz, geräumigem Geschirrschrank und Stauraum für die Garderobe. Ein Schiebefenster ist mit Fliegenschutzgitter versehen. Der Innenraum ist komplett mit Teppichboden ausgelegt, die bequemen Polster sind mit Plüschstoff bezogen, und die Trident-Version besitzt ein Bett im festen oberen Teil des Dachs. Es gibt einen Dachgepäckträger, den man über eine an der Heckklappe angebrachte Leiter erreicht. Dieses Modell besitzt weiterhin einen herunterklappbaren Behälter für das Reserverad am Heck und Kuhfänger an der Front. Es ist interessant, dass die Extras des Topmodells dieser Zeit zwar Radblenden, Intervallscheibenwischer, gepolstertes Lenkrad, heizbare Heckscheibe und einen Frisierspiegel mit integrierter Beleuchtung beinhalteten, aber dass eine Warmluftheizung noch ebenso zur Sonderausstattung gehörte wie ein Drehsessel vorne.

Auto-Sleeper

T4 Camper

Mit Markteinführung der T4-Generation baute Auto-Sleeper seine Angebotspalette VW-basierender Camper aus, und ihre Modelle begannen in puncto Ausstattung und Leistungsumfang mit berühmten US-Wohnmobilen zu konkurrieren. Der Trident und der Trooper blieben die meistverkauften Modelle; weiterhin verfügte der Trident über ein festes Hochdach und der Trooper über ein Hubdach. Der Topas war eine Version auf langem Radstand mit Küche und Badezimmer mit Dusche im hinteren Teil des Fahrzeugs während der Clubman, der Gatcombe, der Sherbourne und der Medallion alle Bus-Aufbauten waren, die luxuriöse Extras wie Duschen, Backöfen, Mikrowellen und Satellitenfernseher boten – meilenweit entfernt von der ursprünglichen Konzeption des Campinginterieurs.

Der Clubman besitzt eine Küche im Heckraum und einen eingebauten Fernseher.

Eine luxuriöse Küche und Einrichtung und ein Badezimmer mit Dusche im Heck sind die Kennzeichen des Topaz-Modells.

Der Innenraum des Sherbourne sieht eher wie ein plüschiges Hotelzimmer aus als das Innere eines Campers.

Der 1999er Trooper

Der Trooper war die Version mit dem Hubdach und führte, ebenso wie der Trident, neue Standards für Komfort und Luxus in die Wohnmobilwelt ein. Standard wurden ein Stromanschluss, drehbare Stühle vorne, 3-Wege-Kühlschrank mit Tiefkühlfach, Heizung mit Ventilator, Edelstahlspüle mit elektrischer Zapfanlage, Frisch- und Abwassertanks, Kleiderschrank mit zweifachem Zugang, Porta Potti, ausziehbares Doppelbett, zwei Tische, die in verschiedenen Positionen befestigt werden konnten, Rauchmelder, CD-Player, Besteck und Geschirr für 4 Personen sowie ein zweiflammiges Kochfeld mit Grill und Plüschpolster. Der hier gezeigte Bus wurde 1999 von Russ Dowson neu gekauft, und er gefiel ihm so gut, dass der ihn 3 Jahre später für ein 2002er Modell in Zahlung gab. Als großer Fan der Modelle mit geteilter Frontscheibe kommentiert Russ:

„Es ist die moderne Version eines praktischen Klassikers – und wenn mein Split-Pick-Up endlich restauriert ist, fahren wir mit beiden auf Ausstellungen. Der Pick-Up ist mein Hobby, der T4 ein Lebensgefühl. Es ist einfach toll, von der Arbeit nach Hause zu kommen, die Mountainbikes einzuladen und einfach loszufahren, sogar im Winter. Es eröffnet einem eine neue Welt jenseits des Sommers. Ich liebe einfach den Luxus und den Komfort."

Der drehbare Beifahrersitz wirkt wie ein gemütlicher Wohnzimmersessel.

Der Kühlschrank besitzt ein eingebautes Gefrierfach.

Auto-Sleeper

Das optional erhältliche, ausziehbare Vordach ist ein sehr nützliches Accessoire.

Zwei Tische ermöglichen verschiedene Anordnungen.

Die Küchenzeile und der Schrank sind alle an einer Seite untergebracht.

T5 Camper

Trident und Trooper werden auf der neuen, 2003 eingeführten T5-Plattform weitergebaut. Ein Blick auf die Innenausstattung und den Grundriss zeigt Anspruch und Klasse – eine neue Generation von VW-Wohnmobilen für eine neue Generation von Campingfreunden, die mehr erwarten als einen Wasserhahn. Das Fachmagazin *Which Motorcaravan* hat die Umbauten gewürdigt: „Viele werden den neuen Stil lieben und über den Komfort des nationalen Auto-Sleeper-Händlernetzwerks und den guten Wiederverkaufswert jubeln. Dieser neue Trooper hat keine Ähnlichkeit mit seinem in die Jahre gekommenen Vorgänger, weder im Möblierungsstil noch in der Küchenausrüstung."

7 Bilbo's Camper

Bilbo's Campers wurde in der Mitte der 70er Jahre in den Gassen von Amsterdam ins Leben gerufen. David Latham und seine Frau Moira sahen einen Markt für den Bau von Campern. Sie verwendeten ausrangierte holländische Polizei- und Armeefahrzeuge, die leicht zu beschaffen waren. Am Anfang haben die beiden sogar die ganze Arbeit allein gemacht, David an der Stichsäge und Moira an der Nähmaschine!

Nachdem sie das ein paar Jahre gemacht hatten, wobei sie ihre Baupläne und ihre Fähigkeiten fortlaufend verbessert haben, kehrten sie 1977 zurück nach England. Sie mieteten eine Werkstatt in Reigate, Suttey, von wo aus sie ihr Geschäft schon bald nach ihrem Umzug in einen kleineren Bereich ihres derzeitigen Sitzes in South Goldstone weiter betrieben. Ihr Umbau des T2-Busses wurde unter dem Namen Marlfield benannt, nach jener Straße, in der sich ihr Geschäft befand. Das hier gezeigte Exemplar ist einer der wenigen T2-Umbauten, die überlebt haben. 1978 als Kombi gebaut, wurde er vom holländischen Militär verwendet, bevor er 1985 von Bilbo's importiert und umgebaut wurde. Für den Marlfield-Umbau wurden sehr moderne Materialien verwendet, und das moderne Interieur in einem 1970er-Jahre-Bus ist manchmal komisch anzusehen. Er ist mit doppelten Kapitänssitzen vorne ausgestattet; beide sind drehbar, obwohl das nur beim Beifahrersitz von Nutzen ist. Im Innern gibt es keine Zwischenwand, eine elektrische Wasserzapfanlage mit Spüle und einen zweiflammigen Gaskocher. Unter der Spüle ist ein herausnehmbarer 10-l-Wasserspeicher untergebracht, in den auch die Pumpe eingebaut ist. Die Gasflasche befindet sich im Schrank links neben dem Kochfeld; unter dem Kochfeld ist ein Kühlschrank eingebaut. Der helle Teppichboden ist allerdings nicht sehr praktisch! Das Bett ist ausklappbar, und im Klappdach gibt es ein zweites Doppelbett. Unter dem unteren Bett ist zusätzlicher Stauraum vorhanden, ebenso wie auf der Seite. Der Kleiderschrank im Heck beherbergt gleichzeitig den Sicherungskasten. Steckdosen sind im Fahrzeug verteilt. Es gibt verschiedene Lichtquellen im Fahrzeug, inklusive einer Leuchtstoffröhre, die vom Bordsystem gespeist wird. Eine Entlüftung im Dach und ein mit Jalousien versehenes Seitenfenster sorgen für frische Luft. Alex Muir, der gegenwärtige Besitzer, ist sehr stolz auf seinen Camper und sagt: „Es ist Stil auf Rädern. Ich liebe es, damit herumzufahren, und ich steige immer mit einem Lächeln aus, auch nach den kürzesten Reisen. Er ist auch für die Nacht sehr komfortabel, hat viel Stauraum und einen sorgfältig gefertigten Innenraum. Ich bin fast 2 Meter groß, und sogar ich habe genügend Platz."

Die Aufmachung ist hier gut zu erkennen: Beachten Sie die Dielen für das Bett im Dach, den oberen hinteren Schrank, die Steckdosen und die verschiedenen Lampen.

Obwohl beide Vordersitze drehbar sind, sorgt die Möblierung dafür, dass das nur für den Beifahrersitz im täglichen Gebrauch sinnvoll ist.

Die „Kitchenette" ist an einer Seite angebracht und besteht aus zweiflammigem Herd mit Grill, Spüle und elektrischem Kühlschrank. Melamin sorgt für eine saubere, helle und moderne Atmosphäre im Innenraum.

Bilbo's Camper

Das Westpoint Plus-Hubdach war Bilbo's eigene Konstruktion.

Die Namensplakette der Firma Bilbo's ist an der Heckklappe angebracht.

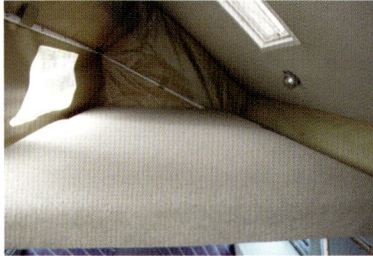

Die geräumige obere Koje mit elektrischer Beleuchtung.

Die untere Koje kann ausgezogen werden.

Der T25-Umbau, bekannt als Marlfield, benannt nach der Straße, in der das Werk lag, war Bilbo's Einstieg in das Geschäft mit Campingumbauten.

Während der 1980er baute Bilbo's weiterhin hauptsächlich gebrauchte Transporter um, aber 1987 begann man auch mit der Umrüstung neuer Fahrzeuge. In den frühen 1990ern erhielten sie die offizielle Zulassung von VW und stellen noch heute gut eingerichtete, beliebte Umbauten her.

Ihr Angebot auf Basis des T25 beinhaltete den Arragon, den Arragon Coda und den Arragon 2, den Marlfield und den Weekender. Die Kunden konnten sich Polsterung, Aufbau, Vorhänge und Teppich selbst aussuchen, um ihren eigenen Wohnstil zu verwirklichen. Der Marlfield war der erste ihrer Umbauten auf T25-Basis und behielt den Namen des Vorgängers bei. Für die Tischlerarbeit wurden 12-Milimeter-Schichtholzplatten mit brasilianischem Virola-Holzdekor verwendet. Die Arragon-Linie stellte das Spitzenangebot dar und besaß die gleiche Basisausstattung wie der Marlfield, jedoch mit mehr Details wie einer doppelten Leselampe, verschiebbarem Einzelsitz, standardmäßig drehbaren Vordersitzen und einer reichhaltigeren Küchenausstattung. Die Tischlerarbeiten des Arragon wurden zunächst in Buche oder hellgrauem Laminat ausgeführt. Ab dem auf den neuen T25-Modellen basierenden Arragon 2 wurde ein neues, aus Europa importiertes Material für die Möbel verwendet, das extrem strapazierfähig war. Es war hellgrau lackiert mit dunkelgrauen Kunststoffkanten. Weitere Verfeinerungen betrafen den Lagerraum über dem Motor, einen herausziehbaren Bestecksatz sowie einen rutschfesten Sitz, der ein Porta Potti beinhaltet. Auf Sicherheit wurde

Das Arragon-Modell war das Topmodell in den 1980ern.

Der Arragon 2 kennzeichnet einen neuen Stil farbiger Innenausstattung mit Laminat.

Der passend benannte „Weekender" besitzt eine durchdachte, vielseitige Innenausstattung.

großer Wert gelegt, mit flammhemmenden Materialien und aufgeschäumten Oberflächen und hinteren Sicherheitsgurten als Standard.

Der Weekender war ein Mehrzweck-Umbau, der sowohl geräumig als auch luxuriös war. Ein Rücksitz über die volle Breite konnte zu einem großen Doppelbett ausgezogen werden. In einer Einheit hinter dem Beifahrer befanden sich ein Kocher, Waschbecken, Wasserpumpe und Stauraum für Utensilien. Hinter dem Fahrer gab es einen weiteren Einzelsitz, in dem sich eine optionale 12-V-Kühlbox befand – mit einer Klappe, um über den Gang einen Doppelsitz zu bilden.

Bilbo's entwickelte ebenfalls eine eigene Auswahl von Dächern, die in ihre Umbauten integriert werden konnten. Das Astron war ein festes Hochdach, in dem ein weiteres Doppelbett untergebracht war, wahlweise mit vorderen oder hinteren Schließfächern, der auf jeden Bilbo's T25-Umbau montiert werden konnte. Das Westpoint war ein seitlich angeschlagenes Hubdach, reichte über drei Viertel der Dachlänge und besaß vorne ein aufgesetztes Fach für weiteren Stauraum. Das Westpoint plus war im Prinzip das gleiche Dach, reichte aber über die gesamte Länge. Beide konnten mit dem optionalen „Upstairs"-Paket ausgerüstet werden, das aus geteiltem Doppelbett, Zierleiste, Vorhängen und Leselampe bestand. Das Westpoint plus konnte zusätzlich mit einer Kinderkoje über der Frontkabine ausgerüstet werden. Die Westpoint-Hubdächer konnten auf T25-Modelle, auf T2-Modelle und auf kundeneigene Fahrzeuge montiert werden. Das Dach war stark genug, um Surfboardhalter tragen zu können.

T4 Camper

Die T4-Reihe bestand aus vier Modellen. Der Kompak besaß einen drehbaren Beifahrersitz. Die Kücheneinheit, die Kocher, Spüle und den transportablen Kühlschrank beinhaltete, verlief entlang der Seitenwand hinter dem Fahrer. Im Heck gab es einen Kleiderschrank. Der Breakaway verwendete die gleichen Möbel, aber beide Vordersitze waren drehbar, es gab ein eingelötetes Waschbecken, einen 50-l-Kühlschrank, Frisch- und Abwassertanks, zwei Multi-Positions-Tische und Netzanschluss. Der Celeste war das Topmodell mit 65-l-Kühlschrank, zweiflammigem Herd mit Backofen und Grill und zusätzlichen Schränken. Der Nektar war etwas anders, da er auf einem T4 mit langem Radstand basierte, obwohl es auch eine Version für den kurzen Radstand gab. Die Küche lag im hinteren Teil des Fahrzeugs, gegenüber ein Kleiderschrank; die vielseitige Raumaufteilung ermöglichte es, dass eine Person auf einem Einzelbett ruhen konnte, während eine andere den Tisch benutzte oder eine Mahlzeit zubereitete. Alle Modelle hatten Hubdächer, oder, ohne Aufpreis, Skyliner-Hochdächer. Die umfassenden Möglichkeiten spiegeln die veränderte Nutzung von Wohn- und Reisemobilen wider, die rauen Zeiten waren längst vorbei. Es gab jetzt Optionen wie servounterstützte Hubdächer, Fahrradhalter, Sonnenkollektoren, außenliegende Duschen und sogar Rollstuhlrampen und -befestigungen.

T5 Camper

Die gleiche hohe Verarbeitungsqualität und hohen Anforderungen erfüllt auch die neue, auf dem T5 basierende Produktlinie von Bilbo's, bestehend aus dem Komba, dem Nexa und dem Celex. *Which Motorcaravan* testete im November 2004 fünf Camper auf VW-Basis, die zu dieser Zeit in Großbritannien erhältlich waren: Den Auto Sleeper Trooper, Bilbo's Celex, Devon's Moonraker 5, Reimo Legacy und VW California. Der auf dem T4 Celeste basierende Celex wurde zum Sieger gekürt mit der Begründung: „Mit dem besten Bett, der besten Küche, der besten Essecken-Anordnung und dem besten Dach ist der Celex ein würdiger Sieger. Vom Hinterhof-Umbauer zum preisgekrönten Unternehmen – der neue Bilbo's Camper setzt Maßstäbe für eine ganz neue Generation von VW-Umbauten."

Drei Dach-Varianten waren als Optionen erhältlich: Astron High Top, Westpoint und Westpoint plus.

Der neue T5 Nexa basiert auf dem T4 Nektar, mit Küche im Heck.

8 Von Campingmobiles und Canadians

Getaway car.

Get it any way you want it.

Ein Campingmobile-Bausatz konnte einen Kastenwagen in ein Ferienhaus auf Rädern verwandeln, wie auf den Bildern in diesem 1964er Katalog zu sehen ist.

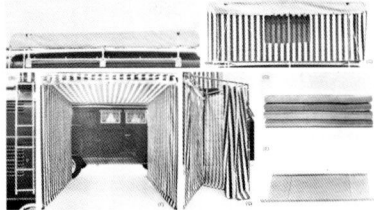

To make the De Luxe Kit Super De Luxe

Es gab eine Reihe von Zelten und Zelt-Erweiterungen, inklusive Duschabtrennung und einem auf dem Dach aufgebauten Zelt.

Camper, Wohnmobile und Freizeitfahrzeuge (RV'S) waren immer ein ernst zu nehmendes Geschäft in den USA und Kanada, wo es so viel Wildnis zu erkunden gab. Westfalia Camper waren als spezielle Exportmodelle seit 1956 in Nordamerika erhältlich (siehe Kapitel 38). Ab 1961, mit Einführung des SO 34 überstieg die Nachfrage das Angebot bei weitem. Dieser Engpass betraf auch VWoA (VW of America) und VW Canada, die Bausätze herstellten, die man bei VW-Händlern in ein neues oder gebrauchtes Fahrzeug fertig eingebaut kaufen oder als Do-it-yourself-Bausatz ordern konnte. Die US-Version wurde unter dem Namen Campmobile vermarktet – der Name wurde später zum Synonym für Westfalia-Exportmodelle für Nordamerika – während die Version von VW Canada Canadiana genannt wurde. Obwohl die Bausätze deutliche Westfalia-Einflüsse im Design, bei Materialien und Gestaltung zeigen, haben sie doch ihre eigenen Merkmale und verdienen in keiner Weise den Spitznamen Westfakia". In der Heimat des RV gebaut, waren die US-Reisemobile tatsächlich besser ausgestattet, und man kann sagen, dass Sie mehr Komfort und Luxus boten, während die Canadiana einfacher, aber mit einigen stilvollen Akzenten in den Holzarbeiten gehalten waren. Ideal für Kombis oder Kleinbusse konzipiert, standen Bausatz-Versionen für Kastenwagen ebenfalls zur Verfügung. Sie enthielten kleine Seitenfenster, basierend auf Standard-RV-Teilen ähnlich denen, die für EZ-Campers verwendet wurden.

Das Campingmobile

1963 brachte *das Hot Rod*-Magazin einen Fahrbericht über die aktuelle Palette der VW-Modelle, inklusive der neu verfügbaren Campingmobiles:

„Bei dem beinahe sensationellen Boom motorisierter Camper, die auf irgend etwas Fahrbarem installiert waren, leuchtet ein, dass VW eine solche Ausrüstung anbot. In der Tat waren sie unter den Ersten. Eine Handvoll attraktiver, in Deutschland ausgestatteter Camper erschien einige Jahre zuvor bei den VW-Händlern, aber sie trugen Preisschilder von über $3.000. Sparsame Eigentümer legten selbst Hand an, aber jetzt gab es sechs verschiedene Umbausätze, die in Kombis und Kleinbusse eingebaut werden konnten."

Für jedes Modell gab es einen Basis- und eine Deluxe-Version; mit einigen sehr interessanten Ausstattungsdetails. Die Grundausstattung bestand aus fünf kleinen abgeschirmten Fenstern (für die Kastenwagen-Version), Birkenholz-Panels für Wände und Dach, Sitze mit Stauraum darunter, Vinyl-Bodenbelag, einem faltbaren Tisch mit Verlängerungseinsatz, Regalen in der Ladetür, Kleiderschrank mit Spiegel, zwei an der Wand montierten Lampen (sehr ähnlich den „Muschelschalen"-Leuchten, die im SO 23 verwendet wurden), Aufbewahrungsschrank, Wäscheschrank hinten, kleiner Einheit in der hinteren Ecke und einem Regal hinter der Rückbank und an der vorderen Trennwand. Polsterung gab es in Rot oder Türkis, aus Nylon oder Vinyl, schmutzabweisende, passend gemusterte Vorhänge inklusive.

Die Deluxe-Version hatte zusätzlich eine Wasserpumpe und eine Kühlbox, eine Klappe für eine Waschschüssel nahe der Ladetür, einen zweiflammigen Gasherd (der auf einem aufklappbaren Regal an der Hecktür stand) und eine chemische Toilette, die unter dem Einzelsitz untergebracht war. *Hot Rod* beschreibt das optionale Zubehör als Extras, die „es dem angehenden Naturburschen erlaubten, mit noch mehr Komfort primitiv zu leben". Ein riesiges Vordach mit abrollbaren Seitenteilen konnte über der Ladetür montiert werden, und man konnte auch ein freistehendes 2,4-qm-Cabana-Zelt bestellen. Der Dachgepäckträger mit Leiter konnte auch als Sonnendeck genutzt werden, und die Campette-Option bestand aus einem darauf angebrachten Zelt, in dem man im Penthouse-Stil schlafen konnte. Es gab sogar eine Option für eine 114-l-Dusche mit Duschabtrennung! VW of America lud Kunden stolz ein, ihren nächsten Urlaub in einem Wohnwagen zu verbringen: „Es ist eine sehr bewegende Erfahrung. Keine Hotel-, Motel-, Ferienanlagen- oder Restaurantrechnungen. Keine Reservierungen, kein Packen, kein Trinkgeld für Gepäckträger. Sehr geeignet für Menschen, die sich lieber die Landschaft ansehen als „Besetzt-Zeichen" (keine Zimmer frei). Auch toll, um sich leise davon zu stehlen – man kann Sie

Von Campingmobiles und Canadians

Wohnwagen-Bausätze wurden als Umbauten von den Händlern in neue oder gebrauchte Fahrzeuge angeboten, oder für die Selbstmontage.

nicht besuchen, wenn man Sie nicht finden kann!"

VWoA fuhr bis 1972 fort, eigene Campingmobile zu vermarkten, als Westfalia begann, speziell für den US-Markt ausgerichtete Modelle zu produzieren (siehe Kapitel 38). Der Name Campmobile, der ursprünglich von Westfalia verwendet wurde, wurde auch von VW Australien und Südafrika übernommen, um eigene Versionen des VW Campers zu vermarkten.

Der Canadiana

VW Canada vertrieb seit 1963 auch eigene, der US-Version sehr ähnliche Camper unter dem Namen VW Canadiana Vacationer. Er war spärlicher ausgestattet als die US-Version, mit Birkenholzverkleidungen an den Wänden und am Dach, einer Zwei-Drittel-Sitzbank hinter der Stirnwand mit einem Regal dahinter, einem Tisch und Rückbank, auch mit einem Regal dahinter. Es gab einen Schrank mit Spiegel am Ende der Rückbank an der Tür, und einen Wäscheschrank dahinter, mit einem kleineren Schrank in der Ecke an der Heckklappe. Eine Matratze lag über dem hinteren Deck auf einem Holzrahmen, darunter befand sich ein Stauraum. Das hochgelegene Doppelbett verwendete den Tisch und den Sitz für die Matratze im hinteren Ladebereich. Der Trennwandsitz hatte gebogene Seiten, und die Kanten waren mit Chrom eingefasst, passend zu den Tischkanten. Für die Schränke wurden Chromscharniere und Bakelitgriffe verwendet. Eine weitere Besonderheit war die umlaufende, ausgeschnittene Holzschabracke auf Höhe der Vorhangschiene. Zwei Kleiderhaken waren vor den Fenstern gegenüber den Ladetüren angebracht, und das zentrale Innenlicht wurde durch eine runde Lampe mit Kupfersockel ersetzt. Die Vorhänge trugen Karo im Westfalia-Stil, obwohl auch „moderne" Stoffe mit Palmen und hellen Mustern verwendet wurden. Die Kissen waren mit abstrakten Mustern versehen und eine Seite mit braunem oder schwarzem Kunststoff bezogen. Ein nützliches Detail war die standardmäßig gelieferte, herausziehbare Treppenstufe unter der Ladetür. Eine weitere Besonderheit des Canadiana war die standardmäßig vorhandene Hupp-Gasheizung, eingebaut in der Basis des an der Trennwand montierten Sitzes, zweifellos, um dem kanadischen Winter zu trotzen. Die Fähigkeit des VW Campers, es mit allen Bedingungen und jedem Gelände aufzunehmen, stand im Mittelpunkt des Werbematerials von VW Canada, das, abgesehen davon, dass einige Besitzer eine Reichweite von 35mpg (miles per gallon) angegeben hatten, feststellt:

„Der VW ist ein ideales Heim auf Rädern. Sein Heckmotor sorgt für Traktion im Schlamm, im Sand und auf allen Feldwegen. Der VW-Motor ist luftgekühlt und wird daher niemals Frostschutz oder Wasser benötigen – und überkochen wird er auch nicht. Die Drehstabfederung bringt Sie über härtestes Gelände, und es ist kein Wunder, dass der VW bei Safariteilnehmern in Afrika beliebt ist."

Der VW Canadiana entsprach perfekt den Anforderungen als schnörkelloser, erschwinglicher Camper für diejenigen, die wirklich die kanadische Wildnis angehen wollten!

So wie die US-Campmobile auch konnte der Canadiana als Bausatz zur Selbstmontage gekauft oder durch die Händler in existierende Kundenfahrzeuge eingebaut werden. Es gab auch eine Möglichkeit, den Kastenwagen umzubauen, obwohl die Versionen von VW Kanada normalerweise Kombis waren.

Unter dem Titel „Verwandeln Sie ihren VW-Lieferwagen mit Fenstern in ein Heim auf Rädern" beschreibt dieser Katalog von 1966 die Vorzüge des Campens in der Wildnis. Achten Sie auf die Hupp-Heizung unter der vorderen Sitzbank – eine Standardausstattung des Canadiana!

Von Campingmobiles und Canadians

Der 1963er Canadiana Camper

Das hier gezeigte Fahrzeug wurde im Januar 1963 gebaut, über Vancouver geliefert und von VW Canada in Toronto umgebaut. Der Bus wurde 2003 von Rob Kneisler erworben, und trotz einiger Änderungen an der Karosserie ist es der einzig bekannte Canadiana, der intakt überlebt hat. Irgendwann in den 1980ern machte ein Unfall den Einbau einer 1967er Front inklusive Armaturenbrett, Kabinentüren und vorderer Stoßstange erforderlich. Er bekam auch einen 12-V-Umbau und einen 1600er Motor. Davon abgesehen, ist der Bus im Originalzustand und frei von Rost. Irgendwann im Jahre 2002 hat der vorherige Besitzer die Original-Inneneinrichtung komplett zerlegt und unter Verwendung der Einzelteile originalgetreu nachgebaut. Der einzige Unterschied besteht darin, dass er Birkenfurnier anstelle der ursprünglichen Eiche verwendet hat. Alle originalen Bakelitgriffe, Chromumrandungen und Scharniere wurden wiederverwendet, ebenso wie die Originalvorhänge. Die Innenausstattung ist also vielleicht nicht die eines originalen Canadiana, aber sie ist so authentisch wie nur möglich – und somit ein wichtiger Teil der Geschichte des VW Campers.

Eine ausklappbare Treppenstufe gehörte zur Standardausstattung.

Stauraum befindet sich im hinteren Deck unter der Matratze. Die Chromscharniere und Bakelitgriffe gehören zur Originalausstattung.

Chromleisten schließen alle Ecken ab.

Der auf dem Armaturenbrett montierte Lüfter ist ein cooles Accessoire der Zeit!

Der gesamte Innenraum ist mit Holz verkleidet.

Beachten Sie die ausgeschnittenen Schabracken, bekannt als Lebkuchen-Ausstattung, ein charakteristisches kanadisches Detail

Schlafmodus

9 Canterbury Pitt Moto-Caravans

Der Pitt Moto-Caravan

Einer der unbekannten Pioniere des Wohnmobils und eine Triebfeder beim Ausbau des neuen Reisemobil-Markts in Großbritannien war Peter Pitt. Er war nicht nur verantwortlich für einen der ersten vollständigen Campingumbauten auf VW-Basis, er war auch maßgeblich daran beteiligt, Gesetze ändern zu lassen, um das Wohnmobil auf die gleiche Stufe zu stellen wie den Wohnwagen. In Großbritannien waren Kraftfahrzeuge zu jener Zeit mit einer Verkaufssteuer belegt, aber Wohnmobile waren davon befreit. Die Bestimmungen verlangten, dass ein Wohnmobil mit einer permanenten Einrichtung versehen sein musste, die aus Essecke, Betten, Kochutensilien, Kleiderschrank und wasserführenden Einrichtungen bestand. (Diese Regelung veranlasste Danbury tatsächlich, seinen ursprünglichen Umbau 1964 umzugestalten, um den Kocher zu einem „permanenten" Einrichtungsgegenstand zu machen.) Pitt entwarf seinen VW-Umbau 1956 und verwendete einen modularen Aufbau, aus dem in den 1960ern die offene Gestaltung werden sollte. Jedenfalls war der VW Transporter gemäß den britischen Vorschriften der 1950er Jahre als Nutzfahrzeug eingestuft und unterlag damit einer Höchstgeschwindigkeit von 30 Meilen pro Stunde sowie der Verkaufssteuer. Um die Aufmerksamkeit auf diesen Sonderfall zu lenken, fuhr Pitt mit seinem Camper in den königlichen Park, wohl wissend, dass „kommerzielle" Fahrzeuge dort verboten waren. Der Fall kam vor Gericht, und das Urteil lautete, dass Pitts Wohnmobil kein Nutzfahrzeug war, sondern als Wohnmobil eingestuft werden sollte. Daraus ergaben sich zwei wesentliche Dinge: Erstens durfte der zum Wohnmobil umgebaute und nicht mehr „kommerziell" genutzte VW-Bus jetzt genau so schnell fahren wie ein Personenwagen und zweitens entfiel die Steuer – auch wenn der Zoll und die Steuerbehörden Umbauten immer noch inspizieren und genehmigen mussten.

Dieser 1958er Camper ist einer der frühesten Pitt-Umbauten und ist erst kürzlich durch Restaurierung in den ursprünglichen Zustand zurückversetzt worden. Er hat viele charakteristische Merkmale der späteren Serienproduktion, aber auch einige interessante Abweichungen.

Der herausklappbare, in der Tür montierte Kocher war ein Original Pitt-Merkmal.

Das Herstellerlogo war an der Seite des Kochers befestigt.

Die hintere Rückbank ist in zwei Abschnitte geteilt – die Basis des Abschnitts nahe der Ladetür klappt herunter, um den Zugang zu erleichtern, wenn der Tisch in Gebrauch ist.

Der Seitenschrank hat eine aufklappbare Erweiterung für eine Waschschüssel oder als Arbeitsfläche.

Canterbury Pitt Moto-Caravans

Der Eichen-Innenraum wurde originalgetreu restauriert, und das grundsätzliche Layout blieb unverändert.

Zusätzlicher Stauraum findet sich hinter der Sitzbank.

Der Kleiderschrank hat vorne einen Vorhang und ein seitlich montiertes Gaslicht.

Ein kleiner Schmink-/Toilettenschrank mit angebautem Spiegel (hier an der Rückseite der Tür befestigt) war ein weiteres Pitt-Designmerkmal.

Dieses 1963er Modell wurde mit einer seitlichen Trittstufe, Zeltstangen, Türgriffschalen und einem Dachgepäckträger im Westfalia-Stil mit Leiter ausgerüstet, die Innenausstattung ist jedoch vollkommen im Originalzustand erhalten.

Der Unterflur-Wassertank wurde über eine Luke im Boden gefüllt, dies wurde später zugunsten eines unter der vorderen Sitzbank gelegenen Wassertanks geändert, um Verunreinigungen beim Befüllen zu vermeiden.

Die Original-Polster und Vorhänge befinden sich noch in gutem Zustand.

Obwohl er einen VW für seinen ersten Umbau verwendet hatte, machten die Importzölle den Wagen teurer als britische Fahrzeuge, weshalb Pitt sich zunächst auf Umbauten auf Thames-, Commer- oder Austin-Basis konzentrierte, obwohl auch einige VW auf Kundenwunsch umgebaut wurden. Pitts Umbauten bildeten die Spitze des Designs, und 1959 brachte er das GRP High Top sowie Hubdächer auf den Markt. 1960 wurde der VW erneut in das Angebot aufgenommen, wobei wieder die „offene Gestaltung" verwendet wurde. Dieses umfasste ineinandergreifende Einheiten, die eine Vielzahl von Verwendungsmöglichkeiten boten: Man konnte sie als Essecke für bis zu acht Personen anordnen oder als Einzelbett, Doppelbett oder zwei Einzelbetten. Ein Klappkocher war an der hinteren Ladetür montiert, aber es gab keine Spüle.

Pitts größte Neuerung in diesem Jahr, die die Konkurrenz überraschte, war eine neue Art von Hubdach, das „Aufgehende-Sonne-Dach" (rising sunshine roof) genannt wurde. Diese federnde Konstruktion konnte in drei verschiedenen Positionen fixiert werden, nämlich an einem Ende ganz offen, halb offen oder ganz geschlossen. Um mehr Schlafplätze zu bekommen, konnten Kojen installiert werden. Die einzigen Demonstrationsmodelle auf der 1960er Motorshow mit dieser Ausstattung waren Commer- und Thames-Umbauten. Obwohl diese Option für alle Pitt-Modelle lieferbar war, hat kein damit ausgerüsteter VW überlebt – falls es überhaupt einen gab.

1961 fusionierte die Pitt Moto-Caravan Co. mit Canterbury Sidecars. Die Umbauten wurden von diesem Zeitpunkt an in den Räumlichkeiten von Canterbury Sidecars in Romford durchgeführt und als Canterbury Pitt-Umbauten vermarktet. Mit der neuen VW Version wurde in diesem Jahr eine optionale Spüleneinheit am Ende der Rücksitzbank eingeführt. Sie besaß einen am Gehäuse befestigten 45,5-l-Wassertank und eine Handpumpe

1963: Der neue VW Canterbury Pitt Moto-Caravan mit offener Gestaltung

Die Produktion zog abermals in neue Räumlichkeiten in South Ockenden, Essex, und Pitt aktualisierte und verfeinerte die Entwürfe für die 1963 eingeführten Modelle. Dieser Umbau war so erfolgreich, dass er in den Folgejahren im Grunde unverändert blieb, bis die Produktion eingestellt wurde.

Canterbury Pitt Moto-Caravans

Die Spüleneinheit war für alle Modelle optional erhältlich und lag am Ende der Rückbank. Der Wasserauslauf, hier zu sehen, lag auf der Bank-Oberseite.

Die Einheit klappt hoch und nach vorn, um dort einzurasten, und die Sitzfläche/Klappe dreht sich am Scharnier zurück, um eine Abtropffläche zu bilden.

Bei dem Kocher handelt es sich um die seltenere Edelstahlvariante.

Ein Spiegel ist an der Rückseite des seitlich angeschlagenen Toilettenschranks angebracht.

Die Gasflasche war im Motorraum untergebracht, und das Gas strömt durch Metallleitungen und flexible Schläuche zum Kocher.

Ein einzelner Raum im hinteren Bereich, mit einem Vorhang und mit Holzbügeln, bildet die Garderobe.

Die vordere Sitzbank war unterteilt in Doppel- und Einzelsitz, was drei verschiedene Arrangements ermöglichte. Zusätzlich konnte die vordere Sitzbank unter das Fenster geschoben werden, um mehr Platz auf dem Boden zu schaffen. Doppel-, Einzel- oder Zwillingsbetten waren möglich, und Kinder konnten in einem optionalen Etagenbett untergebracht werden. Es gab auch eine optionale Koje für Erwachsene, die sich entlang der Seite über den Vordersitzen und in die Kabine erstreckte. Ein versenkbarer Zwei-Flammen-Herd/Grill war an der vorderen Ladetür in einem Schrank mit einer herunterklappbaren Regaltür für das Geschirr und einem Abschnitt für das Besteck neben dem Kocher montiert. Die Kombiversion hatte als Standardausstattung nur einen zweiflammigen Kocher. Passendes Geschirr und Besteck gab es für die Microbus- und die Kombiversion optional. Die wegklappbare Abtropffläche/Spüle war für alle Modelle optional lieferbar und befand sich bei der Ladetür am Ende der Rückbank. Der Wassertank lag unter dem Chassis und wurde mit einem einfachen Badestöpsel verschlossen, der im Boden lag, genau da, wo man ein- und ausstieg. Diese Anordnung erhöhte das Risiko von Verunreinigungen, weshalb der Tank 1967 unter die vordere Sitzbank verlegt wurde. Die Gasflasche befand sich im Motorraum, und das Gas wurde unter dem Fahrzeugboden durch Leitungen zum Kocher geführt.

Die Microbus-Version besaß als Standard eine unterteilte Lagerfläche über dem Motor, auf die man von der Rückseite über zwei Schubladen zugreifen konnte oder von innen durch einen aufklappbaren Deckel. Die Abschnitte an den Enden waren von oben zugänglich. Es gab einen Schrank im Dach, flankiert von zwei Seitenschränken mit kleinen, nach vorne gerichteten Türen. Diese Ausstattung konnte für den Kombi als Extra bestellt werden. Die Schränke waren normalerweise in dunkler Eiche gefertigt, im Microbus zweifarbig, im Kombi einfarbig lackiert.

Canterbury Pitt Moto-Caravans

Ab 1965 war optional der geteilte Durchgang lieferbar.

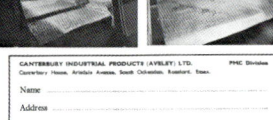

Der 1965er Katalog

Kataloge aus dieser Zeit konzentrierten sich sowohl auf Vielseitigkeit als auch auf die Freiheit der „Privaten Autoreise mit Hotelkomfort" und drängten potenzielle Käufer

„überall hin zu fahren … alles zu sehen, ohne einschränkenden Fahrplan und ohne Probleme mit der Hotelreservierung. Keine Hotelrechnung für Ihre Familie und Freunde … es gibt genug Platz für alle … und Ihre Ausrüstung ist ordentlich im geräumigen Schrank und in der Garderobe verstaut. Seien Sie frei wie ein Vogel, fahren Sie nach Lust und Laune, wohin Sie wollen und halten Sie an, wo Sie möchten. Oder, wenn Ihnen der Sinn nicht nach Vergnügen steht, verwandeln Sie ihren Caravan in ein hochmobiles Büro. Das Mobiliar rastet in zahlreichen Stellungen mit bemerkenswerter Leichtigkeit ein oder lässt sich wegklappen, um die Fläche des Bodens auf 1,5 Quadratmeter zu vergrößern, sodass Ihr Caravan ein williges Arbeitstier für den Transport sperriger Lasten wird."

Ein schmaleres aufklappbares Hubdach stand nun zur Verfügung, wodurch die Gesamthöhe des Fahrzeugs nur um 76 mm stieg. Eine weitere Besonderheit war das Sonnendach, das über den oberen Rand der geöffneten Ladetüren passte und mit Gurten über das Dach auf der gegenüberliegenden Seite der Karosserie befestigt wurde. 1965 wurde eine Durchgangsoption angeboten, genannt „der Pitt". 1967 wurde das ziemlich schwere Hubdach überarbeitet, um es leichter zu machen und einfacher aufzurichten.

Dieses 1966er Modell war die Standardversion ohne Spüle. Die Sitze wurden neu bezogen.

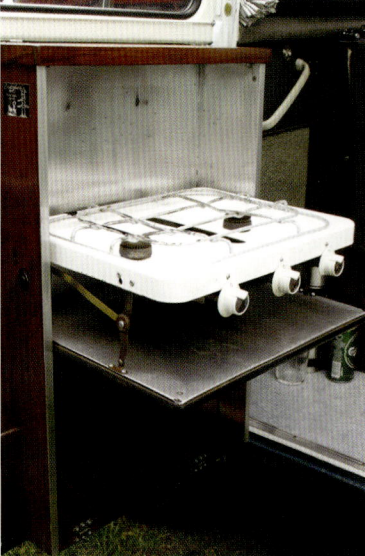

Eine Waschschüssel sitzt in einer speziellen Aussparung unter der hinteren Bank. Wasser wird durch einen Wasserhahn gepumpt.

Der Kocher/Grill ist aus Emaille – beachten Sie die Pitt-Plakette an der Seite.

Der Schminkspiegel wurde in späteren Modellen auf einem schwenkbaren Holzsockel an der Rückseite der Tür montiert.

Canterbury Pitt Moto-Caravans

Unter der vorderen Sitzbank ist ein handliches Flaschenregal untergebracht.

Beide hinteren Seitenteile haben Hängeregale. Auf das hintere Staufach wird von innen mit einfachen Fingerlöchern zugegriffen.

Hinten ist einen Dachschrank installiert, Schminktische mit herunterklappenden Türen gibt es in den Seiten der Vorhanggarderobe.

Das Ende einer Ära

Leider verstarb Peter Pitt im Februar 1969. Seine Entwürfe wurden auf Lizenzbasis hergestellt, mit dem Ergebnis, dass die Produktion des Canterbury Pitt Reisemobils etwa im September jenes Jahres eingestellt wurde. Ein T2-Umbau war noch gebaut worden (Peter Pitt hatte eines für den eigenen Gebrauch), aber nur in kleinen Stückzahlen. Das hier gezeigte Exemplar hat eine neue Art von an der vorderen Trennwand montiertem, herunterklappbarem Herd, der auch herausgeklappt werden konnte und den man dann an der Tür stehend bedienen konnte. Davon abgesehen, blieb das Layout im Großen und Ganzen wie zuvor, einschließlich der markanten Seiten- und Dachschränke an der Rückbank. Die innere Tischlerarbeit bei diesem Modell wurde irgendwann blau lackiert, war aber ursprünglich in Eiche-Natur. Obwohl die Innenausstattung in einem traurigen Zustand ist, wird sie restauriert, und so wird ein weiterer Teil der VW Camper-Geschichte erhalten.

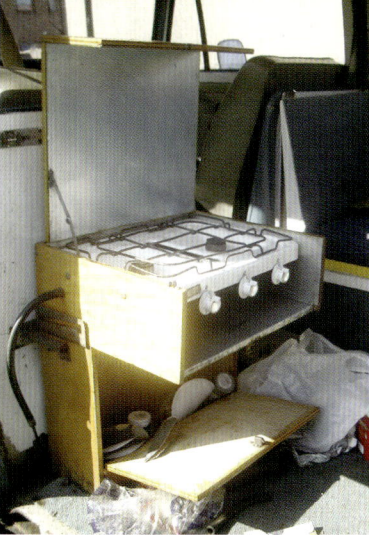

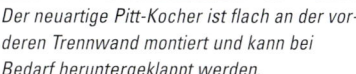

Der neuartige Pitt-Kocher ist flach an der vorderen Trennwand montiert und kann bei Bedarf heruntergeklappt werden.

Der Kocher kann nun im Devon-Stil heraus geschwenkt werden, die Benutzung wird so von innen oder von außen möglich.

Die Rückbank hat drei Sektionen. Achten Sie auf den noch erhaltenen, traditionellen Pitt-Stil im hinteren Bereich.

Der Spiegel an der Tür der Schminkkonsole ist jetzt schwenkbar.

Die Waschschüssel sitzt immer noch in einem Ausschnitt unter der Rückbank.

10 Der Caraversions HiTop

Nicht der schönste Umbau, aber sicherlich geräumig. In diesem Katalog von 1963 ist der Unterflur-Wassertank sichtbar.

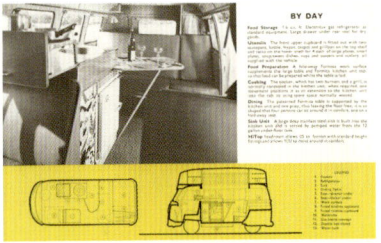

Hier sieht man den ungewöhnlich geformten Tisch und die Gestaltung der Kochnische.

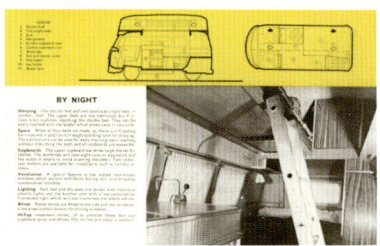

An allen Fenstern gab es Rollos, ein weiteres charakteristisches HiTop-Detail.

Von allen auf VW-Basis angebotenen Umbauten bietet der HiTop von Caraversions einen der seltsamsten Anblicke. Caraversions, mit Sitz in London, bot den neuen Umbau auf Basis eines VW Kombi ohne Trennwand seit 1962 an. Zu dieser Zeit wurden Hubdächer allgemein verfügbar, aber der HiTop war der erste Umbau, der ein permanentes Hochdach auf VW-Basis brachte. Ebenso wie die markante und ungewöhnliche Form des Dachs mit den drei mit Jalousien versehenen Fenstern auf jeder Seite war auch die Inneneinrichtung ganz anders und gut durchdacht. Jedenfalls war das äußere Erscheinungsbild nicht sehr ansprechend, und man fragt sich, wie das Fahrverhalten bei Seitenwind gewesen sein mag, obwohl das Fahrzeug an sich sehr funktionell war und genügend Platz hatte, um bequem darin stehen zu können.

In dem hohen Dach waren zwei Einzelbetten untergebracht, groß genug für Erwachsene (keine Stockbetten), mit einem eingebauten Küchenschrank vorne und einem Kleiderschrank hinten. Mit einer Leiter konnte man in die Betten gelangen, die Schränke waren im Stehen einfach zu erreichen. Zusätzliche Schränke gab es über den Seitenfenstern unter den Kojen. Die Küchenzeile lag hinter dem Fahrersitz und beherbergte eine große, runde Edelstahlspüle, das Wasser wurde aus einem unter dem Boden liegenden 55-l-Tank gepumpt, und ein gasbetriebener Electrolux-Kühlschrank gehörte ebenfalls zur Standardausstattung. In einem mit einem Vorhang abgetrennten Bereich neben dem Kühlschrank befand sich die Gasflasche. Der Kocher besaß zwei Feuerstellen und einen Grill und war im unteren Teil des im Dach befindlichen Küchenschranks zu finden. Bei Gebrauch wurde er an der Küchenzeile angebracht und hing dann über dem Fahrersitz. Im oberen Teil des Dachs waren zwei Kochtöpfe, ein Kessel, Bratpfanne, Teekanne und Grillpfanne untergebracht, weiterhin gehörten zur Standardausstattung je vier große und kleine Teller, Schüsseln, Tassen, Untertassen und Besteck. Am Ende der Küchenzeile gab es einen Resopaltisch mit einem einzelnen Standbein für maximale Bodenfläche. Dielen für das Bett waren über dem Motor gelagert. Über dem Rücksitz und dem Platz über dem Motor ausgelegt, ergaben sie ein 1,90 x 1,40 m großes Doppelbett. Weiterhin gab es im hinteren Teil eine große hängende Garderobe. Ein klappbarer Resopaltisch/Arbeitsplatte war an einem Scharnier hinter dem Beifahrersitz befestigt, und ein Klappsitz erhöhte die Sitzkapazität auf sechs Plätze. Die Rückbank über die volle Breite besaß in der Mitte Schubladen und an beiden Seiten geschlossene Schränke. Die Fenster waren mit gestreiften Rollos ausgestattet, und es gab einen einteiligen Vorhang für die Frontscheibe. Für die Polster und die Seitenpaneele wurde Vinyl verwendet, die Möbel waren aus Zebranoholz, die Türen und die Innenausstattung waren aus Mahagoni gefertigt, Rahmen und Randstreifen aus poliertem Aluminium.

1964 wurde eine Einfach-Version für das Dach des Caraversion vorgestellt, mit dem HiTop in puncto Layout und Ausrüstung identisch, jedoch ohne alles, was in jenem Dach enthalten gewesen war, ausgelegt für zwei Erwachsene und ein Kind. Es sind nur wenige HighTop produziert worden, und über nur ein einziges überlebendes Modell wurde je berichtet. Die Käufer bevorzugten vielleicht anders aussehende Umbauten, trotz des hohen Niveaus von Inventar und Standardausstattung, das den HighTop auszeichnete.

Diese Aufnahmen wurden in den frühen 1960ern in Cornwall oder Devon vor einem Geschäft für Surfbedarf gemacht. Sie zeigen einen weit gereisten Bus, der vermutlich australischen Surfern gehört hat.

11 Danbury Conversions

Der Firmensitz von Danbury Conversions war in Chelmsford, Essex. Die Firma stieß erst später zur VW-Szene, brachte ihr auf 1963er VW-Modellen basierendes Danbury Multicar 1964 auf den Markt, und sie waren von Anfang an unverwechselbar im Design. *Autocar* schrieb 1964:

> „So viele verschiedene Unternehmen haben Dutzende von Layouts in ihren Wohnmobil Designs versucht, es ist daher schwierig für eine Firma, die neu in diesem Geschäft ist, einen neuen Ansatz zu finden. Danbury Conversions ist es gelungen, sich bei ihrem Multicar Caravan auf Erscheinung und Komfort zu konzentrieren. Sie haben die Verwendbarkeit als Straßenfahrzeug in den Vordergrund gestellt, und die Ausstattung schmälert das in keiner Weise. Er ist aber ebenso ein komfortables Wohnmobil, wenn er im Zeltlager steht."

Der Multicar

Es konnten auf dem Lieferwagen, dem Kombi oder dem Microbus mit Trennwand basierende Umbauten bestellt werden, wobei die Van-Version für ihren Einstiegspreis in einem hart umkämpften Markt einen realen Gegenwert für das Geld bot. Für die Panel Van-Version war es auch möglich, Ladetüren auf beiden Seiten zu bestellen, so dass man auf beiden Seiten ein- und aussteigen konnte. Weil Fenster in den Panel Van erst eingebaut werden mussten, war der Kombi, der bereits ab Werk größere Fenster besaß, das beliebtere Modell. Kunden konnten ebenfalls ihr eigenes Fahrzeug zum Umbau zu Danbury bringen, der Preis richtete sich nach den Kundenwünschen und dem Zustand des Fahrzeugs.

Die Sitzanordnung war etwas anders als die übliche aus zwei Bänken und einem Tisch bestehende Essecke. Eine Sitzbank war an der Fahrerseite angeordnet. Der Tisch hatte zwei Beine. Er ließ sich, wenn er nicht gebraucht wurde, unter dem Dachschrank über dem Motorraum verstauen und konnte auch draußen verwendet werden. Die Sitzbasis und die Kissen wurden flach ausgelegt; unter Verwendung der Tischplatte und weiterer Dielen entstand so ein geräumiges 1,80 x 1,30 m großes Doppelbett. Kinder konnten über dem Motorraum oder in einer Koje in der Fahrerkabine untergebracht werden, und es gab optional zusätzliche Kojen für Erwachsene im Hauptraum – obwohl es ohne zusätzlichen Platz durch ein Hubdach sehr beengt gewesen sein muss. Die Sitzkissen konnten gewendet werden, eine Seite war mit Stoff bezogen, die andere mit abwaschbarem Kunstleder. Die Dachbespannung aus Vinyl war schaumisoliert, und die Innenverkleidungen waren mit Vinyl über einem weichen Schaumrücken gefasst. Für die meisten Innenverkleidungen wurde graues PVC verwendet, und die Vorhänge waren in einer Schiene aufgehängt. Wenn sie nicht gebraucht wurden, versteckten sie sich im hinteren Teil und ließen die Fenster frei. Das bedeutete, dass dieser Wagen kaum wie ein Urlaubsfahrzeug aussah, wenn er als Personenwagen oder Transporter benutzt wurde.

Wie bei Pitts offenem Design war alles Zubehör abnehmbar, so dass es eine Vielzahl von Gestaltungsmöglichkeiten gab. Die Spüle befand sich am Ende der Rücksitzbank. Da diese beweglich war, konnte die Rücksitzbank auch über die volle Breite angeordnet werden. Die Kocheinheit, bestehend aus zweiflammigem Kocher mit Grill und einem Aufbewahrungsschrank befand sich direkt hinter dem Beifahrersitz. Beide waren gleich gestaltet, nämlich als dreiseitige rechteckige Kästen mit teilweise ausgeschnittener vierter Seite. Anfangs hatten sie abnehmbare, anstatt klappbarer Klappen, was manche als lästig empfanden, während andere diese gern als Esstische (Esstabletts) für die Kinder nutzten. Diese freistehenden Einheiten machten es möglich, im Wagen oder im Freien zu kochen, und es gab sogar alternative Abflussrohre, so dass die Spüle hinter dem Fahrer positioniert werden konnte. Das Wasser wurde in drei 9-l-Polyäthylenbehältern mitgeführt, und eine Zuleitung am (push-pull) Wasserhahn konnte am jeweils benutzten Behälter befestigt werden. Interessanterweise schrieben die britischen Zollbestimmungen damals vor, dass die Ausrüstung in einem Wohnmobil befestigt sein muss, deshalb musste Danbury den Kocher neu entwerfen, um sicherzustellen, dass er sich gefahrlos betreiben ließ.

Zwei weitere rechteckige Kästen – ähnlich groß wie die Spülen- und die Herdeinheit – enthalten Schubladen und kleine Fächer für die als Standard gelieferten, umfangreichen Geschirr- und Bestecksets. Diese enthielten auch Teekanne, Bratpfanne und Topf. Solche Dinge wurden von anderen Firmen nicht als Standard geliefert. Es gab auch eine Kühlbox und eine Halterung für Milchflaschen.

Die Schiene hinter der Rücksitzbank konnte bei Bedarf entfernt werden, um den Transport langer Gegenstände zu erleichtern. Eine abnehmbare Hutablage, vier Kleiderhaken und drei Kleiderbügel mit Doppelhaken zur Sicherung wurden hinten im Fahrzeug an Doppelschienen befestigt und bildeten eine „Garderobe". Anfangs bekam Danbury wieder Probleme mit Zollvorschriften, die besagten, dass die Kleiderbügel und -stangen mit einer Abdeckung versehen sein sollten. Also lieferte Danbury einfach einen transparenten Plastikvorhang, damit die Sicht nach hinten nicht beeinträchtigt wurde. Später wurde dieser durch einen gleitenden Stoffvorhang ausgetauscht. Auch in der rechten Ladetür gab es ein sehr nützliches Aufbewahrungsfach. Als Sonderausstattung gab es eine zweifarbige Lackierung, ein Philips Radio, eine elektrische Uhr, Kojen für Erwachsene, einen größeren Kocher und einen externen Baldachin, der über die offenen Ladetüren gelegt und über das Dach hinweg gesichert wurde.

Bis 1966 erlebte der Danbury Multicar nur ein paar kleine Änderungen und Verbesserungen der Konstruktion. Durchweg begehbare Modelle wurden mittlerweile zum Standard, und das Reserverad konnte in einer speziellen Halterung vorne am Fahrzeug befestigt werden, um den verfügbaren Platz zu erweitern und die flexible Anordnung weiter zu verbessern. Ein Sitz ohne Rückenlehne konnte in die Mitte zwischen die Vordersitze gestellt werden und ergab einen zusätzlichen Sitzplatz beim Essen oder für sonstige Nutzung tagsüber. Weiterhin gab es jetzt eine seitlich angebrachte, freistehende Zeltplane, die „Danbury-Ridge-Zelt" genannt wurde. Für den Einsatz mit dem Fahrzeug wurde einfach eine Seitenwand über das Dach geworfen. Die Seitentüren öffneten sich direkt ins Zelt hinein. Ein Zugluftstopper verlief zwischen den beiden Rädern und wurde durch einen Dübel an seinem Platz gehalten. Als weitere Extras gab es einen elektrischen Netzanschluss und einen Kühlschrank, auch ein Webster-Hubdach war lieferbar.

Der Kocher wurde so umgestaltet, dass er in drei verschiedene Richtungen gedreht werden oder hinter dem Fahrersitz angebracht werden

Danbury Conversions

Der 1966er Danbury-Multicar

Ein Tagesvordach passt über die Ladetüren. Der Tisch hat klappbare Beine, die für die Benutzung im Freien angebracht werden können, wie hier zu sehen ist.

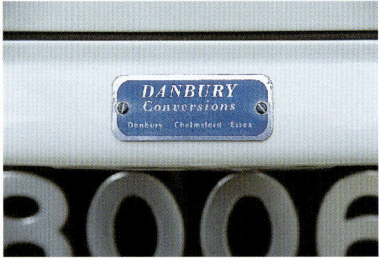

Das Danbury-Zeichen ist an der Motorhaube angebracht.

Der Kocher ist durch eine klappbare Abdeckung geschützt.

Zur Benutzung wird die Abdeckung einfach hochgeklappt. Der Tisch ist an seinem Platz zu sehen, beachten Sie auch das Aufbewahrungsfach an der Ladetür.

Die Spüle befindet sich gewöhnlich an der Tür, kann aber auch hinter dem Fahrer platziert sein.

Eine Anordnung unter vielen Möglichen: Ein Sofa oder ein Einzelbett. Die Spüle ist deutlich zu sehen.

Wendekissen sind sehr praktisch, wenn man mit Kindern unterwegs ist.

Die optionale Kinderkoje im Fahrerraum

Die Gummiauflage auf dem Armaturenbrett gibt es nur bei Danbury.

Auf beiden Seiten der Entlüftung über den Sonnenblenden waren Regale angebracht. Sie bieten einen praktischen Platz für Landkarten und dergleichen.

An der Seite des hinteren Laderaums neben dem Reserverad gibt es einen Platz zum Aufhängen von Garderobe hinter einem Vorhang mit Haken, Schiene und Kleiderbügeln. Ein vorn am Fahrzeug angebrachter Träger für das Reserverad war lieferbar.

konnte, und die Spüleneinheit wurde mit zusätzlichen Schubladen ausgestattet.

Durch zwei Fächer über den Windschutzscheiben wurde zusätzlicher Stauraum in der Kabine geschaffen, und auf dem Armaturenbrett war eine rutschhemmende Gummimatte befestigt, die eine ebene Fläche für das Abstellen von Getränken und dergleichen ergab.

Es sind nur zwei Danbury-Umbauten aus den 1960ern bekannt, die überlebt haben. Der hier Gezeigte, im Besitz von Dave Cantle, wurde 1966 auf Basis eines Kombi gebaut und hellgrau lackiert. Die einzigen Reparaturen, die notwendig waren, betrafen die Böden der Ladetüren, einen neuen Schweller und 1987 eine Neulackierung bis zur Regenrinne. Dave hat ihm auch das unverkennbare Nummernschild 8006 VW besorgt.

Das Fahrzeug wurde 1968 mit nur 19.096 km auf dem Tacho nach Australien verschifft, dann nach Neuseeland und schließlich 1969, nur ein Jahr später, zurück nach Großbritannien. Das Serviceheft belegt, dass er 10.460 km in Australien und 5630 km in Neuseeland gelaufen ist. Er nahm in den 1980ern regelmäßig an Wettbewerben teil und gewann 1988 den begehrten Preis „Van of the Year" des SSVC. Der Innenraum ist weitgehend im Originalzustand, bis hin zum roten Vinyl-Bodenbelag, obwohl der Teppich und die Bekleidung an den Seiten erst später hinzugefügt wurden. Der Tisch hat eine nachträglich angebrachte Zierleiste und Dave ist sich nicht sicher, ob er die Originalgröße hat oder nicht. Er sagt, das Innere ist sehr einfach, und das Schlafen erfordert Kompromisse, da es im Wesentlichen auf einer Kombination aus Tisch und Holzbrettern zwischen den Schränken stattfindet, mit den Kissen „in jeder Anordnung, die der Besitzer bequem findet!" Die Kissen können in vielen Positionen angeordnet werden.

1968: Der neu gestaltete Danbury

Mit dem Erscheinen der T2-Generation ging Danbury zurück ans Reißbrett und kam 1969 mit einer ganz anderen Konstruktion heraus, die auf den Mehrzweck-Nutzer abgestimmt war, ähnlich dem ursprünglichen Multicar, aber einfach nur unter dem Namen „der Danbury". Entweder auf dem durchgängigen Microbus oder auf dem Kombi basierend, gab es jetzt zwei nach vorne gerichtete Sitzplätze sowie eine Rückbank für unterwegs.

Der Katalog von 1968

1969 erschienen Anzeigen für den neuen Danbury in der Fachpresse.

Danbury-Kataloge aus dieser Zeit betonen diese Funktion:

> „Danbury-Umbauten bieten Ihnen das Beste aus beiden Welten. Ein wirtschaftliches Fahrzeug für den täglichen Gebrauch mit eingebautem Komfort und unerreichter Mobilität – ideal für Stadt und Land. PLUS alle Annehmlichkeiten eines Luxus-Wohnwagens. Der Danbury bietet jetzt NACH VORNE GERICHTETE SITZPLÄTZE – Schluss mit dem verrenkten Hals – hier ist die Gelegenheit, komfortabel zu reisen, wann und wohin Sie wollen."

Die Mehrzweck-Anordnung wurde durch die beiden beweglichen mittleren Sitze erreicht, die verschiedene Sitzanordnungen zuließen, je nach Erfordernis, inklusive einem durchgängigen Wohnbereich und einem L-förmigen Tagessofa, das an die 1960er Version erinnerte. Zum Reisen waren die beiden beweglichen Sitzeinheiten nach vorne gerichtet. Zum Essen am Tisch wurden die Sitze nach hinten zur Trennwand geschoben und die Lehnen neu positioniert. Zwischen dem mittleren Sitz und dem Kabinendurchgang konnte ein weiterer Sitz positioniert werden, um ein weiteres langes Sofa mit Blick nach hinten zu bekommen. Alternativ konnte der Sitz während der Fahrt nach vorne gerichtet werden. Vorhänge und Stoffe waren in der Regel einfarbig, und die Sitzbezüge passten zur Wagenfarbe (für alle weißen Busse waren sie rot).

Wenn das Bett gebaut wurde, konnte mit den Kissen ein kleiner oder ein großer Schlafbereich geschaffen werden. (Der Danbury ist legendär für seinen Platz – und für seine komplizierten Kissenarrangements!) Man konnte auch zwei Einzelbetten errichten. Eine faltbare Kinderkoje für die Fahrerkabine war ein optionales Extra. Der Kocher/Grill war unter der Sitzfläche an der Schiebetür untergebracht und fuhr zum Gebrauch einfach aus diesem Gehäuse hoch. Der Einbau einer Spüle mit Schublade und Aufbewahrungseinheit verlieh dem Wagen noch mehr Vielseitigkeit. Zusätzlich zur Aufbewahrungsfläche unter den Sitzen gab es ein Schließfach im

1972er Danbury

Danbury Conversions

Für die Fahrt können alle Sitze so eingestellt werden, dass sie nach vorne zeigen. Der Tisch ist seitlich flach an der Wand befestigt.

Zum Essen rücken die Sitze zurück gegen die Trennwand, und die Sitzkissen und Lehnen werden neu arrangiert. Polster, Vorhänge und Bodenbelag sind original.

Das Bett geht über die ganze Breite und ist sehr geräumig, aber berüchtigt dafür, dass es schwierig aufzubauen ist.

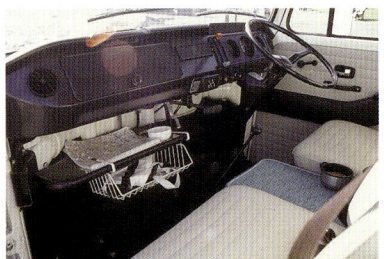

Diese zeitgenössische Drahtablage ist ein nützliches Zubehör. Beachten Sie den Notsitz zwischen Fahrer- und Beifahrersitz.

Die Spüleneinheit befindet sich am Ende der Rückbank.

Der hochfahrbare Kocher/Grill befindet sich im Einzelsitz hinter dem Beifahrer.

Dach und einen Kleiderschrank gegenüber dem Reserverad. Zum ersten Mal war der Danbury nun ab Werk mit einem hochfahrbaren Aufstelldach erhältlich; die gestreifte Leinwand passte zur Wagenfarbe (rot gestreift für alle weißen Fahrzeuge).

Das hier vorgestellte Danbury-Modell wurde erstmals im Oktober 1972 registriert. Es wurde bis 1986 für Familienurlaube verwendet, bevor der Wagen mit nur 51.460 km auf dem Tacho trocken gelagert wurde. So verblieb es bis zum Jahr 2000, als Robert Sendall eingriff und es als Restaurierungsprojekt kaufte. Er bereitete das gesamte Fahrzeug auf und ließ es dann in den Originalfarben Pastellweiß über Nigeriablau neu lackieren. Der Innenraum wurde gereinigt und wieder eingebaut, sogar mit dem originalen Linoleumboden. Die Kabine ist ebenso beeindruckend und alles, was erneuert werden musste waren, kleine Abschnitte der „Headliner" auf den Säulen. Der Motor wurde umgebaut und mit Zylinderköpfen für bleifreien Kraftstoff ausgerüstet. Die Räder wurden vorne mit neuen Diagonalreifen aus Lagerbeständen ausgestattet, die hinteren waren gut genug zum Wiederverwenden. Der Bus wurde 2003 beim Vanfest erstmals vorgestellt und erhielt verdientermaßen den ersten Platz in der T2-Klasse und den Preis der Jury.

Der Danbury Deluxe

In den späten 1960er Jahren war Danbury, zusammen mit Dormobile und Devon, eine von nur drei offiziell von VW zugelassenen Umbaufirmen. Sie verloren diesen Status 1972, als Devon einen Exklusivvertrag mit VW schloss, erlangten ihn aber 1977 zurück. Obwohl recht einfach gehalten, war die Gestaltung des Danbury besonders für jene geeignet, die einen Minibus, einen gelegentliches Nutzfahrzeug und einen komfortablen Camper in einem Fahrzeug wollten. Aber 1977 wurde eine neue Version des Danbury gebaut, nun wieder mit offizieller VW-Zulassung und einer komplett neuen Gestaltung: Der Danbury Volkswagen Deluxe.

Das Hubdach mit zwei Schlafkojen gehörte jetzt zur Serienausstattung, ebenso wie die beiden Schiebefenster an den hinteren Seiten. Eine neuartige Küchenzeile, komplett mit Backofen, Zwei-Platten-Herd und Grill war in einer Einheit über dem hinteren Deck untergebracht, die für den Einsatz nach vorne geschoben wurde. Die Sitze waren in L-Form hinter Fahrer und Beifahrer und an der Seitenwand entlang angeordnet. Es gab eine Rückbank vor der Herdeinheit, wenn diese nicht benutzt wurde (eine den Viking-Modellen sehr ähnliche Anordnung). Es war weiterhin möglich, Sitzgelegenheiten rund um den Tisch an der Vorderseite der Schiebetür anzuordnen. Es gab eine Spüle mit einer Pumpe an der Schiebetür und ein Schließfach im Dach. Alle Möbel und alle Einrichtungsgegenstände waren aus Teakholz mit hitzebeständigem Teak-Laminat für Arbeits- und Tischplatten.

Edelstahlbesteck in einem eigenen Beutel und Melamingeschirr für vier Personen gehörten zur Serienausstattung, ebenso wie die tragbare Kühlbox. Über dem Vinylboden lag ein herausnehmbarer Teppichboden, und es gab drei Leuchtstofflampen, zwei über der Küche und eine über der Essecke.

Danbury kündigte seinen neuen Umbau wie folgt an: „Danbury und Volkswagen, das perfekte Team, bringen Ihnen einen neuen Luxus-Umbau – aber zum STANDARD-Preis! Danbury hat immer auf EINFACHHEIT und KOMFORT geachtet, jetzt fügen wir LUXUS und einen Hauch von KLASSE hinzu." Es ist nur eine Handvoll überlebender Danbury Deluxe bekannt. Danbury fuhr bis in die späten 1980er

Familiencamping 1972 mit Haustier

Jahre fort, Umbauten mit VW-Zulassung zu produzieren, dann wurde die Produktion eingestellt.

2004: Danbury wird wiedergeboren!

2002 begann Beetles Großbritannien brasilianische Typ 2-Busse in Camper umzubauen und kaufte den Namen Danbury für die Umbauseite ihres Geschäfts auf. Der neue Danbury-VW ist in zwei Versionen des berühmten Bay Window-VW Typ 2 erhältlich, mit dem Charme und dem Aussehen des Originals, aber mit den Errungenschaften moderner Technik versehen. Er wird von einem luftgekühlten 1600er Motor mit Multipoint-Kraftstoffeinspritzung, 3-Wege-Katalysator und Scheibenbremsen vorne angeboten. Gebaut in der brasilianischen Produktionsstätte von VW weist der „neue" T2 einige kleinere äußere Unterschiede auf, so wie ein etwas höheres Dach und Verzierungen an der Fahrerhaustür. Die Stoßfänger sind ähnlich denen der frühen 1970er Jahre, aber ohne die eingebaute Stufe. Weitere Unterschiede bestehen im dick ummantelten Lenkrad und der Entfernung der hüfthohen vorderen Trennwand, weshalb die drehbaren Vordersitze leicht zu montieren waren. Er behält die klassische Optik des Bay Window-Campers, ist aber ganz neu, und er erhält deshalb eine 3-jährige Garantie! Zwei ausgerüstete Versionen stehen zu Verfügung, ebenso wie Do-it-yourself-Kits.

Der Rio und der Surf

Der Rio ist die Mehrzweck-Version, oft auch als Tagesvan bezeichnet, mit herausnehmbaren mittleren Sitzen. Die Küche, komplett mit zweiflammigem Kocher und Grill, Spüle, Wasseranschluss mit Pumpe und 12-V-Kühlbox ist seitlich gelegen, es gab ein ausziehbares Bett, Esstisch und viel Stauraum. Das optionale Hubdach ermöglicht die Anbringung von zwei Hängematten für zusätzlichen Schlafraum.

Der Surf ist der hundertprozentige Camper für alle, die ein großes Doppelbett wünschen. Die Gestaltung unterscheidet sich von den meisten VW-Umbauten und erlaubt den ungehinderten Zugriff auf die gut ausgestattete Küche selbst dann, wenn das Bett benutzt wird. Es bietet komfortable Sitzgelegenheiten für fünf Leute. Die Küche ist horizontal über die Frontseite des Fahrzeugs hinter den Vordersitzen montiert und verfügt über einen versiegelten Gasflaschenkasten, einen selbst entzündenden Edelstahlherd mit Grill, eine passende Edelstahlspüle, eine elektrische Pumpe für kaltes Wasser, die aus einem abnehmbaren Behälter gespeist wird, eine elektrische Kühlbox, und ein 40-l-Kühlschrank, der auch als Tiefkühler verwendet werden kann, ist ebenfalls erhältlich. Der Abfall wird in einem außenliegenden Beutel gesammelt. Es gibt auch einen abnehmbaren, freistehenden, in der Mitte angebrachten Tisch mit abnehmbarem Bein. Der hintere metallgefasste ausziehbare Rücksitz verwandelt sich mit einem Griff geschickt in ein großes King-Size-Doppelbett, mitsamt den drei Rücksitzgurten. Die Beleuchtung besteht aus zwei an der zu- und abgewandten Seite montierten Leuchtstoffstreifen und zusätzlichen drehbaren Leselichtern in Form von Chrombällen auf der Rückseite.

Beide Versionen sind ausgestattet mit benzinbetriebener Heizung, und es gibt eine riesige Auswahl an Optionen und Zubehör, darunter einen Umbau auf Rechtslenker, zweifarbige Lackierung, heizbare Front- und Heckscheibe, Kühlschrank mit Gefrierfach, Netzanschluss, Leichtmetallfelgen, Fahrradträger, drehbare Sitze, Lederausstattung und sogar einen TV-Schrank mit Flachbild-Fernseher und DVD-Player.

Die Deluxe-Version wurde 1977 vorgestellt.

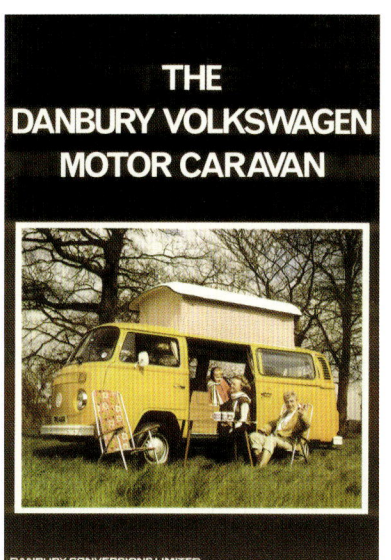
Die Vorderseite des 1976er Katalogs

Tagesmodus

Danbury Rio mit Dachgepäckträger

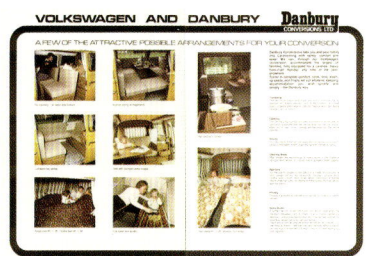
„Haferflocken" (Oatmeal) und Holzfurnier waren der Stil von 1976, das Layout blieb gleich.

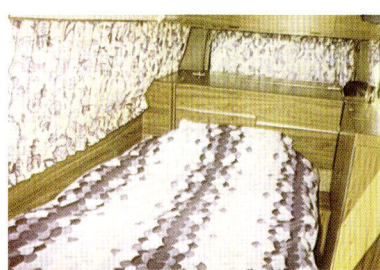
Nachtmodus

Danbury Surf, hier mit optionalem Hubdach, Reserveradabdeckung und zweifarbiger Lackierung.

12 Dehler Profi

Dehler ist in Deutschland ebenso wie im Rest der Welt ein etablierter Name. In den 1980er Jahren wurde der Profi eingeführt, ein luxuriöser, in Deutschland von Dehler gebauter Oberklassen-Umbau. Er hatte ein nach Dehlers eigenem Entwurf gefertigtes, aerodynamisches Hochdach mit einem zu öffnenden Schiebedach. Der Innenraum war besonders gut ausgestattet, mit Laminat in hellen Schattierungen und passender Polsterung. Die flexible Sitzanordnung mit drehbaren und verschiebbaren Doppelsitzen vorne war natürlich für die Fahrt geeignet, aber man konnte sie auch in eine Essecke verwandeln, in ein Sofa und sogar in ein Doppelbett. In den Dachraum über dem Fahrer war ein Fernseher eingebaut, und hinter dem Fahrer gab es eine Badkabine mit Dusche. Dehler war unter den Ersten, die das enorme Potenzial des Marktes der so genannten „Woopi's" (well-off-older-people – ältere Menschen ohne finanzielle Sorgen) erkannten und eine Ausstattung, die auf die Wünsche dieser Kunden abgestimmt war, anboten. Und dieser Wunsch war: Alles hinter sich lassen – aber mit allem Komfort! Etwa 1997 geriet Dehler in finanzielle Probleme, und die Produktion der Camper wurde gestoppt. Jetzt ist die Firma Dehler Mitglied der Neptune Gruppe (ein holländisch-kanadisches Unternehmen) und geht wieder ihrem ursprünglichen Geschäft nach – und baut Yachten.

13 Devon Camping Conversions

Die erste Devon Broschüre wurde 1958 produziert.

Devon produzierte eine der berühmtesten britischen Umbauten, bestens bekannt für ihre hochwertige Verarbeitung und die Holzarbeiten in Eiche. Devon war einer der ganz wenigen Umbauer, die eine offizielle Lizenz von VW erhielten, was bedeutete, dass die VW-Garantie volle Gültigkeit hatte und der VW-Service für alle neuen Fahrzeuge in Anspruch genommen werden konnte. Andere Unternehmen mussten eigene Garantiezusagen machen. Devon eroberte den Markt schnell und wurde Großbritanniens beliebtester Anbieter von Campingumbauten in den 1960er und 1970er Jahren.

1957 – 1967:
Die Zeiten der geteilten Frontscheibe

Erste Schritte im Freizeitboom: Der Devon Caravette

1957 taten sich der VW-Händler Lisburne Garages of Torquay in Devon mit dem Tischler J.P. White aus Sidmouth zusammen, um gemeinsam ein Wohnmobil auf VW-Basis zu produzieren. J.P. White war verantwortlich für die Gestaltung und den Bau des neuen Wohnmobils, während Lisburne Garages für Verkauf, Vertrieb und Service verantwortlich zeichnete. Im Januar 1958 wurde der neue Devon Caravette auf Basis eines VW Microbus offiziell vorgestellt. Der Umbau war hervorragend gearbeitet, unter Verwendung von heller, handpolierter, massiver Eiche. Er beinhaltete den wohlbekannten Basistisch und eine Esseckenanordnung mit Sitzbank, die in ein Doppelbett verwandelt werden konnte, indem man den Tisch zwischen die Bänke legte. Für die Sitzkissen wurde 10 cm dicker Dunlopillo-Schaum mit abnehmbaren, waschbaren Bezügen verwendet, und es gab Vorhänge, die in Schienen aufgehängt waren. Der Fußboden bestand aus zweifarbigen (normalerweise schwarzen und weißen) Polyfloor-Fliesen, die in einem Karomuster verlegt wurden. Auf der Rückseite der Ladetüren seitlich entlang der Rückbank gab es einen gewölbten Schrank, der oben aufgeklappt werden konnte und in dem sich ein zweiflammiger Gasherd befand. Kleine Einheiten mit Schiebetüren oben auf der vorderen Sitzbank und hinter der hinteren Rückwand über dem Motorraum stellten zusätzlichen Stauraum bereit. Dieser Bereich war zugleich als Kinderbett nutzbar. Zwei mit Resopal verkleidete Tische wurden mitgeliefert, von denen einer nach unten geklappt werden konnte und der andere zugleich als Regal im Dach über dem Motorraum diente. Die Innenbeleuchtung wurde durch eine Gaslampe ergänzt, wobei die Gasflasche während der Fahrt in einem speziellen Schrank unter dem hinteren Kinderbett gelagert war, gekoppelt an eine außerhalb liegende Entnahmevorrichtung, um den Sicherheitsvorschriften Genüge zu tun. Eine Zeltplane als Vordach war lieferbar, mit oder ohne Seitenwände und einen Dachgepäckträger konnte man gegen einen Aufpreis bestellen. Einen Wasserbehälter und ein Waschbecken gab es als Zusatzausstattung. Der Tisch konnte freistehend draußen verwendet werden, und der Katalog von 1958 zeigt ein offenes Aufbewahrungsfach an der linken Ladetür. Der Caravette-Umbau wurde auch auf Basis des Deluxe Microbus angeboten. Zusätzlich bot Lisburne Garages an, Microbusse in Privatbesitz, sofern sie in gutem Zustand waren, zur Caravette umzubauen. Interessanterweise zeigen einige der allerersten Werbungen für die neue Caravette einen „Barndoor"-Bus. Im Oktober des selben Jahres debütierte die Devon Caravette auf der Caravan- und Bootsausstellung in Earl's Court. Zu

Der handgefertigte, gewölbte Seitenschrank war das Erbe der Handwerkskunst der frühen Devons.

Aufbewahrungsschränke mit Schiebetüren waren in die hintere Sitzbank eingebaut.

Alle Holzarbeiten hatten Identifikationsnummern, um die Montage zu erleichtern.

dieser Zeit wurden drei Versionen der Caravette angeboten. Der Mark I war das preiswerte Modell, mit den gleichen Spezifikationen wie bereits beschrieben, der Mark II besaß zusätzlich einen Wassertank mit Pumpe, der in einem Schrank hinter der vorderen Trennwand montiert war, eine herunterklappbare Waschschüssel auf der Ladetür und einen Osokool Vorratsschrank unter der vorderen Sitzbank. Die Mark II-Version konnte auch in den Deluxe Microbus eingebaut werden. Der Mark III unterschied sich deutlich davon, denn er war auf einen anderen Markt ausgerichtet – auf den der Handlungsreisenden.

Devon Mark III

Der Mark III-Umbau war speziell auf den „Gentleman der Straße" zugeschnitten und wurde beworben mit „Ein Vergnügen, ihn zu fahren, eine Freude, mit ihm zu arbeiten". Es gab sowohl eine Rücksitzbank mit Stauraum darunter als auch eine weitere Sitzbank unter den Fenstern. Der Tisch war an der Vorderseite der Trennwand befestigt, so dass man zum Arbeiten oder zum Essen auf der langen Bank sitzen konnte. Diese diente zugleich als Einzelbett, aus dem man „für die Wochenenden mit der Familie und die Ferien" ein Doppelbett machen konnte. Die Einheit für den Wassertank mit Pumpe war wie bei der Campingversion, aber es gab keine Kühlbox und keinen an der Tür montierten Schrank. Ein zweiflammiger Kocher war in dem gebogenen Seitenschrank untergebracht, und bei Gebrauch wurde der obere Deckel abgenommen und über dem Kocher längs des Seitenfensters befestigt, wo er ein sehr nützliches Regal bildete.

Ein weiteres, in der Campingversion nicht vorhandenes Merkmal war die Aufnahme eines hölzernen Ablageschranks, der unter der offenen Sitzbank angebracht war. Hinten gab es eine offene Garderobe. Das Werbematerial pries die Vorzüge eines mobilen Büros & Wohnzimmers als „perfekt, um Ihren Kunden zu unterhalten, ideal, um Ihre Berichte zu schreiben" und fuhr fort: „Die Caravette als Modell für Handelsreisende bietet angemessene Unterkunft, um Kunden zu unterhalten und den psychologischen Vorteil, dass Sie praktisch ein Heimspiel haben, statt im Büro des Kunden zu sitzen. Sie können einiges an Gastfreundschaft bieten, und das macht manchmal den Unterschied zwischen der kalten Schulter und einem herzlichen Empfang mit zufriedenstellenden Ergebnissen." Die Flexibilität, so lange wie nötig an einem Ort bleiben zu können, ohne eine Unterkunft finden oder buchen zu müssen, war ein wesentliches Verkaufsargument. Es scheint allerdings wahrscheinlich, dass der Markt für einen solchen Umbau begrenzt war, das Modell wurde 1959 eingestellt, überlebende Exemplare wurden nicht gefunden und es wurde auch über keine berichtet.

1960: Die neue Caravette

1959 wurde der Kocher verlegt. Er war jetzt in einem speziell konstruierten Schrank auf der Ladetür untergebracht, zum Reisen aber immer noch in dem gewölbten Seitenschrank. In der zweiten Hälfte des Jahres 1960 gab es eine komplette Neugestaltung, die mehr Platz und mehr Ausstattung brachte. Leider wurde der schöne, handgefertigte gewölbte Schrank ersetzt durch quadratische Einheiten, die schneller, leichter und billiger zu bauen waren. Die gewölbten Einheiten waren beste Handwerkskunst und werden heute hoch bezahlt – wenn man welche findet!

Für die 1960er Motor Show in Earl's Court zeigte J.P. White einen überarbeiteten Devon Caravette, zusammen mit Umbauten auf Basis des Morris J2 und des Austin 152, genannt Sleep-A-Kar. Es wurde sowohl ein Standard- als auch ein Deluxe-Microbus ausgestellt, aber es gab nur noch eine Ausstattung, die Schlafgelegenheiten für zwei Erwachsene und zwei Kinder bot. Die besten Ausrüstungsdetails der Vorgängerversionen wurden beibehalten, aber alle Caravettes besaßen jetzt einen 50-l-Wassertank (unter der vorderen Sitzbank angebracht), mit dem die Einbauspüle über eine doppeltwirkende Handhebelpumpe versorgt wurde, eine 90-cm-Garderobe mit Spiegel, eine kombinierte Besteck-/Geschirreinheit mit herunterklappenden Türen, die abwaschbare Arbeitsflächen ergaben, ausgerüstet mit Melamingeschirr und Besteck für vier Personen, einen eingebauten Zeitschriftenständer, zwei kleine Schränke über den hinteren Dachecken, moderne Tischbeine für beide Tische, eine verbesserte seitliche Markise und eine etwas längere Kinderkoje. Die Osokool-Einheit wurde

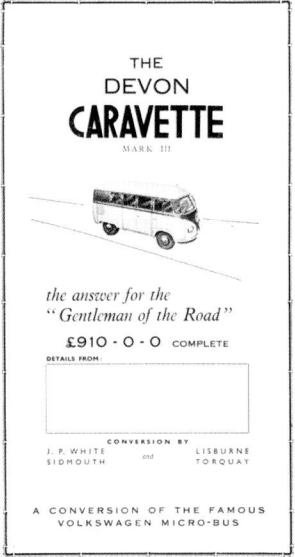

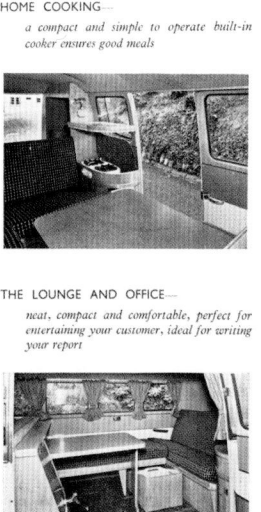

Der Caravette Traveller war speziell auf den kommerziellen Reisenden zugeschnitten; beachten Sie den an der Trennwand montierten Tisch, die L-förmige Sitzbank, das Herdregal und den hölzernen Aktenschrank.

Devon Camping Conversions

1960 wurde ein Klappregal an der vorderen Ladetür montiert.

Der Kocher ist in einem Schrank an der hinteren Ladetür untergebracht.

Der gewölbte Schrank wurde bis Ende 1960 beibehalten.

durch eine Easicool-Version ersetzt und war immer noch in der verkürzten vorderen Sitzbank untergebracht, um die Anbringung des Schranks an der Trennwand zu ermöglichen. Der Schrank für den Kocher auf der hinteren Ladetür konnte jetzt den Kocher aufnehmen, wenn er nicht benutzt wurde und aus dem gewölbten Schrank wurde ein Waschbecken mit Pumpe, eckig, nicht gewölbt, mit in schwarzem Resopal verkleideten Türen und Arbeitsplatte am Waschbecken. Die Gasflasche saß jetzt im Motorraum und war mit den Zapfstellen verbunden. 1961 wurde der Schrank für den Kocher neu gestaltet, um einen neuen Kocher mit größeren Brennern und einen Grill unterzubringen.

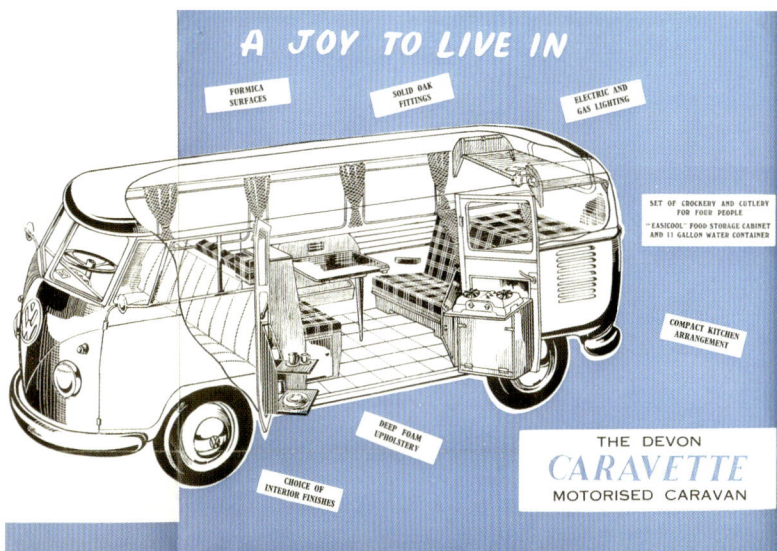

Diese Schnittzeichnung zeigt das neue Layout von 1961.

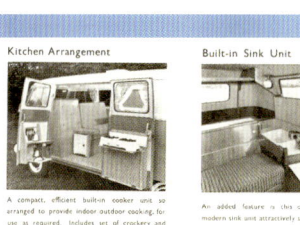

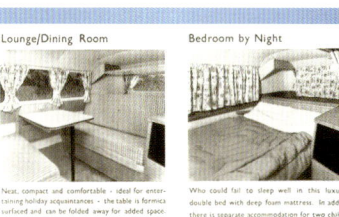

Die 1961er Caravette opferte den gebogenen Schrank zugunsten einer Spüleneinheit mit Resopaltüren und Pumpe; ein Geschirrschrank war in der vorderen Ladetür eingebaut. Dies waren die einzigen Devon-Modelle mit einer eingebauten Spüleneinheit.

Dieser Deluxe von 1961 ist noch komplett im Originalzustand.

Der Kocher/Grill im neuen Stil mit Windabweiser ist in einem neu gestalteten Schrank untergebracht.

Der Schrank für den Kocher ist auf der Ladetür montiert. Die Holzarbeiten in diesem Modell sind in Mahagoni ausgeführt.

Die Polster sind noch mit dem Originalstoff bezogen. Beachten Sie das Fach für Zeitschriften und den Aschenbecher.

Die mit passendem Stoff bezogene Kopfstütze gehörte bei den Deluxe-Modellen zum Standard.

1962: Die Devonette – Preiswertes Camping mit Vielseitigkeit

1962 stellte Devon mit der Devonette wieder ein preiswertes Modell vor. Sie basierte auf dem Kombi und nicht auf dem Microbus und war deshalb einfarbig lackiert, eine zweifarbige Lackierung war gegen einen Aufpreis erhältlich. Der Schwerpunkt lag beim einfachen Camping und auf mehr Platz. Die Holzarbeiten in der Devonette waren in dunklem Mahagoni ausgeführt – gegen Aufpreis war auch helle Eiche lieferbar – und der Fußboden war mit einfarbigen Polyfloor-Fliesen belegt. Der einfache, zweiflammige Kocher war ursprünglich an der vorderen Ladetür befestigt, später an der hinteren. Es gab drei Wassertanks mit je 9 l Fassungsvermögen, eine Waschschüssel aus Plastik und nur einen Tisch. Ein Kleiderschrank (an der Trennwand nahe der Ladetür) und die Easicool-Einheiten wurden beibehalten. Da es weniger Möblierung gab, war die Nutzfläche im Laderaum größer als bei der Caravette.

1962: Das Gentlux Hubdach

Die 1962er Caravette Modelle blieben im Wesentlichen gleich, nur die seitliche Markise zählte jetzt zur Standardausstattung. Aber eine Innovation wurde gegen Aufpreis für die Devonette und die Caravette angeboten, und zwar Devons selbst konzipiertes Hubdach aus Fiberglas, das so genannte Gentlux Hubdach, das den Innenraum auf 2 m Stehhöhe erweiterte. Das Werbematerial aus dieser Zeit hielt fest: Das Dach ist besonders für die Devonette geeignet, da in diesem Umbau die große Fußbodenfläche in vollem Umfang genutzt werden kann. Dies war eine Reaktion auf den neu erschienenen Umbau von Dormobile, der das erste Hubdach über die ganze Wagenlänge auf einem VW Camper besaß. Das Gentlux war ein kleines Hubdach mit einem eingebauten Dachfenster. Es gibt nur noch sehr wenige davon, da der Vertrieb im folgenden Jahr zugunsten der Martin-Walter-Version eingestellt wurde.

Eine Verbesserung der Caravette war, dass man nun auch drinnen kochen konnte, weil alternative Halterungen es erlaubten, den Kocher von der Tür abzunehmen und am hohen Kleiderschrank zu befestigen. Wenn der Herd in dieser Position angebracht war, konnte er an einem zweiten Gashahn neben dem Schrank angeschlossen werden, sodass die Gasleitung nicht über die offenen Türen geführt werden musste. Zusätzlich zum Unterflur-Wassertank mit 50 Liter Fassungsvermögen gab es noch einen 9-Liter-Tank für Trinkwasser. Das altmodische Gaslicht wurde durch eine zentral gegenüber den Ladetüren angebrachte, moderne Leuchtstofflampe ersetzt. Der Deluxe-Microbus war ohne Aufpreis auch in Mahagoni lieferbar.

Die 1962 vorgestellte Devonette war das preiswerte Modell mit einem großen Kleiderschrank an der vorderen Trennwand direkt hinter der Ladetür.

Devon Camping Conversions

Bodenbelag, Stoffe und Vorhänge sind bei dieser 1962er Caravette in makellosem Originalzustand. Unter dem Tisch ist das Zeitschriftenfach zu sehen.

Der an der Tür montierte Geschirrschrank.

Der Kocher war an der hinteren Ladetür befestigt, konnte für den Innengebrauch aber auch am Kleiderschrank positioniert werden.

Ein typisches Devon-Merkmal war der zusätzliche Stauraum hinter den Sitzbänken. Links in der Mitte ist der Gasanschluss für den Kocher zu sehen.

Der Tisch und die Bettdielen sind im hinteren Dachbereich verstaut.

Eingebaute Gasleitungen und Abschlusspunkte wurden bereitgestellt.

Dieses Originalinterieur von 1962, in einen Samba eingebaut, zeigt die neue Gestaltung von Kocher und Schrank.

Eine Kopfstütze gehörte zur Extraausstattung, war aber Standard bei den Deluxe-Modellen. Beachten Sie den Gasanschluss, der es erlaubte, den Kocher auch innen zu verwenden.

Die 1962/63er Modelle hatten als Einzige eine eingebaute Spüle mit schwenkbarem Wasserhahn mit Pumpe.

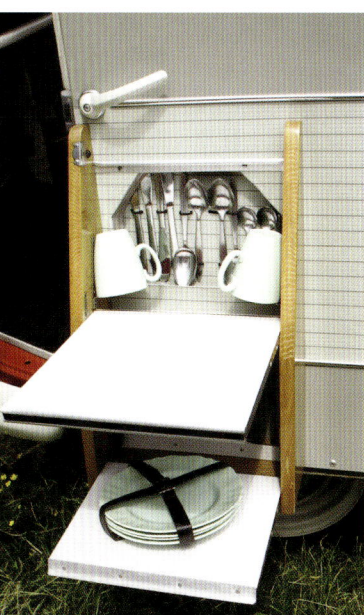

Der an der Tür angebrachte Geschirrschrank war eine nützliche Ergänzung.

Devon Camping Conversions

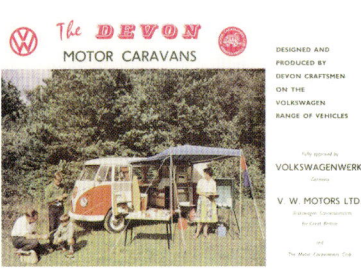

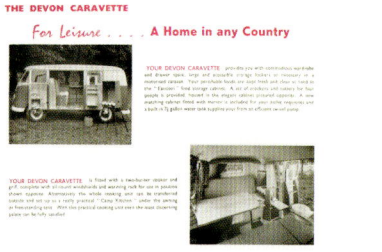

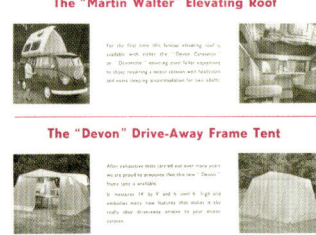

Die neuen 1964er Caravette-Modelle waren seit Ende 1963 verfügbar.

In der 1963/64er Devonette befand sich der Kocher am Ende der Sitzbank.

Der Kocher mit Windabweiser und ein Wasserhahn mit Pumpe befanden sich am Ende der Rückbank, ein Waschtisch mit Waschschüssel war an der hinteren Ladetür angebracht.

Ab 1964 waren das Dormobile-Dach und die aufrollbare Markise verfügbar.

Der Kocher war für die Verwendung im Außenbereich abnehmbar, und Wassertanks befanden sich unter der vorderen Bank.

1963: Mehr Platz zum Schlafen und Stehen

Im Jahr 1963 waren sowohl die Devonette als auch die Caravette entweder auf Microbus- oder auf Kombibasis verfügbar, und für das Kombimodell gab es auf Wunsch eine zweifarbige Lackierung. Das Gentlux-Hubdach wurde durch das von Dormobile entworfene und gelieferte, seitlich angeschlagene Martin-Walter-Hubdach abgelöst. Dieses konnte auf Wunsch mit zusätzlichen Kojen ausgestattet werden und erweiterte die Schlafmöglichkeiten beträchtlich. Die Stehhöhe lag nun bei 2 Metern, was die Bewegungsfreiheit vergrößerte und Rückenschmerzen reduzierte.

In der Caravette-Version wurde die Spüleneinheit nicht mehr eingebaut, und der Kocher mit Warmhalteplatte lag nun im Seitenschrank mit einem Hitze- und Wetterschutz. Alternativ konnte die ganze Kocheinheit herausgenommen und draußen auf Beinen aufgestellt werden, um dort als Lagerküche unter der freistehenden Markise zu dienen. Ein neuer Schrank mit passendem Spiegel und Plastikschüssel war an der hinteren Ladetür befestigt, während ein neu gestaltetes Gehäuse auf der vorderen Ladetür das mitgelieferte Besteck und Geschirr aufnahm. Wasser wurde aus einem 34-l-Tank über eine schwenkbare Pumpe bereitgestellt. Bodenfliesen aus Vinyl, Doracour-Bezüge auf den Schaumkissen und mit Melamin verkleidete Tische waren Verbesserungen, die die neu verfügbaren Materialien aufgriffen. Die kleinen Eckschränke im Dach gehörten nicht mehr zur Standardausstattung.

Die 1963er Devonette besaß jetzt einen zweiflammigen Kocher mit Grill, der ebenfalls für den Einsatz im Freien demontierbar war. Wasser wurde in drei Polyäthylenbehältern mit je 9 Litern Fassungsvermögen gespeichert, die unter der vorderen Sitzbank lagen (da, wo sich in der Caravette die Easicool-Einheit befand). Weitere Merkmale, die die Devonette nicht hatte, waren die seitliche Markise, Schränke in den Ladetüren, Schubladen hinten, Vorhänge für die Fahrerkabine, Geschirr und Besteck, ein Einzeltisch anstatt zwei Tische, die Leuchtstoffröhre und der Easicool-Kühlschrank. Während die Caravette mit handpoliertem Eichenholz ausgestattet war, war die Ausstattung der Devonette nur in Eiche natur gehalten. Jedoch konnte jede dieser Caravette-Standardausstattungen auch als Extra für die Devonette bestellt werden. Weitere Extras waren: Schiebedach ab Werk, zweifarbige Lackierung für den Kombi, Kabinenkoje, die Devon-Seitenstufe und eine transportable Toilette.

Ebenfalls in diesem Jahr erhältlich war ein neu entworfenes Devon-Drive-Away-Vorzelt mit Zeltgestänge, hergestellt von S.T. Harrison aus Bristol, das es ermöglichte, dass das Fahrzeug wegfahren und das Zelt und die Ausrüstung für den Tag zurücklassen konnte. Der neu eingeführte 1500er Motor war ebenfalls gegen Aufpreis lieferbar.

1965: Die Torvette

Auf der Motorshow in Earl's Court im Jahre 1965 stellte Devon eine leicht überarbeitete Version der Devonette vor und nannte sie „Torvette". Sie basierte auf dem Kombi, war also eher einfach ausgestattet. Abgesehen von dem niedrigeren Preis machte weiterhin das anpassungsfähige Layout ihren Charme aus. Die große Stellfläche im Innern machte es möglich, sie als Lastesel, Großraumlimousine oder Familien-Wohnwagen zu verwenden. Der Innenraum unterschied sich kaum von der 1963 verfeinerten Devonette, außer dass die Klappe für die Waschschüssel auf der rechten Ladetür jetzt größer war und eine Easicool-Einheit am Ende der hinteren Sitzbank eingebaut war. Weiterhin gab es einen Schrank mit zwei Fächern und einen Dachschrank über die gesamte Heckpartie. Die Caravette blieb im Wesentlichen wie vorher, abgesehen von dem jetzt standardmäßigen Gaydon Melamin-Geschirr, bestehend aus vier Bechern, Tellern und Obsttellern, und das Besteck beinhaltete jetzt ein Brotmesser. Der hintere Schrank gegenüber der Garderobe hatte eine Einzeltür und war hoch genug, um mit elastischen Gurten gehaltene Flaschen sicher aufzunehmen.

1966: Die Spaceway Versionen

Im Jahr 1966 führte Devon eine durchgängig begehbare Version, den Spaceway, ein, der für die Caravette-

Devon Camping Conversions

Die Torvette Spaceway hatte je einen Einzelsitz auf jeder Seite des Ganges.

Der Kocher ist an der vorderen Trennwand hinter der Sitzlehne montiert. Zur Benutzung wird der Kocher mit dem Windabweiser herausgeklappt.

Kissenbezüge und Vorhänge sind original. Beachten Sie den Dachschrank, der nur in Torvettes eingebaut wurde.

Doppelkissen bilden die Lehne der Rücksitzbank. Hinter dem Einzelsitz ist der Schrank für den Kocher zu sehen.

Die beiden hinteren Schubladen beherbergen das Reserverad und das Vorzelt, die Garderobe liegt seitlich.

Hinter dem anderen Einzelsitz befindet sich zusätzlicher Stauraum.

und die Torvette-Modelle erhältlich war und der die Kabine mit dem Wohnraum verband. Der Innenraum musste neu gestaltet werden, da die Trennwand fehlte. Die vordere Sitzbank wurde nun zum Einzelsitz mit Stauraum darunter, und das hintere Sitzkissen konnte zum Reisen oder zum Essen gegen die Trennwand oder die Seitenwand gelehnt werden. Die Caravette bekam einen neuen ausschwenkbaren Schrank für die Kocher-Wasserpumpeneinheit, der auf der anderen Seite des Durchgangs an der Trennwand hinter dem Beifahrersitz war. In dieser Einheit befand sich ein zweiflammiger Kocher mit Grill, komplett mit aufklappbarem Schutzgehäuse und Warmhalteplatte. Die Front konnte heruntergeklappt werden und ergab dann eine nützliche Standfläche für die Grillpfanne oder andere Utensilien, und es gab eine Besteckschublade auf der linken Seite unter dem Herd. Darunter befand sich ein kleines Schränkchen zur Aufnahme der Gasflasche. Rechts war ein höherer Schrank für den 34-Liter-Wassertank platziert, und rechts davon war das Fach für die Wasserpumpe, ebenfalls mit einer herunterklappbaren Seite. Ein kleiner Riegel in der rechten unteren Ecke hielt die

Devon Camping Conversions

Einheit im Innern des Fahrzeugs in Position. Die gesamte Einheit war an der linken Seite mit Scharnieren versehen und an der Seitenwand befestigt; sie konnte deshalb ausgeschwenkt werden, wenn beide Ladetüren offen standen, damit man draußen kochen konnte. Die Oberflächen der Schranktüren waren allesamt aus abwaschbarem, schwarzem Melamin, und die Innenseiten waren ebenfalls mit Melamin verkleidet, passend zur Oberseite des Tisches. Um diese Einheit unterbringen zu können, war der Geschirrschrank an der vorderen Ladetür entfallen.

Der Easicool Speisekammer-Kühlschrank befand sich am Ende der hinteren Rückbank, und der Sitz über der Einheit konnte auf Kufen herausgezogen werden, um dem Koch eine Sitzgelegenheit zu bieten, während er dem Kessel beim Kochen zusah, oder um es sich beim Toasten bequem zu machen, wenn drinnen gekocht wurde.

Das Fach über dem Motor bot Platz für einen Wasserbehälter auf der linken Seite, eine Einheit mit zwei größeren Schubladen (auf die auch von oben zugegriffen werden konnte) und einem Stauraum mit Klapptür auf der rechten Seite. In diesem wurde das Vorzelt gelagert, das Reserverad war in der linken Schublade untergebracht. Eine seitliche Markise gehörte bei beiden Modellen zum Standard; Seitenteile und Zubehör zum Bau eines wetterfesten Zelts waren zusätzlich erhältlich. Das große Devon Drive-Away-Zelt mit Gestänge war noch lieferbar, dazu konnte jetzt ein passendes WC-Zelt bestellt werden. Kojen für das Hubdach und eine Kinderkoje für die vordere Kabine waren ebenfalls als Sonderausstattungen erhältlich. Devon konstruierte auch einen unter der Ladetür ausklappbaren Tritt sowie eine Schalthebelverlängerung (ein Segen für Fahrer mit kurzen Armen).

Die Torvette und die Caravette, ob mit festem oder Hubdach, ob durchgängig oder mit Trennwand, waren die bestverkauften britischen Umbauten. Aber mit dem Erscheinen der T2-Modelle im August 1967 musste Devon zurück ans Reißbrett, um den Innenraum gemäß den neuen Anforderungen des Wohnmobilmarkts nach mehr Luxus umzugestalten.

Dieser 1967er Devon Spaceway gehört David und Cee Eccles seit 1978.

Der Schrank ist original, aber es wurden neue Griffe und ein neuer Kocher mit Hitzeschild angebracht.

Esseckenmodus: Der Spiegel gehört zur Original Devon-Ausstattung.

In dieser Ansicht sind die Originalvorhänge und der Caravette-Stil des hinteren Schranks zu erkennen.

Eine mögliche Anordnung ergibt ein Einzelbett oder ein Tagessofa unter dem Fenster.

Das durchgängige Arrangement, bei dem Kabine und Wohnraum verbunden sind, ist praktisch und vielseitig.

Die Caravette hatte standardmäßig keinen Dachschrank, aber dieser konnte zusätzlich bestellt werden.

Devon Camping Conversions

Das 1967er Torvette-Modell mit Zwischenwand: Beachten Sie das Regal und den Stauraum an der Zwischenwand. Kissen und Vorhänge sind original, aber Verkleidungen und Stoffvorhänge für die Wasserbehälter sind nachgerüstet.

Ein 1966er Torvette-Innenraum: Bodenfliesen und Seitenpaneele sind original, aber das ursprüngliche grün-schwarze Gewebe wurde durch einen modernen Stoff ersetzt.

Obwohl ein ausziehbares Bett eingebaut wurde, blieben die Originalkissen erhalten.

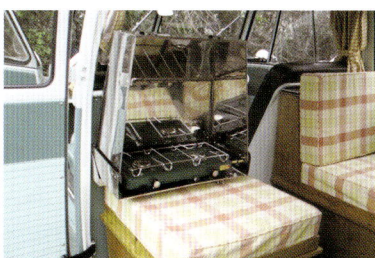

Das Gehäuse des Kochers ist original, aber der ursprüngliche Kocher fehlt und wurde durch ein späteres Modell im Retro-Stil ersetzt.

Der Herd liegt in Torvettes mit Trennwand oberhalb der Kühlbox, hat aber Beine für die Verwendung im Außenbereich.

Esseckenbereich

Den Dachschrank gab es nur in der Torvette.

Die Sitzfläche über der Kühlbox kann als zusätzliche Sitzgelegenheit beim Essen oder beim Kochen im Innenraum herausgezogen werden. Diese Funktion hatten die Caravette-Modelle auch.

Der hintere Schrank in der Torvette hat zwei Abteilungen.

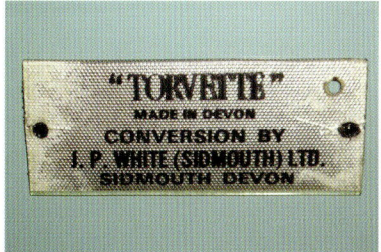

Die Herstellerplakette ist auf der Heckklappe befestigt.

1968 – 1979: Die T2-Jahre

Von Caravettes, Torvettes, Eurovettes, Moonrakers, Sunlanders, Devonettes und Sundowners

Devon bot weiterhin voll ausgestattete Camper und preiswertere Modelle, sowohl auf Kombi- wie auch auf Microbus-Basis an, jeweils mit dem Namen Caravette bzw. Torvette. Als Topmodell wurde die völlig neu gestaltete Eurovette eingeführt, die neue Maßstäbe im Design und in der Ausstattung setzte. Durchgängige Modelle ohne Trennwand waren jetzt der Standard für alle Umbauten, und das Martin-Walter-Hubdach wurde durch Devons eigenes Pop-Top-Dach abgelöst. Ende 1970 brachte Devon die bekannteste Umbauversion – den Moonraker – heraus, mit komplett überarbeitetem und neu gestaltetem Camping-Innenraum, kombiniert mit Zutaten aus Caravette und Eurovette. Das preiswerte Modell, die Torvette, wurde durch den Sunlander abgelöst, aber auch dieser wurde 1971 überarbeitet, und danach wurde der Name Devonette wiederbelebt.

Devon war eine von nur drei britischen Firmen mit offizieller VW-Zulassung für Campingumbauten, die beiden anderen waren Danbury und Dormobile. Doch im Jahre 1972 gelang es ihnen, einen Exklusivvertrag abzuschließen, wobei sie, offiziell von VW zugelassen, ihre Busse über das VW-Händlernetz verkauften und die volle Garantie und den vollen Service von VW erhielten. Das dafür ausgewählte Modell basierte auf dem Mehrzweck-Ansatz der Devonette, kombiniert mit dem Doppelnutzen als Campingmobil und Großraumlimousine und erschien 1972 als der neue VW Devon Caravette. Die Kataloge von VW Großbritannien stellten in ihren Beschreibungen und Bildern den Westfalia Continental als den zweckmäßigen Camper dar und den Devon Caravette als Vielzweckmobil. Während der 1970er Jahre experimentierte Devon mit verschiedenen Gestaltungen und Änderungen der Raumaufteilung, und 1973 ließen sie den Namen Eurovette für ihr Spitzenmodell wieder aufleben. 1976 wurde die Caravette abermals in Devonette umbenannt, und interessanterweise gab es in Devon-Katalogen zu dieser Zeit auch Informationen über den Continental, „importiert aus Westdeutschland" (Westfalia wurde nicht genannt), den Devon ebenfalls liefern konnte. 1987 wurde die Zusammenarbeit mit VW eingestellt und Devon brachte eine neue Baureihe, die Umbauten auch auf Basis anderer Fahrzeughersteller enthielt. Sie stellten auch einen komplett neu gestalteten Moonraker vor und ersetzten die Devonette durch den Sundowner. Der Moonraker war weiterhin Devon's beliebtestes und am besten gestaltetes Wohnmobil und erhielt bei der Wiedereinführung verdientermaßen viele Preise.

1968 – 1970: Torvette, Caravette und Eurovette

Devon erweiterte 1968 die Angebotspalette mit der Einführung des neuen Topmodells Eurovette. Die neue Form und die neuen Abmessungen des T2-Modells bedeuteten, dass alle Modelle in Bezug auf Gestaltung und Ausstattung neu entworfen werden mussten, obwohl spezielle höherwertige Ausstattungsdetails aus der Eurovette wie die Spüle als Sonderausstattung auch in die anderen Modelle eingebaut werden konnten. Die Torvette basierte auf dem Kombi, während die Caravette und die Eurovette auf der aufwändigen Deluxe-Version des Sambas, dem Clipper, aufbauten. Alle drei Modelle besaßen einen Herd, Wasserspeicher, einen eingebauten Kühlschrank, ein ausziehbares Doppelbett, Kleiderschrank mit Schuhfach, Dachspind und hinten Schubladen, die auch durch die Rückenlehne der hinteren Sitzbank zugänglich waren. Die Schränke waren aus heller Eiche gefertigt, der Boden aus strukturierten Fliesen, (Marke Armstrong relief), und die Wendekissen hatten auf einer Seite Vinyl, auf der anderen Duracour-Stoffbezug. Ein großes Vorzelt, für die Eurovette mit zwei abnehmbaren Seiten, gehörte zur Standardausrüstung, und alle neuen Modelle konnten auf Wunsch mit dem neu gestalteten Devon-Aufstelldach geliefert werden.

Zur Serienausstattung der Caravette und der Eurovette gehörten außerdem Leuchtstofflampen und ein 32-l-Wassertank aus Kunststoff mit Whale-Pumpe. Die Eurovette besaß als Standard eine Kinderkabine, Melamingeschirr und Edelstahlbesteck für vier Personen, eine eingebaute Spüle (für die Caravette nur optional erhältlich, da diese ein Lebensmittelfach anstelle der Spüle hatte) und einen eingebauten Backofen mit zweiflammigem Kocher/Grill, der für den Einsatz im Freien abnehmbar war. Der Dudley-Herd in der Caravette und der Eurovette hatte einen aufklappbaren Wind-/Hitzeschutz und einen Rost zur Tellererwärmung. Eine besondere Devon-Kopfstütze aus passendem Stoff gehörte zur Serienausstattung, und der Tisch besaß eine Verlängerungsklappe. Für die anderen Modelle gab es diese Details als Sonderausstattung.

Der Kleiderschrank befand sich hinter dem Fahrersitz, davor ein klappbarer Sitzkasten sowie eine ähnliche Einheit an der Ladetür, die einen Vorratsschrank sowie die Kühlbox hinter Schiebetüren beinhaltete. Am Boden befand sich der Wassertank (sofern eingebaut) mit einer Klappe davor. Wegen des von der Spüle und dem Kocher/Ofen eingenommenen Platzes hatte die Eurovette nicht, wie die Caravette, einen Sitzkasten vor dieser Einheit. Der Herd und die Spüle (oder der Vorratsschrank) befanden sich beim Rücksitz hinter der Schiebetür. Der Dachschrank der Caravette hatte zwei Türen, der der Eurovette nur eine. Das Bett konnte auf einem verschiebbaren Sockel bis in den Raum über dem Motor herausgezogen werden und hatte an der Vorderseite Beine zum anschrauben. Das Bett konnte, wie bei den Splitty-Versionen, auch zwischen den Sitzen ausgelegt werden. Die Eurovette konnte ohne die Ofeneinheit oder die Spüle bestellt werden, in diesem Fall wurde der Caravette-Kocher mit einer Zapfeinheit mit Pumpe am Ende der Rückbank angebracht, was eine größere Grundfläche ergab. Die Torvette war einfach ausgestattet, mit einem Kocher hinter dem Beifahrersitz und einer Kühlbox unter der Rücksitzbank, die über die volle Breite reichte.

Die 1970er Caravette trug ein rundes Firmenzeichen aus Messing auf der Heckklappe, das ab 1971 durch einen Aufkleber ersetzt wurde.

Die hier gezeigte 1968er Eurovette ist seit ihrer Auslieferung im Besitz der Familie Ward. Sie wurde sorgfältig gepflegt und hat erst 69.190 km auf dem Tacho. Die 1968er Eurovette setzte einen neuen Standard und besaß sogar einen Backofen, dieses Feature ist in einwandfreiem Zustand. Der Bus war ursprünglich ein Modell mit festem Dach, aber 1975 ließen die Eigentümer bei Devon ein Hubdach mit Kojen einbauen. In diesen Kojen hat allerdings nie jemand geschlafen! Nur sehr wenige dieser frühen Eurovettes haben überlebt und sicherlich keine zweite in diesem unrestaurierten Originalzustand.

1968er Eurovette

Diese neu gestaltete Kopfstütze für den Beifahrer war Standard in der Eurovette.

Devon Camping Conversions

Die Küche und die Waschgelegenheiten befinden sich auf der Beifahrerseite. Der Herd mit Backofen und einem wirksamen Schild gegen Wind und Hitze sowie einem Rost, auf dem die Teller erwärmt werden konnten. Er steht vor der Schiebetür, kann aber abgenommen und draußen verwendet werden. Sogar die Waschschüssel war farblich passend!

Devon-Aufkleber auf der Heckklappe und im Seitenfenster

Der Durchgang von hinten nach vorne wird durch den Klapptisch erleichtert. Beachten Sie den Dachschrank.

Die Garderobe und weiterer Stauraum befinden sich hinter dem Einzelsitz. Beachten Sie die Wendekissen – auf der einen Seite Stoff, auf der anderen abwaschbares Vinyl.

Das herausziehbare Hochbett entspricht dem des Moonraker, der die Eurovette 1970 ablöste.

Die Einheit in der Schiebetür beherbergt den Vorratsschrank, die Kühlbox und den Wassertank. Das Besteck in eigener Tasche ist im unteren Teil untergebracht und an der Tür mit Druckknöpfen befestigt.

Eine Erweiterungsklappe am Tisch ermöglicht einfachen Zugang um die Herd-Ofeneinheit herum zum Sitz- und Essbereich.

Die hinteren Schubladen reichen über die volle Breite und sind von innen und von außen zugänglich.

Devon Camping Conversions

1970er Caravette

Zwei abschließbare Türen vor dem Stauraum im Dach

Auf die flachen Schubladen kann auch von innen zugegriffen werden.

Der Kocher und der Wasserhahn mit Pumpe sind in einer Einheit am Ende der Rücksitzbank untergebracht.

Wendekissen waren Standard. Beachten Sie den Einfüllstutzen für den Wassertank im Vorratsschrank.

Die Sitzfläche ist abnehmbar und ermöglicht den Zugang zur Kühlbox, dem Voraratsschrank und dem Wassertank.

Am Ende der Kocheinheit gibt es einen Wasserhahn mit Whale-Pumpe und darunter einen Stauraum für die Gasflasche.

Der Kocher besitzt ein ausgezeichnetes Hitzeschild und ein sinnvolles Gitter zum Aufwärmen von Speisen oder Geschirr.

Diese Innenausstattung einer 1970er Caravette befand sich in einem neu gekauften Bus, wurde aber, als sich die Reparatur des 1970er Busses nicht mehr lohnte, in ein 1972er Exemplar eingebaut. Der weiße Tisch gehört zur Originaleinrichtung, weil die Ehefrau das grelle Orange nicht ertragen konnte und Devon bat, den Tisch auszutauschen. Die Einrichtung musste bei der Umrüstung einige kleinere Änderungen über sich ergehen lassen, insbesondere den Verlust der Garderobe hinter dem Einzelsitz, der auch in der Höhe reduziert wurde.

1970: Der Moonraker und der Sunlander

Bis 1970 hatte Devon klar festgelegt, dass es zwei verschiedene Zielgruppen gab: Den engagierten Camper, der die Freiheit zu Reisen mit häuslichem Komfort verbinden wollte und jene, die von ihrem Fahrzeug Vielseitigkeit erwarteten, so dass es, speziell für Familien, als Großraumlimousine dienen konnte, aber auch als Transporter und als einfaches Wohnmobil.

Der letztere Ansatz war in vielerlei Hinsicht eine Weiterentwicklung der in einen Kombi eingebauten Campingkiste, für die Westfalia Pionierarbeit geleistet hatte. Ein schnell wachsender Freizeitmarkt führte zur Einwicklung des beliebtesten Devon-Umbaus, dem Moonraker, der Ende 1970 erschien. Der Innenraum des Moonraker erhob den Anspruch, den „ultimativen Luxus" darzustellen. Im Zwischenraum zwischen den Vordersitzen konnte ein weiterer Sitz angebracht werden, und der Sitz hinter dem Fahrer war mit Schienen versehen, sodass er in vorwärts oder in rückwärts gerichteter Position benutzt werden konnte. Auf die beiden Schubladen über dem Motorraum konnte von hinten oder durch die Rückbank zugegriffen werden, sie wurden auch als Basis für das als Einzel- oder als Doppelbett mögliche Hochbett verwendet. Zusätzlich oder alternativ konnte auch zwischen den Sitzbänken noch ein Bett gebaut werden.

Eine Garderobe war an der Rückwand gegenüber dem Reserverad angebracht. Eine Einheit an der Seite der Rückbank beherbergte eine Spüle, einen 27-l-Wassertank mit Pumpe und Wasserhahn und einen mit Kunststoff ausgekleideten Geschirrschrank. Unter der Spüle gab es eine kleine Easicool-Kühlbox. Der Kocher war Devons einzigartige, nach außen drehbare Einheit, sehr ähnlich derjenigen, die in den früheren Spaceways verwendet worden war, aber ohne die Wasserpumpe. Im Dachschrank war jetzt ein elektrischer Ventilator mit zwei Geschwindigkeiten, Luftauslassgittern im Schrankboden und Plastikabdeckung auf dem Dach angebracht, der zum Entlüften oder zum Kühlen verwendet werden konnte. Der Zwei-Stufen-Schalter war auf der Seite des hinteren Schranks angebracht. Sonderausstattungen für beide Modelle waren z. B.: Hubdach mit zwei Kojen, eine Kinder-Hängematte für das Führerhaus, seitliche Markise, Zeltplane, Besteck- und Geschirrset, Mittelsitz im Führerhaus, Kopfstützen, große und kleine Dachablagen, seitli-

Devon Camping Conversions

Dieser schöne 1972er Moonraker gehört Dave White.

Holzarbeiten in polierter Eiche mit weißen Melamin-beschlagenen Türen.

Der patentierte ausschwenkbare Devon-Kocher kann drinnen …

… oder ausgeschwenkt auch draußen benutzt werden.

Wenn der Kocher draußen benutzt wird, kann an seiner Rückseite und an der Trennwand ein praktischer Tisch befestigt werden.

Der Moonraker hatte eine neu entworfene Spüleneinheit mit Whale-Pumpe und seitlicher Ablage.

Die tiefe Edelstahlspüle hat ein modernes Design.

Auf den Bildern ist die Schlafanordnung des 1971er Moonraker zu sehen.

Der Einzelsitz hinter dem Fahrer kann umgedreht werden und dann nach vorne weisen, indem man die Basis zurückschiebt und die Sitzlehne auf der anderen Seite befestigt.

Um das Bett auf der unteren Ebene zu bauen, wird die Rückenlehne des Einzelsitzes zwischen die Sitzfläche und die hintere Sitzbank gelegt.

Die Sitzkissen werden dann zur Matratze ausgelegt.

Das Hochbett verwendet die Plattform des Gepäckraums und eine der beiden Tischplatten. Der Zusammenbau erfolgt, indem man zuerst die Schubladen etwa 15 cm herauszieht und dann das Oberteil des Rücksitzes umklappt.

Die Tischplatten passen in eine Fuge in der Rückenlehne und werden am anderen Ende von den mitgelieferten Beinen gestützt. Mit einer Tischplatte erhält man ein Einzelbett, mit beiden ein Doppelbett.

Koje bereit zur Nutzung: Wenn sie nicht in Gebrauch ist, wird sie fein säuberlich in einer Kunststoffhülle mit Druckknopf gelagert.

che Eingangsstufe, Fliegengitter, ein kleiner, draußen aufstellbarer Tisch und elektrische Ventilatoren. Die Zeltplanen wurden immer noch in einer Führungsschiene am Dach befestigt.

Der Sunlander wurde als Großraumlimousine und einfaches Wohnmobil entwickelt. Anstelle eines ausfahrbaren Kochers gab es einen weiteren verschiebbaren Sitz hinter dem Beifahrersitz. Die Vordersitze waren so geschickt konstruiert, dass sie zum Reisen nach vorne und zum Essen bzw. Wohnen nach hinten weisen konnten. Es gab keine Spüle, und der Kocher war eine kleine klappbare Einheit, die am Ende der Rückbank lag (da, wo beim Moonraker die Spüle saß). Ein Regal, das das Reserverad aufnahm, war in einem Zwischenraum unter dem Kocher angebracht. Der Kocher verschwand unter einer Plastikabdeckung, wenn er nicht gebraucht wurde. Die Gasflasche war im Motorraum untergebracht, zusätzlich gab es dort Platz für einen „eine Gallone fassenden Standardkanister" – der Gedanke an eine Gasflasche und einen Benzinkanister im Motorraum ist ein wenig beunruhigend! Lebensmittel wurden im Sunlander in speziellen, mit Kunststoff ausgeschla-

Der Umbau bot komfortable, geräumige Sitze, sogar mit integrierten Armlehnen.

Die Sitze haben umkehrbare Rückenteile, was es ermöglicht, diese entweder zum Reisen oder zum Essen zu positionieren.

Reisemodus: Die verschlissenen Polster wurden in zum Bus passender Farbe ersetzt.

Wenn er nicht verwendet wird, kann der Kocher zusammengeklappt und mit einer Kunststoffhülle geschützt werden.

Der Kocher steht auf einem Regal, das hinten verstaut wird, wenn es nicht gebraucht wird.

Ein Zwei-Wege-Ventilator/Entlüfter sitzt im oberen Schrank.

Luftzufuhr- bzw. Auslassöffnung auf dem Dach

Umbau-Zeichen, üblicherweise auf dem Armaturenbrett zu finden, geben das jeweilige Modell an.

Dieser 1971er Sunlander ist nur eines von zwei bekannten Fahrzeugen, die noch die gesamte Originalausstattung haben. Der Sunlander war als Mehrzweckfahrzeug konzipiert und ist sehr selten, weil er nur ein Jahr lang gebaut wurde.

Eine Kunststoffwanne unter dem Rücksitz ergibt eine einfache Kühlbox.

Devon Camping Conversions

1972er Devonette

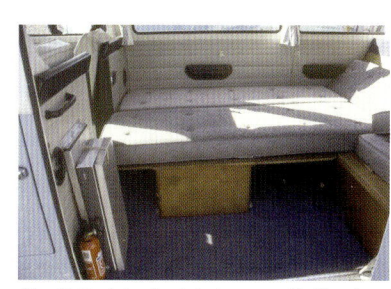

Essmodus

Das Bett wird gebaut, indem man die Einzelsitze neu positioniert und die hinteren Dielen auslegt.

Reisemodus: An der vorderen Trennwand ist der zusammengeklappte Kocher zu sehen.

Der Kocher besitzt keinen Grill, und das Gehäuse steht zur Benutzung auf Klappbeinen.

Zimmer mit Aussicht!

genen und isolierten Fächern an jedem Ende des Spinds an der Rücksitzbank gelagert, Wasser in drei 9-l-Plastiktanks unter dem Schiebesitz. Der Zwei-Wege-Ventilator im Dachschrank gehörte, ebenso wie für den Moonraker, zur Standardausstattung. Polster und Kissen waren nur in Braun-Orange erhältlich, unabhängig von der äußeren Lackierung des Busses.

1971: Die Devonette ist zurück!!

Die 1972er Modelle, die im Oktober 1971 vorgestellt wurden, wiesen eine klarere Trennung zwischen Camping- und Mehrzwecknutzung auf – die Grundausstattung des Moonraker wurde verbessert, und der Sunlander wurde zur Devonette. Die Devonette wurde wie folgt beschrieben: „Mit allen Vorteilen eines Kombi für die Reise PLUS den Schlafgelegenheiten, Koch-, Ess- und Lagermöglichkeiten eines echten Wohnmobils". Und der Moonraker als „ebenso geräumig, aber bietet mit vielen zusätzlichen Verfeinerungen den ultimativen Luxus für den anspruchsvollen Caravaner". Beide waren sowohl auf Kombi- als auch auf Microbus-Basis lieferbar, mit Devons selbst entworfenem Hubdach und dem freistehenden Devon-Zelt. In vielerlei Hinsicht waren diese Versionen eine Verfeinerung der Vorjahresmodelle. Beide Umbauten verwendeten immer noch helle Eiche für die Schränke, mit weißen Melamin-Auflagen auf den Türen und den Schubladenfronten im Moonraker. Der Dachschrank über dem Motorraum war immer noch durch Doppeltüren zugänglich, und es gab einen Zwei-Wege-Frischluftventilator, um Kondenswasser zu vermeiden; der Dachschrank in der Devonette hatte weder Türen noch einen Ventilator. Während der Moonraker den ausschwenkbaren Kocher/Grillschrank mit Spülenenheit behielt, bekam die Devonette einen neu gestalteten Kocher, mit nur zwei Flammen, der an der Trennwand hinter dem Beifahrersitz befestigt war. Er wurde nur zur Verwendung heruntergeklappt und gab so mehr Sitzfläche auf der Rückbank frei, was ein Makel des Sundowners war. Die Devonette hatte zwei verschiebbare Sitze vorne, die vorwärts oder rückwärts angeordnet werden konnten, je nach erwünschtem Verwendungszweck.

Die Devonette war eher das Standardmodell im Devon-Sortiment, aber sie besaß eine Vielzweck-Ausstattung, die durch die verschiebbaren Sitze in der Mitte erreicht wurde, die je nach Verwendung verschiedene Sitzarrangements ermöglichte, inklusive einem großzügigen durchgängigen Wohnbereich. Das hier gezeigte 1972er Modell hatte nur zwei Vorbesitzer, bevor es an Shaun Mitchell verkauft wurde. Es waren sehr umfangreiche Karosseriearbeiten nötig, bevor er komplett – bis auf das blanke Metall abgeschliffen – in den Originalfarben Pastellweiß und Nigeriablau neu lackiert werden konnte. Dann wurde der Innenraum restauriert und mit neuem Teppichboden und neuen Polstern ausgestattet. Alle Arbeiten wurden von Shaun und seinem Vater ausgeführt und der Wagen wurde gerade rechtzeitig zur Volksworld Show 2002 fertig, wo er eine Trophäe als „Best Stock Type 2" erhielt. Standard-Ausstattungen des Moonraker, die für die Devonette bestellt werden konnten, waren u. a. Leuchtstofflampen, ein Mittelsitz/Spind in der Fahrerkabine, Melamingeschirr, Edelstahlbesteck, elektrischer Ent- und Belüfter und ein Kinderbett mit Kissen. Weitere für beide Modelle bestellbare Extras waren: Gasflasche mit Regler, ein Schiebedach für die Fahrerkabine, eine klappbare Seitenstufe, (Devons eigene Entwicklung im Gegensatz zur VW-Option), eine Hängemattenkoje für die Kabine, Kopfstützen, Sitzbezüge für die Kabine, Feuerlöscher, Fliegengitter, tragbarer Kühlschrank, tragbare Elsan-Toilette, WC-Zelt, Dachgepäckträger, ein auf dem Dach montierter Träger für das Reserverad mit Abdeckung und der externe Stromanschluss. Ein runder Devon-Aufkleber, auf dem der Name des Umbaus stand (Moonraker, Devonette, etc.) wurde immer noch auf dem Armaturenbrett unter dem Radio angebracht und ein weiterer in der Mitte des Kühlergrills. Die Kombimodelle waren einfarbig; zunächst in Pastellweiß, Neptunblau und Chiantirot; der Microbus in Pastellweiß oder Pastellweiß über Niagrablau, Sierragelb oder Chiantirot. Für den Moonraker waren die Farben der Vorhänge und Bezüge angepasst, es hatten alle weißen Busse rote Vorhänge, hellbeige Sitzbezüge und beigefarbenen Teppichboden; blaue Busse hatten blaue Vorhänge, blauen Bezugsstoff und grauen Teppich, rote Busse hatten rote Vorhänge und Bezüge mit grauem Boden (außer bei der Kombiversion, die einen beigefarbenen Boden hatte), gelbe Versionen erhielten goldene Vorhänge und Sitzbezüge mit grauem Bodenbelag. Die Devonette hingegen hatte immer gelbe Vorhänge, beigefarbenen Boden und ebensolche Sitzbezüge, ganz gleich, welche Lackierung bestellt wurde.

1972: Die Devon VW Caravette

Die Devon VW Caravette war ab 1972 offiziell und exklusiv von VW lizenziert und wurde als eine von nur zwei zugelassenen Umbauten über das VW-Händlernetz vertrieben, was ihr die volle VW-Garantie erhielt. VW übernahm für seine Modellauswahl den gleichen Ansatz wie Devon – die Devon Caravette wurde mit dem Argument der Vielseitigkeit vermarktet und der Westfalia Continental als zweckmäßiger Campingwagen. Interessanterweise gibt es VW-Kataloge aus dieser Zeit, in denen die Namen der Umbauer nicht erwähnt werden, sondern nur die Bezeichnungen Caravette und Continental. Beide Modelle wurden auf der Basis des Microbus gebaut. Ein Katalog von 1972 fasst den Reiz der Caravette zusammen:

Bilder aus dem 1972er Katalog zeigen Gestaltung und Verwendungsmöglichkeiten.

„Unser Camper ist nicht nur ein Camper. Er ist was immer Sie möchten. Ein geräumiger Kombi oder ein Minibus, ein Flitzer, mit dem man die Kinder abholt oder die Einkäufe erledigt. Man könnte denken, das genügt für jedes Auto, aber bei diesem ist es anders. Wo andere Autos aufhören, fängt dieser VW erst an. Er kann Ihr englisches Landhaus sein oder Ihre Villa irgendwo im sonnigen Ausland. Und anders als bei einem Landhaus oder einer Villa können Sie einpacken und überall hingehen wo Sie möchten und wann Sie möchten. Ein VW Camper ist gebaut, um hart zu arbeiten und hart zu spielen, um die Kinder zur Schule oder zum Spielplatz zu bringen, um Angeln zu gehen oder um Gartenmaterial einzusammeln – für alle 1001 Verwendungsmöglichkeiten, für die unser Kombi gebaut ist. Und wenn das Wohnmobil den Tag mit harter Arbeit verbracht hat, gefällt es ihm auch, abends auszugehen. Ins Theater, ins Ballett oder in die Oper und hinterher vielleicht ein ganz besonderes Abendessen bei Kerzenschein. Wahrlich ein Auto für alle Gelegenheiten."

Surfer oder die alternative Kultur finden hier keine Erwähnung!

Die Sitze können so angeordnet werden, dass acht nach vorne gerichtete Sitze entstehen oder als Essecke rund um den Tisch. Die Kissen waren mit unverwechselbarem Karomuster in hellbeige und braun bezogen, die Vorhänge gestreift in passenden Farben. Eine Seiteneinheit am Ende der Rücksitzbank beinhaltete einen zweiflammigen Edelstahlkocher mit Grill und ein Edelstahl-Waschbecken mit einer kleinen Abtropffläche. Am Ende dieser Einheit an der Schiebetür war eine isolierte Kühlbox angebracht. Wasser wurde im Fach unter der nach vorne gerichteten Sitzbank gespeichert. Stauraum gab es in der Garderobe gegenüber dem Reserverad, in einem Dachschrank und unter den Sitzeinheiten. Waschbarer Vinyl-Bodenbelag und gepolsterter waschbarer Stoff auf den Paneelen wurden verwendet, um den Innenraum pflegeleicht zu machen. Bis Oktober 1972 wurden die Holzarbeiten von Hand in heller Eiche ausgeführt, ab dann wurde Laminat oder englische Eiche, mit speziell poliertem Melamin satiniert verwendet. Sonderausstattungen waren Hubdach, Kabinen-Hängematte, Fliegengitter, tragbarer Kühlschrank, Kissen zum Kinderbett, Reserveradabdeckung und Leuchtstofflampen. Es war jetzt auch möglich, den 1700er Motor oder ein Automatikgetriebe zu bestellen. Die Caravette wurde über ihren Vielzweck-Ansatz verkauft, und ihre Campingmöglichkeiten waren denen der Devonette überlegen. Sie wurde über die VAG-Händler vermarktet, konnte aber auch direkt bei Devon bestellt werden. Der hier gezeigte Bus ist eine 1973er Devon Caravette, die Graham Booth gehört.

Devon Camping Conversions

1973er Caravette, mit 1972er Caravette Holzinterieur.

Der kleine Tisch wurde speziell eingepasst, obwohl nicht original, fügt er sich perfekt ein und ist ein idealer Kaffeetisch.

Für das Bett sind Sitzfläche und Dielen erforderlich.

Für die Reise weisen die Sitze nach vorne. Die Spüle/Kocher/Kühlbox-Einheit liegt an der Seite der Rückbank.

Die Sitze sind zur Essecke gruppiert.

Die Garderobe befindet sich im hinteren Bereich.

Eine Arbeitsfläche klappt zurück und gibt einen Edelstahlkocher und eine Spüle mit Abtropffläche frei.

Die gefütterte Kühlbox hat Fächer in der Tür zur Lagerung von Flaschen und ähnlichem.

Die Sitzlehnen können für die nach vorne bzw. nach hinten gerichtete Verwendung neu positioniert werden.

Die Holzarbeiten waren in den 1972er Modellen noch aus Eiche.

Devon Camping Conversions

Ihr wurde eine Original Devon Caravette-Innenausstattung von 1972 eingebaut, was bedeutet, dass die Holzarbeiten aus solider Eiche bestehen und nicht aus Laminat. Alle Kissen, Vorhänge und Arbeitsplatten sind original. Das markante Devon Hubdach ist deutlich zu sehen.

Die mittleren 1970er

Mitte der 1970er Jahren änderte Devon Namen und Daten. Die seit Ende 1973 lieferbaren 1974er Modelle brachten die Einführung eines neuen, auf dem Microbus basierenden Topmodells namens Eurovette, während der Name Caravette weiterhin für das auf dem Kombi basierende Vielzweckmodell verwendet wurde; beide wurden über das VW-Händlernetz vertrieben. Eurovettes waren zweifarbig lackiert, Caravettes einfarbig, sofern nicht die zweifarbige Lackierung extra bestellt wurde. Die Hubdach-Leinwände für beide Modelle wurden der jeweiligen Wagenfarbe angepasst, meist in Braun/Orange/Weiß oder Grün/Blau/Weiß. 1976 wurde die Caravette wieder in Devonette umgetauft.

Die Eurovette

Die Eurovette war die vollausgestattete Campingversion mit allen Funktionen und Optionen, die man mit einem Topmodell verbindet. Neue Ausstattungsdetails waren ein flacher, um 90 Grad nach außen drehbarer Kocher (nun als für Devon patentiert beworben), der auch abgenommen und draußen verwendet werden konnte, eine aus der Fahrerkabine betriebene elektrische Wasserpumpe, ein Lamellenfenster auf der Fahrerseite, standardmäßige Beleuchtung mit Leuchtstoffröhren und ein ausziehbares Bett statt der Neuanordnung von Sitzen und Dielen. Der Schrank am Ende der Rückbank wurde größer, sodass mehr Platz für die Kühlbox entstand, ebenfalls gab es mehr Platz für Spüle und Abtropffläche und auch mehr Stauraum. Im Schrank befanden sich ein 4,5-l-Plastikkanister, ein 23-l-Wassertank, eine Edelstahlspüle mit Abtropffläche und ein Geschirrkorb aus Draht. Zum ersten Mal gab es eine elektrische Wasserpumpe mit Schalter in der Kabine. Die größere Kühlbox besaß eine Halterung für Milchflaschen und ein Regal. Eine Garderobe bzw. Platz zum Aufhängen von Kleidung gab es direkt hinter der vorderen Sitzbank, und zwischen den Vordersitzen konnte ein Notsitz positioniert werden, auf dem man, wenn das Fahrzeug stand, nach vorne oder zum Essen nach hinten gerichtet sitzen konnte. Dieser Sitz ließ sich wegklappen, wenn er nicht benötigt wurde. Weiterhin gab es zusätzliche Beine für den Tisch, wenn er draußen benutzt wurde; diese wurden beim Reserverad neben dem Fach für den Erste-Hilfe-Kasten gelagert. Hinter dem nach außen geschwenkten Herd konnte ein zusätzlicher Tisch angebracht werden, indem man ein Tischbein in die abnehmbare Klappe des Kochers schraubte. Die Schränke und Oberflächen der 1973er Eurovette waren aus weißem und gelbem Laminat, ab 1976 wurde dunkles Palisander-Laminat verwendet. Dazu gab es Linoleum mit orange-braunem Rautenmuster, mit floralen Motiven bedruckte Sanderson-Vorhänge in Gelb, Orange und Braun sowie orange-braun-karierte Polster! Während der Kombi weiterhin am Häufigsten als Basis verwendet wurde, gab es jetzt auch einen Umbau für den Transporter mit weniger Ausstattung, aber zum günstigeren Preis. Die in dieser Version von Devon eingebauten Seitenfenster waren kleiner als die von VW ab Werk erhältlichen.

Die Caravette/Devonette

Die Gestaltung blieb im Wesentlichen die gleiche wie in den vorherigen Devonettes bzw. VW Devon Caravettes, nur bekam die Caravette jetzt auch den ausschwenkbaren Devon-Kocher. Die vordere Sitzbank konnte immer noch nach vorne oder nach hinten weisen, und die Garderobe befand sich gegenüber dem Reserverad. Um ein Bett zu bauen, war es immer noch erforderlich, den Vordersitz umzulegen und die Kissen darauf zu legen. 1976 wurde dieses Modell in Devonette umbenannt. Unter der hinteren Rückbank wurde eine herausnehmbare Kühlbox platziert, und Leuchtstofflampen und ein Lamel-

lenfenster wurden zur Standardausstattung. Auch das Ausziehbett wurde für dieses Modell zum Standard. Neu waren auch eine Abwaschschüssel und ein 9-Liter-Wasserkanister. Das Laminat war in Eiche hell gehalten; die Schranktüren mit weißem Melamin belegt. Arbeitsflächen und Tischplatten waren orange, und der Innenraum wurde von orangefarbenen und braunen, grell gemusterten Stoffen und Vorhängen beherrscht.

1978: Der Devon 21

Anlässlich der Feier des 21sten Geburtstags der Firma Devon im Jahr 1978 wurde eine limitierte Sonderedition der Eurovette produziert, der Devon 21. Es wurden nur 50 Stück davon gebaut, und nur sehr wenige haben im Originalzustand überlebt. Der Devon 21 basierte auf dem Kombi. Es gab ihn in den Exportfarben Ozeanblau und Weiß, und der Innenraum und die Polster wurden passend in Blau und Weiß gefertigt, mit ein paar speziellen Verfeinerungen. In der Fahrerkabine gab es ein Handschuhfach, einen Schminkspiegel auf der Sonnenblende für den Beifahrer, der überdies in den Genuss eines höhenverstellbaren Beifahrersitzes kam. Der Dachhimmel bestand aus „Tuch von höchster Qualität" und die Türverkleidungen waren schwarz mit gepolsterten Armlehnen. Passend dazu gab es schwarze Kunstledersitze mit Flechtstruktur.

Im Wohnbereich gab es einstellbare Frischluftdüsen, einen Aschenbecher auf dem Paneel hinter dem Fahrer, einen Haltegriff auf der linken Seite der Schiebetüröffnung. Das Reserverad hatte einen schwarzen Kunststoffüberzug. Alle hinteren Verkleidungen bestanden aus schwarzem Vinyl mit Chromleisten um die Fensterflächen. Die Innenausstattung glich jener der Standard-Eurovette, aber die Arbeitsflächen und Schranktüren bestanden aus blauem Melamin, alle anderen Möbeloberflächen

Von diesem Sondermodell wurden nur 50 Stück produziert.

Die Gestaltung der nicht mehr produzierten Eurovette wurde für dieses Sondermodell übernommen.

Der Kocher kann im Fahrzeug verwendet oder herausgedreht werden zur Verwendung mit einer Markise.

Schranktüren, Tische und Arbeitsplatten sind hellblau, die Schränke weiß.

Das hintere Deck blieb frei, abgesehen vom Reserverad.

Die Spüle befindet sich bei der Schiebetür am Ende der Rückbank.

Neben der Lackierung in Ozeanblau (eigentlich eine Farbe für den Export in die USA) fallen die Devon-21-Logos an den Kabinentüren auf.

Devon Camping Conversions

aus weißem Melamin. Die Polster waren blau kariert mit blauen Rändern mit dazu passenden Vorhängen. Auf dem blau–schwarz gemusterten Vinylboden lag ein herausnehmbarer blau-schwarzer Teppich. Die blauweiß gestreifte Hubdach-Leinwand war ebenfalls auf das innere und äußere Farbschema abgestimmt. Im Serienumfang enthalten waren ein Dachgepäckträger, Feuerlöscher, und ein 20-teiliges, blau-weißes Melamingeschirr.

1978: Die neuen Moonraker- und Sundowner-Modelle

„Nicht so sehr ein Fahrzeug – mehr ein Lebensstil!" Mit diesen Slogan wurden die neu überarbeiteten Modelle von Devon beworben – diesmal wurde der gut eingeführte Name Moonraker für den voll ausgestatteten Camper und der Name Sundowner für den Vielzweck-Camper verwendet. Für die Möblierung beider Modelle wurden mit beigegelbem Melamin bezogene Spanplatten verwendet, mit braunen Kunststoffgriffen, brauner Umrandung und braunen Arbeitsplatten. Beide Modelle enthielten die bekannte Devon-Ausrüstung. Der Sundowner war der am besten ausgestattete Vielzweck-Camper, den Devon je produziert hat. Eine weitere Neuerung für diese Modelle war das neue Devon Double Top-Hubdach. Dieses verlief über die gesamte Dachlänge und war seitlich angeschlagen, ähnlich den alten Martin-Walter-Versionen. Gasfedern erleichterten das Aufstellen des Dachs, und der Zuwachs an Schlafraum war enorm – zwei Basisbetten konnten zusammengeschoben werden. Sie ergaben ein 1,80 x 1,10 m großes Doppelbett oder zwei einzelne Kinderbetten. Der gesamte Innenraum des Double Top und die Unterseite der Betten waren mit teppichartigem Material verkleidet und der Segeltuchstoff war farbcodiert, um die Fahrzeugfarbe zu ergänzen. Die Seitenpaneele beider Modelle waren bis zur Fensterhöhe mit teppichähnlichem Stoff bezogen, ein herausnehmbarer brauner Teppich lag auf allen Bodenflächen, inklusive der Fahrerkabine und den Durchgangsräumen. Unter dem Teppich gab es einen gemusterten Bodenbelag aus Vinyl in Braun und Creme für den Moonraker, in Beige für den Sundowner.

Um mehr Platz zu schaffen, wurde das Reserverad in einer schwenkbaren Halterung über der vorderen Stoßstange untergebracht und mit einem schwarzen Kunststoffüberzug versehen. Auf der Fahrerseite wurde weiterhin ein doppeltes Lamellenfenster eingebaut. Als Sonderausstattung wurden das Standard-Hubdach und das neue Devon Double Top angeboten, ferner ein Kühlschrank (Gas oder 240 Volt), und, allerdings nur im Moonraker, Netzanschluss, weiterhin eine Seitenstufe und die Kabinen-Hängematte. Für den Sundowner gab es passende Sitzbezüge für Fahrer- und Beifahrersitz.

Der neue Moonraker

Der Moonraker wurde jetzt auf Basis des Kombi gebaut, mit luxuriöser Kabinenausstattung inklusive gebürsteten Nylonsitzen und Kopfstützen. Eine völlig überarbeitete Gestaltung des Innenraums ergab eine komplette Küchen- und Lagereinheit entlang der Fahrerseite. Darin enthalten waren eine Edelstahlspüle mit Abtropffläche, eine elektrische Wasserpumpe und ein zweiflammiger Herd mit Grill nebst eingebautem Spritzschutz. Unter dem Spülbecken gab es eine große Kühlbox (oder optional einen Kühlschrank), unter dem Herd befanden sich zwei Schubladen, eine davon für Besteck und ein geräumiger Doppelschrank. Auf der rechten Seite des Herdes gab es ein großes Staufach mit aufklappbarer Klappe oben und mit einem belüfteten Fach für die Gasflasche darunter. Auf der Fahrerseite hinten war ein aufrecht stehender Schrank angebracht mit drei Regalen auf der rechten Seite, auch ein Dachschrank über diesem Bereich gehörte bereits zum Standard. Unter diesem wurde der Tisch untergebracht, wenn er nicht gebraucht wurde. Der Tisch besaß nur ein zentrales Bein aus Chrom, das in eine Halterung im Boden passte. Dadurch konnte der Tisch für verschiedene Verwendungsmöglichkeiten gedreht werden; sogar, um leichter ein- und aussteigen zu können.

Hinter dem Beifahrersitz gab es einen Kleiderschrank mit Türen auf beiden Seiten. Ein nach hinten gerichteter Klappsitz war vorne an der Garderobe angebracht und an diesem konnte ein zusätzlicher Einzelsitz festgemacht werden, um zwei Sitzplätze zum Essen zu gewinnen. Die Rückbank ließ sich zum Doppelbett

Devon Camping Conversions

Lamellenfenster bieten eine hervorragende Belüftung, besonders, wenn sie sich vor der Küche befinden.

Die Küchenzeile beinhaltet einen Kühlschrank, Edelstahlkocher mit Grill und eine Spüle mit Abtropffläche. Diese Anordnung erwies sich als ebenso beliebt wie praktisch.

Das hier gezeigte Beispiel ist ein komplett restaurierter Moonraker von 1978. Die Karosserie wurde von einem Vorbesitzer überarbeitet, der Innenraum musste nur aufgeräumt werden. Das Reserverad wurde versetzt, um leichteren Zugang zum Motor zu ermöglichen.

Staumöglichkeiten sind entlang der Seite gegenüber dem Schiebefenster angeordnet. Ein Schrank mit faltbarem Sitz befindet sich an der Schiebetür.

Der Tisch ist auf einem einzelnen Chrombein montiert.

Ein zusätzlicher Sitzplatz entsteht über den Gang.

Das ausziehbare Hochbett belegt den hinteren Bereich.

Doppelte Hochbetten sind unter dem Hubdach aufgehängt.

Ein Wäscheschrank und offener Stauraum befinden sich am Ende eines tiefen Schranks, der an die Küchenzeile angrenzt. Der Tisch wird unter dem Dachschrank verstaut, wenn er nicht gebraucht wird.

Devon Camping Conversions

ausziehen. Schaumstoffkissen mit Knöpfen waren aus braun-beige kariertem, auf der Rückseite braunem Vinyl gefertigt und die Vorhänge in passendem beige-braunem Karomuster. Obwohl er auf der Basis des Kombi aufgebaut war, gab es den Moonraker in Pastellweiß, oder in Marinogelb/Taigagrün/Mexicobeige unter Weiß.

Der Sundowner

Beim Sundowner verwendete Devon erstmals einen Lieferwagen als Basis für einen Campingumbau, obwohl die Inneneinrichtung und die Möblierung die gleiche war wie für den Moonraker. Wie seine Vorgänger besaß der Sundowner durch seine umkehrbare doppelte vordere Sitzbank einen Doppelnutzen als Großraumlimousine. Die Betteinheit war wie beim Moonraker zum herausziehen aber die Garderobe lag im hinteren Teil, wo normalerweise das Reserverad untergebracht war, und der Dachschrank hatte keine Tür. Hinter der Schiebetür am Ende der Rückbank gab es eine Spüle mit Abtropffläche sowie eine elektrische Wasserpumpe und einen 23-Liter-Wassertank. Ein drehbarer Herd war an der linken Seite der Schiebetür montiert und konnte zugunsten von mehr Platz entfernt werden. Der Tisch war schokoladenfarben und hatte zusätzliche Beine für die Nutzung im Freien. Sundowner waren alle einfarbig Pastellweiß, Marinogelb, Taigagrün oder Brillantorange lackiert.

1980 – 1990: Die T25 Camper

Devon sah keinerlei Anlass, ganz von vorne anzufangen, als die neue Generation der T3 (T25) Transporter eingeführt wurde. Ihre Moonraker- und Sundowner-Umbauten waren im Jahre 1978 das Ergebnis von zwei Jahrzehnten Arbeit mit VW-Bussen. Jahre des Experimentierens mit Innenraumgestaltung und Ausstattung hatten zu diesen beiden sehr erfolgreichen und praktischen Layouts geführt. Also erhielten auch die neuen Modelle dieselben Namen und dieselbe Gestaltung. Wesentlich moderner war nur das eigentliche Fahrzeug. Eine wichtige Neurung war jedoch, dass das neu gestaltete Devon Double Top-Hubdach, das 1978 noch zur Zusatzausstattung zählte, nun zum Standard wurde. Im Katalog für die neue Produktlinie waren sowohl europäische als auch britische Schauplätze zu sehen, und der Kata-

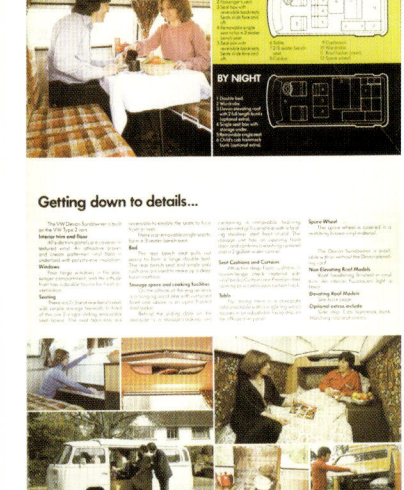

Ein 1978er Sundowner

Devon Camping Conversions

log verwendete einen sehr ungewöhnlichen Ansatz, indem der Text die Funktionen und Attraktionen der neuen Produktlinie im Stil eines Rezepts beschrieb.

Der T25 Moonraker

Er war zweifarbig lackiert, entweder Samosbeige über Assuanbraun oder Elfenbein über Brillantorange, Achatbraun oder Bambusgelb. Die Innenräume waren farbcodiert in passenden Braun-, Beige- und Orangetönen und spiegelten, in Übereinstimmung mit den Anforderungen eines Urlaubsmarktes, der immer wohlhabender wurde, ein neues Luxusgefühl wider. Die Kabinensitze waren aus braunem, gebürstetem Nylon mit Kopfstützen, tiefe, geknöpfte Schaumkissen waren mit weichem Velours in Karomuster bezogen, strapazierfähiger und schmutzabweisender Flotex-Teppichboden wurde für den Boden verwendet, und Auflagen im Stil von Teppichen bedeckten alle Innenverkleidungen – bis zur Fensterlinie in Dunkelbraun, darüber in Beige.

Die Gestaltung des Moonraker war im Wesentlichen die gleiche wie bei seinem T2-Vorgänger mit der Küchenzeile entlang der Wand hinter dem Fahrersitz. Diese Einheit hatte drei Hauptabschnitte: eine Edelstahlspüle mit Abtropffläche und Wasserhahn mit auf Knopfdruck arbeitender elektrischer Pumpe, darunter einen optionalen Kühlschrank und einen Doppelschrank, der Kocher mit Klappe und die große Aufbewahrungstruhe befanden sich am Ende. Wenn der optionale Kühlschrank nicht bestellt war, wurde dort eine tragbare Kühlbox eingebaut. Der Schrank wurde nach hinten über den Motorraum am Ende der Spülen/Kochereinheit verlegt, und dahinter, in der Heckklappe, war ein Wasserkanister, mit dem man den Wassertank füllen konnte. Der Wassertank konnte an Ort und Stelle gefüllt werden, er ließ sich allerdings auch herausnehmen und auf Rädern zu einer Wasserstelle fahren. Der Einzelsitz hinter dem Beifahrersitz wurde nun zu einer vernünftigen Sitzgelegenheit mit Stauraum darunter, und erweitert wurde

er zu einem Zweisitzer zum Essen etc. Die Rücksitzbank konnte zum Bett ausgezogen werden, und der Stauraum war von vorne zugänglich. Der Tisch war immer noch das drehbare Modell mit einem Bein. Die Spülen/Kocher-Einheiten waren alle in Weiß oder Beige mit Holz-Effekt gehalten, oder es gab braune Türen und Zierleisten, die aus mit Melaminplatten im Holzdesign belegten Spanplatten bestanden. Als Sonderausstattung gab es einen wahlweise mit 12 Volt oder Gas betriebenen RM 122-Kühlschrank von Electrolux, Porta Potti Chemie-WC, Kangol Sicherheits-Kindersitz, Feuerlöscher, Seitenstufe und Kabinenkoje. Dieser 1980er Devon Moonraker gehört Kev und Sue Edwards. Ursprünglich in Braun und Beige gehalten, wurde die untere Hälfte passend zur oberen lackiert. Ein Caravelle Kühlergrill und Scheinwerfer-Set, Mercedes-Räder und eine Tieferlegung sind weitere Abweichungen vom Serienzustand. Der Innenraum präsentiert sich vollständig original, abgesehen von den Burberry-Polstern.

Devon Camping Conversions

Der T25 Sundowner

Der neue Sundowner orientierte sich ebenfalls eng an seinem T2-Vorbild und wurde von Devon weiterhin als ideales Vielzweckmobil für Familien vermarktet. Auf dem Kombi basierend, entsprach seine Ausstattung in der Fahrerkabine dem einfachen VW-Standard, die Flächen über den Fenstern im Wohnbereich waren unverkleidet. Es wurden die gleichen grundlegenden Polster- und Stofffarben wie beim Moonraker verwendet (also Variationen in Beige, Braun und Orange), aber der Bodenbelag bestand aus gemustertem Vinyl. Die verschiebbare Zweisitzer-Bank vorne konnte für die Reise oder zum Essen mit einer einfachen schwenkbaren Rückenlehne eingestellt werden, der Tisch wurde von der Seite her aufgeklappt und mit einem einzigen eingeschraubten Bein gehalten. Der Kocher war eine zweiflammige tragbare Einheit in einem herunterklappbaren Schrank hinter dem Beifahrersitz (sehr ähnlich der 1971er Devonette), und die Gasflasche befand sich hinter der Rückenlehne des Einzelsitzes in einem belüfteten Fach. Neben dem üblichen Stauraum gab es ein Schließfach auf dem Motorraum. Zwei Frischwassertanks mit insgesamt 23 Litern Fassungsvermögen und eine Waschschüssel aus Plastik waren hinten verstaut, allerdings waren sie mitsamt der Garderobe – anders als im Moonraker – auf der Beifahrerseite untergebracht. Das Ausziehbett befand sich auf der Fahrerseite. Optional lieferbar waren ein Sicherheitssitz für Kinder, Feuerlöscher, Seitenstufe und Kabinenkoje. Der Sundowner war in Pastellweiß, Orientrot oder Brillantorange lieferbar. Alle Stoffe im Innern hatten die gleichen Farben und Muster wie der Moonraker.

1982: Der Sunrise

1982 war der Moonraker Devon's wichtigster VW-Umbau geworden, und das Hubdach wurde zum Aerospace-Dach. Dieses hob sich in voller Länge senkrecht nach oben ab, wobei der vordere Teil höher war als der hintere, und es beinhaltete eine Dachluke mit Fliegengitter. Die Innenraumgestaltung und Einrichtungsgegenstände waren jedoch im Wesentlichen die gleichen. Eine luxuriöse Version des Moonraker, der so genannte Sunrise, wurde eingeführt. Im Konzept identisch mit dem Moonraker, bot er eine opulentere Ausstattung. Zu den wichtigsten Änderungen gehörten die emailbeschichtete Spüle und der emailbeschichtete Gaskocher, die die Edelstahl-Ausführungen ersetzten. Der Kühlschrank war ein großes Modell mit drei verschiedenen Betriebsmöglichkeiten (Bordnetz, externe Stromversorgung und Gasbetrieb). Die Polsterung bestand aus Dralon bester Qualität, die Vorhänge waren aus dickem, weichem Samt gefertigt, und an allen Schranktüren waren Druckverschlüsse eingebaut. Die Schränke waren im Innern alle weiß mit braunen Zierleisten und Arbeitsplatten passend zur weißen Außenfarbe.

1986: Die Eurovette- und die Caravette-Modelle kehren zurück.

Bis zum Jahr 1986 beschäftigte Devon sich damit, Transits, Bedfords und Toyotas umzurüsten, fügte ihrem Angebot aber auch zwei neue VW-Modelle hinzu. Um vom Erfolg der

1986er Eurovette

Vorgängermodelle zu profitieren, belebten sie dafür die Namen Eurovette und Caravette wieder. Die neue Eurovette war das Flaggschiff des Angebots und besaß ein stilvolles, aerodynamisches Hi-Top-Dach. Auf einen völlig anderen Markt als der Familiencamper ausgerichtet, war er als komfortable Übernachtungsmöglichkeit für zwei Leute konzipiert. Die Innenausstattung umfasste Herd, Backofen, Drei-Betriebsarten-Kühlschrank, Hot-Box-Zentralheizung, Kleiderschrank, beheizten Trockenschrank und Frisch- und Abwassertank mit Elektropumpe. Optional erhältlich waren ein Wasserkocher, Mikrowelle, Porta Potti und eine Strand-Dusche mit Warmwasser für den Einsatz außerhalb an der Rückseite des Fahrzeugs.

Die neue Caravette hatte eine andere Art von Hubdach mit voll isolierten, starren Platten. Diese erlaubte die Benutzung für die ganze Familie mit einem Doppel- oder zwei Einzelbetten im Dachbereich zusätzlich zum Haupt-Doppelbett. Wie seine 1970er Vorgänger war diese Caravette entwickelt worden, um als Großraumlimousine ebenso wie als Wohnmobil dienen zu können. Sie bot Sitzgelegenheiten für sieben Personen, wobei alle Sitze vorwärts gerichtet waren – die vorderen beiden ließen sich jedoch auch umdrehen. Die Serienausstattung enthielt einen abklappbaren Gasherd, eine ausziehbare Edelstahlspüle mit Abtropffläche und Besteckschublade, Kleiderschrank und abnehmbaren Wassertank mit Elektropumpe sowie einen Zwei-Betriebsarten-Kühlschrank. Optional waren ein Schiebedach oder das feste Hi-Top (wie auf der Eurovette) anstelle des Hubdachs. Sowohl der Moonraker wie auch die Sunrise-Modelle zählten weiterhin zum Devon-Angebot.

1989: Unter neuer Leitung und die T4-Umbauten

Im Jahr 1989 verkaufte Devon die Wohnmobilsparte seines Geschäfts, um sich auf Kleinbusse und Kranken- und Behindertenfahrzeuge zu konzentrieren. Die neuen Besitzer kauften den Namen Devon und alle Vorrichtungen und Werkzeuge, die Belegschaft erhielt eine Ausbildung in der alten Devon-Fabrik. Die neue Firma begann damit, Moonrakers und Eurovettes zu produzieren, aber nur ein Jahr später wurde die neue T4-Transporter-Plattform eingeführt. Die Devon-Designer waren vom Umbaupotenzial des T4 nicht so beeindruckt wie sie es vom T3 (T25) gewesen waren und begannen damit, neue Modelle auf Basis des Toyota mit langem Radstand zu entwerfen. Die neue Firma wurde 1992 nach County Durham in neue Räumlichkeiten verlagert und 1996 bezog man die aktuelle Produktionsstätte in Ferryhill. Dort gibt es eine große Fabrik mit ausreichend Platz für die weitere Expansion, wo Devon aktuell eine umfassende Reihe von Umbauten produziert.

Die VW-Modelle auf T4-Basis waren der Moonraker und der Aurora, und diese „neuen" Devons würdigten ihr Erbe als „den Höhepunkt in Devons langer Geschichte der VW-Umbauten". Beide Versionen besaßen ein geneigtes, aerodynamisches Hi-Top mit Seitenfenstern, und es standen Benzin-, Diesel-, Automatik- und Synchro (Allrad)-Versionen zur Verfügung. Der Moonraker orientierte sich stark an der traditionellen Moonraker-Gestaltung mit der Küche sowie Kühlschrank und Schrank entlang der linken Seite hinter dem Fahrer und mit einer hinteren Sitzbank. Der Aurora verfolgte jedoch ein völlig anderes Design, bestehend aus einer vollständig ausgestatteten Küche und mit zwei Einzelbetten vorn. Dies ermöglicht den Zugriff durch die beiden hinteren und seitlichen Türen, und die nach vorn gerichteten Sitze befanden sich direkt hinter der Fahrerkabine. Beide Vordersitze waren drehbar, um eine Essecke vorne zu bieten, und ein Vorhang ermöglichte es, den Innenraum in zwei getrennten Abschnitten zu nutzen.

Beide Modelle waren voll ausgestattet mit Edelstahl-Zwei-Flammen-Kocher, mit Grill und passendem Waschbecken, einem großen Kühlschrank, Netzanschluss, Hilfs-Akku und Ladegerät. Die Innenausstattung des Moonraker war in Weiß gehalten, für den Aurora wurde Eichenfurnier verwendet.

2004: Der T5

Der Devon Moonraker V trug das traditionelle Moonraker-Layout in das neue Jahrhundert und hat auch wieder ein hinten angeschlagenes Low-Profile-Hubdach. Innerhalb weniger Monate nach dem Produktionsstart gewann er „The Caravan Club Motor Caravan Design and Drive Competition 2004".

14 Dormobile

Das Unternehmen Martin Walter wurde 1773 als Hersteller für Pferdegeschirre gegründet, ging dann aber bald zum Bau von Kutschen und Karossen über. Mit Beginn des Automobilzeitalters fing man an, maßgeschneiderte Aufbauten für Rolls-Royce und Daimler-Karosserien zu fertigen. In den frühen 1950er Jahren bemerkte man, dass es Gewerbetreibende gab, die am Wochenende Kissen für die Familie in ihre Transporter legten, und dass es demzufolge einen Bedarf an Fahrzeugen gab, die gewerblichen Nutzen mit Privatgebrauch kombinierten. Die Geschichte besagt, dass einer der Direktoren von Martin Walter feststellte, dass Menschen in ihren Fahrzeugen schliefen, wenn sie auf die Kanalfähren warteten, und er kam auf die Idee, ein Fahrzeug zu entwickeln, in dem man sowohl Reisen als auch Schlafen konnte. 1952 entstand auf der Basis eines Bedford CA ein Modell, bei dem es möglich war, aus den Sitzen eine Schlafbank zu bauen. Bald darauf wurden Kocher eingebaut. Der Name Dormobile (basierend auf dem französichen Wort dormir = schlafen) wurde durch einen anderen Direktor des Unternehmens geprägt, und bis 1956 wurden Hubdächer und drehbare Sitze, die auf verschiedene Weise gefaltet (geklappt) werden konnten zum Markenzeichen für DORMOBILE. Zu dieser Zeit zog das Unternehmen in neue Räume, der Tile Kiln Works in Folkstone, wo die Komplettproduktion der Dormobile begann. Kein anderes Umbauunternehmen war so gut aufgestellt, und Dormobile wurde bald der Hauptproduzent für erschwingliche Campingmobile, zumeist basierend auf Bedfords, aber auch auf Landrovern, Austin J4s und weiteren Fahrzeugen.

Der Name Dormobile hatte sich etabliert und wurde verbunden mit erschwinglichen Qualitäts-Wohnmobilen, sodass der Einzug in den VW-Markt 1960 sowohl die potenzielle Größe des Marktes, als auch die Anerkennung eines völlig anderen Stiles und eines ganz anderen Bildes widerspiegelte, als es der VW Bus tat. Tatsächlich wurde Dormobile zu einem dieser Namenswörter wie Biro oder Hoover, wobei der Markenname in den Köpfen der Menschen zum Synonym für eine ganze Produktgattung wird. Die Qualität und der Erfolg des berühmten Dormobile Martin-Walter-Hubdaches war so groß, dass es von Devon als Stan-

Das Titelbild der Broschüre von 1962 zeigt das Dormobile-Dach.

dardmöglichkeit von 1962 bis 1967 anstelle der eigenen Version angeboten wurde. Westfalia bot ebenfalls die Dormobile-Dachversion als mögliches Equipment für die Ausrüstung des SO 44 und die frühen T2-Modelle an. In den späten 1970er Jahren geriet Dormobile in finanzielle Schwierigkeiten und baute daher nie eines der T25-Modelle um, sondern konzentrierte sich auf andere Marken. 1984 wurde der Handel eingestellt. Doch in den späten 1990er Jahren ließen frühere Mitarbeiter das Geschäft wieder aufleben, und man liefert nun Dormobile-Originalersatzteile wie Dachbespannungen und Oberlichter.

1961: Einführung des VW Dormobile

Auf der Earls Court-Motorshow im Oktober 1961 debütierte das neue „Volkswagen Dormobile" mit dem Slogan: „Berühmt auf der ganzen Welt – Volkswagen und der Dormobile-Caravan. Hier wird ein anderer schöner Dormobile-Umbau gezeigt, ein richtiges Zuhause auf Rädern, dieser schnittige, elegante, kontinentale Look". Vertrieben wurde dieses Modell durch die Haupthandelsagentur von VW, St. Johns Wood in London, nachdem Dormobile erfolgreich mit VW ausgehandelt hatte, als offizieller VW-Umbauer zugelassen zu werden, sodass es auf alle ihre Umbauten die volle VW-Garantie gab (eine Zusicherung, die bis dahin nur Devon hatte).

Basierend auf dem VW-Modell Microbus war das markanteste und auffälligste Merkmal das große in der Mitte des Fahrzeuges angebrachte, seitlich klappbare PVC-Hubdach. Dieses von Martin Walter patentierte Design, das schon länger auf anderen Umbauplattformen eingesetzt wurde, war das erste seiner Art, das als Standard auf einen VW montiert wurde und überraschte den Wettbewerb. Das Dach verfügte über zwei große Fenster und hatte sogar eine Kontrollleuchte am Armaturenbrett, um den Fahrer zu warnen, wenn er mit ausgefahrenem Dach anfahren wollte. Damit wurden die Schlafmöglichkeiten beim VW verdoppelt und erlaubten längere Ausflüge.

Innen war der Wagen mit den patentierten „Dormatic-Sitzen" ausgestattet. Das System war so genial wie einfach und konnte verschieden gestaltet werden. Zwei individuelle Sitzpaare im Ladebereich konnten entweder nach vorne ausgerichtet werden, sodass das Reisen für sieben Personen möglich war, oder nach hinten zum Essen weisen, oder sie konnten zusammengeschoben werden, um Bänke für jeweils drei Personen zu bekommen. Alternativ ließen sie sich durch ein einfaches Faltsystem flach legen, sodass es jeweils Platz für vier Passagiere auf einer Seite gab. Wenn man Vorder- und Rücksitze umklappte, erhielt man zwei Einzelbetten, die man zusammenschieben konnte, und es entstand ein Doppelbett von 1,80 x 1,20 m. Eine weitere Besonderheit war die Art und Weise, in der die Sitze flach gegen die Seitenwand umgeklappt werden konnten. Dadurch war die komplette Ladefläche frei.

Alle Sitze waren mit zweifarbigem Duracour bezogen, der Linoleumfußboden hatte harmonisch darauf abgestimmte Farben, die Vorhänge waren mit Druckknöpfen gesichert. Die Küchenzeile befand sich im Heck des Fahrzeuges. Sie bestand links aus einem Calor Zweiflammen-Gasherd mit angrenzendem Spülbecken und einer Abtropffläche über einem dazwischen liegenden Schrank. Dies war das erste Dormobile-Modell, das anstelle der bisherigen Abflusshähne mit einer Leitungswasserpumpe für Handbetrieb ausgerüstet wurde. Ein zweiteiliger Klappdeckel konnte zusammengefaltet werden, um an den Kocher oder Grill zu gelangen, darunter war ein kleiner Schrank positioniert, in dem sich der Gashahn befand. Der Deckel des Spülbeckens war klappbar und leicht abgewinkelt und so als Abtropffläche nutzbar. Zusätzlichen Stauraum gab es unter der Spüle und im Dachschrank. Rechts von der Spüle befand sich ein Kleiderschrank mit einem klappbaren Ankleidespiegel, der sich mit einem Riegel in seiner Position halten ließ. Direkt an der Spüle war ein Klapptritt angebracht, um ein besseres Erreichen der Dachkojen zu ermöglichen. Durch einen Spezialträger wurde die Gasflasche im Motorraum gesichert, sowie zwei 32-Liter-Glasfasertanks für Wasser. Ein kleinerer war mit einem Griff und einer Kappe für einfacheres Befüllen und Tragen ausgestattet.

An der Vorderseite der Dachöffnung war ein fluoreszierendes Licht angebracht, zusätzlich gab es ein Licht über dem Herd. Im Gegensatz zu vielen anderen Umbauten, wurde der Kabinenausbau komplett aus Stahl gefertigt, was einige Probleme mit der Kondensation verursacht haben muss. Kunststoffbezogene Möbel wurden Ende 1962 für die 1963er Modelle eingeführt.

Das war der Reiz an diesem neuen VW Dormobile, und nur ein Jahr später berichtet AUTOCAR:

„Eine angenehme Überraschung ist die Verfügbarkeit der letztjährigen Umbauvariante des VW Microbusses auf Basis des Martin Walter Dormobiles.

Der Innenausbau entspricht dem Landrover Dormobile, und in den 12 Monaten seit seiner Einführung hat es sich zu einem der beliebtesten Reisemobile dieser Art auf dem Markt entwickelt."

Die zeitgenössische Literatur verklärte den in dieser Zeit erstrebenswerten Lebensstil in Mittelengland: „Abgesehen davon, dass es ein Zuhause auf Rädern ist, dient es auch als mobile Tribüne bei Rennen, Sport-

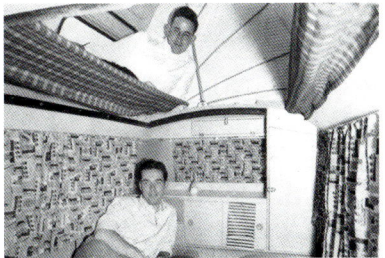

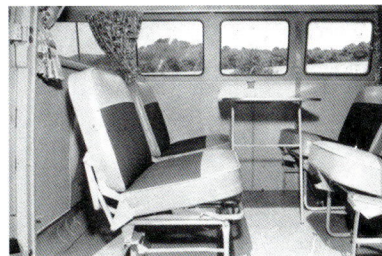
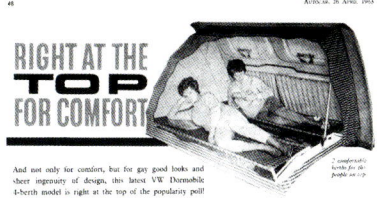

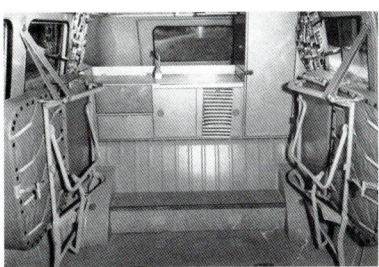

Zunächst waren alle Innenausbauten aus lackiertem Stahl gefertigt, was einige Probleme mit der Kondensation bereitet haben muss.

Verschiedene Anordnungen von Spüle/Kocher und Schrank waren in den sechziger Jahren gebräuchlich.

veranstaltungen und allen anderen Outdoor-Events. Bei schlechtem Wetter hat man aus dem riesigen Dachfenster eine exzellente Aussicht, es können Erfrischungen serviert werden, und optional ist auch ein Radio erhältlich." Besonderes interessant ist der Wechsel in unserm Sprachgebrauch: In den Werbeprospekten von 1963 liest man, neben der Abbildung von zwei Frauen, die sich in der Hängematte entspannen: „Höchster Komfort! Und nicht nur der Komfort, sondern auch das farbenfrohe Aussehen und die schiere Genialität der Zeit bringen dieses neueste VW Dormobile in den Umfragen ganz nach oben in der Beliebtheitsskala."

Die Innenausstattung des VW Dormobile gründete im Wesentlichen auf dem bewährten Design, wenngleich man ab zirca 1965 den Kocher nach rechts verschob. Die Hauptveränderung war die Farbanpassung der Stoffe an die neuen VW-Außenlackierungen. Später wurden die Karosseriefarben den Grundfarben der Muster angepasst. Grau oder Beige war die passende Farbe für die Rohrgestelle der Sitze.

Ab 1963 war es auch möglich ein Zweibett-Dormobile ohne Hubdach zu bestellen.

Für die Komplettausstattung des Dormobile konnte aus einer umfassenden Palette von Sonderausstattungs- und Zubehörteilen ausgewählt werden. Dazu gehörten zum Beispiel: eine Chrom-VW-Plakette, verchromte Stoßstangen, ein Dachgepäckträger, abziehbare Sitzbezüge, ein Feuerlöscher, Scheibenwaschpumpe (mit Handpumpe oder die 6-V-Elektroversion), einen Ventilator, eine elektrische Armaturenbrettuhr, eine 6V-Elektrobuchse für einen Wasserkocher, zwei Rückleuchten, Ranger-Nebelscheinwerfer sowie ein Utile-

Dormobile

con Radiomobile 6-V-Radio mit Antenne. Das mögliche Campingzubehör war sehr umfangreich und enthielt Luftmatratzen und Kissen, ein klappbares Kunststoff-Bad auf einem Rahmen, Zeltplanen, Eimer, ein Feldbett, Kühlschrank, einen elektrischen Wasserkocher, einen Schnellkochtopf, Topfsets, Abfallbehälter, Schlafsäcke, Geschirr und Besteck in verpackten Sets oder einzeln und eine Taschenlampe. Es standen auch ein Dormobile-Vorzelt mit oder ohne Seitenteilen und ein WC-Zelt zur Verfügung. Von allen Ausrüstern hatte Dormobile die größte Auswahl an Ausstattung zu dieser Zeit.

Das hier gezeigte Dormobile ist ein 1964er Modell. Es wurde komplett restauriert, und die Sitze wurden anstatt mit rotem Vinyl mit rotem Leder bezogen. Als die Fotoaufnahmen gemacht wurden, waren der Schrank und die Küchenzeile noch nicht restauriert und daher noch nicht eingebaut.

Farben 1962	Polsterung	Dachbespannung
Taubenblau	Blau	Rot/Weiß gestreift
Hellgrau	Rot	Rot/Weiß gestreift
Perlweiß	Blau	Grün/Weiß gestreift
Türkisgrün	Blau	Grün/Weiß gestreift
Rubinrot	Rot	Rot/Weiß gestreift
Perlweiß/Mausgrau	Rot	Rot/Weiß gestreift
Blau Weiß/Türkisgrün	Blau	Grün/Weiß gestreift
Graubeige/Siegelwachsrot	Rot	Rot/Weiß gestreift

Ein Dormobile von 1964

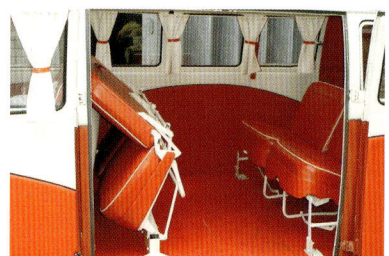

Der Dormobile-Schriftzug ist an der Kabinentür angebracht.

Die patentierten Dormatic-Sitze boten viele Gestaltungsmöglichkeiten. Zum Beladen konnten die Sitze an der Vorderseite und/oder den Seitenwänden hochgeklappt und festgeklammert werden. Legte man sie flach, erhielt man zwei Einzelbetten oder ein Doppelbett, am Tag ein Sofa oder Sitze.

Dormobile Volkswagen

Das Cover des 1969er Katalogs

1968: Die T2 Dormobile

Der Dormobile D4/6 Motor-Caravan

Die neue Form gab Dormobile die Chance beides, Gestaltung und Design, neu zu überdenken. So präsentierte man ein neues, innovatives Patent im Dormobile-Design: den ausklappbaren Vordersitz-Herd! Um im Innenraum mehr Höhe zum Kochen zu bekommen, wurde das Hubdach etwa 30 Zentimeter nach vorne verlegt. Basierend auf dem Kombi und zumeist in einer Farbe gefertigt, wurde das Innere so umgestaltet, dass mehr Wohnraum entstand. Alles war in hellgrauem Maserholz oder in cremefarbenem Melamin gefertigt. Mit einer Einbauspüle mit Abtropffläche und einer Wasserpumpe die Wasser aus zwei 16-Liter-Tanks pumpte. Die Spüle war an der Seitenwand hinter dem Fahrer platziert und beherbergte eine Kühlbox mit Zugriff von oben. In diesen drei Schränken, in einem davon befand sich der Wasserkanister, war ausreichend Stauraum vorhanden. Ein langes Regal mit einer Abschlusskante war über der Spüle montiert. An der Trennwand hinter dem Beifahrersitz war ein Schrank, an dem sich ein Klappsitz befand. Die Sitze waren rund um einen Tisch mit Klappbein angeordnet; dieses war an der langen Schrankseite angebracht und konnte unter der Rückbank verstaut werden, wenn es nicht gebraucht wurde. Die Sitzbank im Heck musste angehoben werden, um ein Doppelbett zu bauen. Die Polsterung war aus gold- oder mohnfarbenem Wollplüsch gefertigt mit PVC-Borten in Kontrastfarben. Über dem Motorraum hinter der Rückbank befand sich auch ein großer Bettkasten. Das innovativste Zubehörteil, durch das wertvoller Platz im Wohnbereich gewonnen wurde, war der Kocher, der in einem abklappbaren Vordersitz untergebracht war. Die Kocherabdeckung war, wenn sie nicht gebraucht wurde, hinter dem vorderen Beifahrersitz verstaut, und der ganze Vordersitz wurde nach vorne geklappt, um an den Herd/Grill zu gelangen. Wie bereits bei den vorhergehenden Modellen war am Armaturenbrett eine Warnleuchte angebracht, die aufblinkte, wenn man die Zündung einschaltete und das Dach noch ausgefahren war. Die Dachbespannung war entweder rot/weiß oder grün/weiß. Eine Zweibett-Version mit festem Dach stand ebenfalls zur Auswahl. Im Sonderzubehör enthalten waren Unterbodenschutz, Kinderetagenbett, Chrom-Radkappen, Zeltplanen, Dachgepäckträger sowie fast das gesamte Dormobile-Campingzubehör. Interessanterweise war es auch möglich, einen Linkslenker-Umbau zu bestellen. Dormobile waren bekannt und wurden in die ganze Welt exportiert und in Lizenz auch in anderen Ländern, wie zum Beispiel Australien, gebaut.

Der hier abgebildete Camper ist ein Modell von 1972. Er hatte drei Vorbesitzer, der erste Besitzer ist in 22 Jahren nur 45.000 Kilometer damit gefahren, was den exzellenten Zustand des Fahrzeuges erklärt. Es ist nie geschweißt oder gespachtelt worden, obwohl es hier und da kleine Macken gab, nur die Motorhaube ist überlackiert worden. Nach dem Erwerb hat der jetzige Besitzer eine elektronische Zündung nachgerüstet. Weitere praktische Verbesserungen sind eine elektrische Wasserpumpe, Stromaggregat sowie Eberspächer-Standheizung; der Schaltkasten ist auf der Rückwand sichtbar.

Dieser 1972 D4/6 ist noch in originalem, einwandfreiem Zustand (obwohl die Sitze sehr geschmackvoll neu bezogen wurden). Bei den T2-Modellen wurde das Hubdach nach vorne bewegt und die Schränke verliefen an einer Seite entlang.

Die Arbeitsplatte des Schranks wird hochgeklappt, darunter befindet sich die Spüle mit der elektrischen Wasserpumpe. Der Wasserbehälter ist im Schrank darunter untergebracht.

Am Ende der Arbeitsplatte sind eine Kühlbox und zusätzlicher Stauraum zu finden.

Dormobile

Essbereich

Helle Holzfurnierfronten für die Tischplatte und an den Schränken geben allem ein helles, modernes Aussehen.

Hier kann man noch den ursprünglichen Bezugstoff sehen, eines der ersten Dinge die verschleißen und ersetzt werden müssen.

Aus dem Tisch und der Heckablage kann man ein Hochbett bauen.

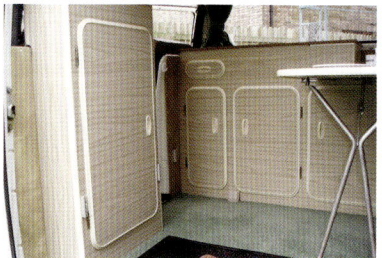
Der herausnehmbare Kleiderschrank ist an der Trennwand montiert.

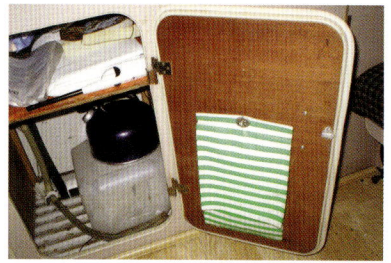
Der Wassertank ist unter der Spüle angebracht. An der Tür ist ein Baumwoll-Abfallsack aus dem gleichen Material wie das Hubdach befestigt.

Der Beifahrersitz wird nach vorne geklappt, ...

... um an den Kocher zu gelangen, der geschickt dahinter verstaut ist.

1970: Das Dormobile D4/8

1970 nahm Dormobile eine völlig neue Version des VW in sein Programm auf. Das Modell war angelegt, in den Markt der Mehrzweckfahrzeuge vorzudringen und zwar eher im Bereich der Luxusmodelle als der Nutzfahrzeuge. Basierend sowohl auf Kombi- (einfarbig) als auch auf dem Microbus-Modellen (zweifarbig), bot es nach vorn ausgerichtete Sitze für acht Personen und war auch so konzipiert, dass es Schlafmöglichkeiten für vier Erwachsene (plus Kind in der Schlafkabine) bot. Vielseitigkeit war die Prämisse bei der Gestaltung.

Der Kocher wird ausgeklappt und mit einer Metallverlängerung an den Frontsitz geklemmt.

Ein klappbarer Notsitz befindet sich an der Vorderseite des Kleiderschranks.

Zum ersten Mal stand ein Kühlschrank zur Verfügung (auch für den D4/6), sowie ein eingepasster, komplett herausnehmbarer, goldfarbener Teppich, der dem Ganzen einen Hauch von Luxus verlieh. Die Vorhänge waren in Orange mit passenden Sitzpolstern in goldenem Evlan-Webmaterial gehalten. Die Seitenwände im Kombimodell waren mit beigem PVC bezogen, während der Microbus die original VW-Ausstattung behielt. Die voll gepolsterten Sitze bestanden aus verkleideten Boxen mit Stahlrahmen und konnten zu einem niedrigen Doppelbett oder einem Einzelbett mit Sitzen an der Bettseite umgebaut werden. Während der Fahrt waren die Sitze nach

Ein weiterer Klappsitz kann im Durchgang positioniert werden, ...

... um eine Vierersitzgruppe an den Tisch zu bekommen.

Dormobile

Der 1972er D4/8, designt als Großraumlimousine und als Wochenendcamper. Die Polsterung ist nicht mehr original, aber die Gardinen und der goldfarbene Teppich.

Für die Fahrt sind alle Sitze nach vorne ausgerichtet. Achten Sie auf die passenden Fußmatten unter den Laufschienen.

Speise-Modus: Die Rückenlehnen werden angehoben und neu in der Sitzfläche positioniert. Die Fußmatten lagern hinter den Vordersitzen an der Trennwand.

vorne gerichtet, zum Essen wurden sie rund um den Melamin-Tisch angeordnet, der an der rechten Seitenwand angebracht war. Auf diesem Tisch fanden ein Kocher und eine Wascheinheit Platz. Hinten, über dem Motorraum, neben dem Reserverad waren in einer Einheit zwei 16-Liter-Wasserbehälter, ein Kunststoffschrank und ein herausnehmbares Waschbecken untergebracht. Daneben befand sich der zweiflammige Kocher, der an Ort und Stelle gebraucht werden oder aber herausgenommen auf eigenen Beinen draußen stehen konnte. Auf der Fahrerseite war ein Schrank mit einem horizontalen Riegel montiert, in Augenhöhe war auch ein Kosmetikspiegel angebracht.

Den D4/8 gab es mit oder ohne das Dormobile-Hubdach, die anderen Ausstattungsmöglichkeiten waren jene der D4/6 Caravanversion.

Der hier abgebildete 1972er D4/8 wurde von seinem jetzigen Besitzer aus erster Hand erworben. Da es ein ganz einfacher Camper war, erfreute sich das Modell nicht so großer Beliebtheit wie der D4/6, und es sind nur noch wenige im Originalzustand zu finden.

Fertig zum Essen!

Die Sitze gleiten durch Metallschienen auf die verschiedenen Positionen und werden dann eingerastet.

Heckablagenarrangement: Der Kocher kann innen verwendet oder nach draußen gebracht und auf Beinen montiert werden. Der Kleiderschrank links ist ebenfalls herausnehmbar. Eine einfache Holzkiste beherbergt den Wasserkanister und die Waschschüssel.

Die Rückansicht zeigt die Gurte zur Sicherung der Gasflasche (im Motorraum untergebracht, wenn sie nicht in Gebrauch ist) und den Stauraum im Schrank für die Wassertanks.

Die Rückenlehnen werden herausgenommen und zwischen die Basiseinheiten gelegt, um ein Doppelbett zu bauen.

Zwischen den vorderen Türen kann noch eine Ablage befestigt werden.

15 Eurec Camper

CASSANDRA

PANDORA

De Eurec Cassandra camper.

Van dak tot vloer op luxe ingesteld.

1978 bot die Ben Pon-Verkaufsvertretung Europa eine neue Art von Camper an, der sich wesentlich von den Westfalia-Modellen unterschied. Den Eurec, wie er genannt wurde, kennzeichnete als Standard ein in voller Länge seitlich angeschlagenes ausfahrbares Dach. Er war in zwei Modellen verfügbar, Cassandra oder Pandora. Cassandra zeichnete sich durch Kühlschrank, Herd, Spüle und Aufbewahrungsmöglichkeiten entlang einer Seite aus und hatte einen umklappbaren „Buddy-Sitz" sowie eine Schiebetür. Pandora hatte eine Spüle am Ende der Sitzbank sowie einen an der Stirnwand montierten, ausklappbaren Herd (Kocher).

Tatsächlich waren diese Umbauten streng genommen Devon-Modelle, mit Cassandra im neuen Moonraker-Design und Pandora als die Devon Eurovette. Das Dach entsprach der Neuvorstellung der Devon Double Top-Ausführung. Der einzige Unterschied war, dass die Innenausstattung für Linkslenker gestaltet war und das auf das Devon-Markenzeichen verzichtet wurde. Es ist unklar, ob Devon die Pon-Verkaufsvertretung mit passenden Innenausstattungsteilen unterstützte, oder ob Pon Devon mit Linkslenker-Grundelementen für den Umbau versorgte; allerdings ist es wahrscheinlich, dass Devon Pon mit Material unterstützt hat. Interessanterweise nutzt man in der ersten Broschüre Fotos aus dem Devon Rechtslenker-Katalog und druckte in Bristol, allerdings zeigten die Layout-Skizzen Linkslenker-Gestaltungen.

Die Verbindung zwischen Pon und Devon setzte sich mit dem neuen Devon Moonraker-Layout bis in die T25-Linie fort, weiterhin in der Linkslenker-Form als Cassandra vermarktet, verfügbar ab Dezember 1979.

16 EZ Camper

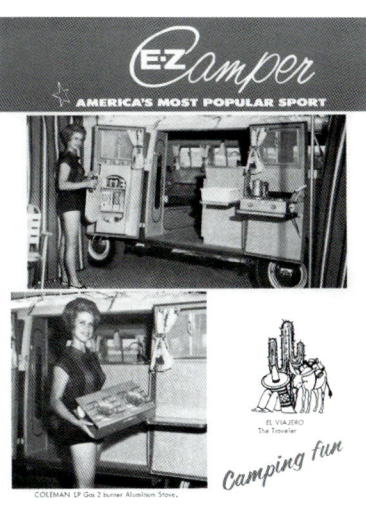

Dieser Prospekt von 1964 zeigt die frühe Ausführung des Ladetürschranks. *Der Prospekt von 1965*

EZ (zur Vereinfachung „EZEE" gesprochen) Camper war ein anderes US-Unternehmen, das erkannte, dass die wachsende Nachfrage nach Westfalia-Campern das Angebot weit überstieg. Niedergelassen in Littlerock, Kalifornien, begann das Unternehmen 1963/64 Kastenwagen umzubauen. Genauso wie man Umbauten vornahm, erklärte man auch stolz, „EZ Camper baut Ihren VW 211 Lieferwagen in ein wundervolles Wochenendhaus auf Rädern um". Das erklärt die Abweichungen, die man bei EZ-Umbauten findet.

Das Modell wurde El Viajero genannt und wie Sundioa, Riviera und andere US-Umbauten eng an den Westfalia-Innenausstattungen orientierend gestaltet. Plakativ die Wortwahl: Schön! Praktisch! Vielseitig! Kompakt! Das beinhaltete alles, wofür das Unternehmen stand. Obwohl auf den ersten Blick dem Sundial sehr ähnlich, war die Qualitätsanforderung an die Innenausstattung luxoriöser.

Der hier gezeigte 1965er EZ-Camper war auf einen Kombi aufgebaut, was bedeutete: EZ musste keine Kurbelfenster anbringen und bot eine Werkoption über sechs Klapp-Fenster. Außergewöhnlich glatte Birkenpaneele wurden anstatt der gerillten EZ-Holzpaneele eingepasst. Die Einrichtungsgegenstände sind alle original, einschließlich der gestreiften Markise.

Die EZ-Innenausstattung mit ihrem markanten Holzrillen-Profil war vollständig wärmegedämmt, die Sitze waren mit Vinyl bezogen. Die Rückbank hatte Klappbeine und war in

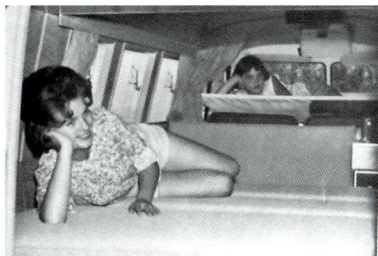

Der EZ in Gebrauch: Seitliche Zeltwände sorgten für Privatsphäre.

Sekunden in ein 1,9 m großes Klappbett umgebaut. Der Kleiderschrank im Westfalia-Stil mit einem Spiegel, der an der Tür montiert war, wurde an der hinteren Ladeklappe mit Dachspind und Schrank eingebaut. Ursprünglich war die hintere Ladetür ein offenes Lattenregal, aber seit 1965 war es ein Schrank mit Regalen und einer ovalen Tür, passend zur Garderobentür. Hinter dem Vordersitz an der Ladetür, befand sich ein 55 Liter fassender gekühlter Wassertank mit Pumpe und einem umklappbaren Halter für eine Plastikwaschschüssel an der Seite. Die vordere Ladetür hatte einen klappbaren Ablagetisch, auf dem der zweiflammige Coleman-Kocher stand. Die fünf eingepassten Fenster bestanden aus Sicherheitsglas mit Aluminiumrahmen und Blenden. Über dem Tisch war eine zusätzliche Wandbeleuchtung angebracht sowie zwei klappbare Tische mit NEVA-MOR-Tops und Chromleisten. Die Chromleisten waren auch um die Schranktür und die Regalkanten angebracht. Ein Etagenbett für Kinder war Standard, und es gab eine zusätzliche Matratze, die für einen weiteren Kinderschlafplatz auf der Sitzbank genutzt werden konnte. Auf dem Dach und am Stoßfänger waren Halterungen für die gestreifte Markise befestigt, die abnehmbare Seitenwände hatte und einen Privatbereich für die Chemie-Toilette.

Ab 1966 war eine Version, basierend auf dem Kombi mit einer optionalen zweifarbigen Lackierung verfügbar. Optional waren auch mit einer Kurbel zu öffnende Fenster verfügbar. Ebenso gab es optional einen Dachträger, der in zwei Größen verfügbar

Die abgeschlossene Restaurierung, fertig zur Verlosung! Der Einfluss von Westfalia bei der Innenausstattung ist klar ersichtlich. Die gesamte Arbeit, um den Bus in diesen Zustand zu bringen, wurde von ABC-Mitgliedern geleistet. Was für ein Preis für den glücklichen Gewinner.

war. Wie Sundial und Riviera bot auch EZ wahlweise die offiziellen VW of America-Seitenspiegel, allgemein bekannt als „Elefantenohren" und Lkw-Spiegel für bessere Sicht nach hinten an.

Das außergewöhnliche EZ-Modell (unten) mit beidseitigen Ladetüren und Westfalia-Schränken war schon in den Sechzigern von Kalifornien aus durch die ganze USA gefahren, und bei seiner Ankunft in Florida verkaufte es der Besitzer, um an Geld zu kommen.

Zweifarbige Lackierung mit dazu passenden Fensterrahmen waren ein Angebot für EZ-Campingmobile, obwohl sie für ihre Umbauten von Neufahrzeugen normalerweise als Basis den Kombi nahmen. Unge-

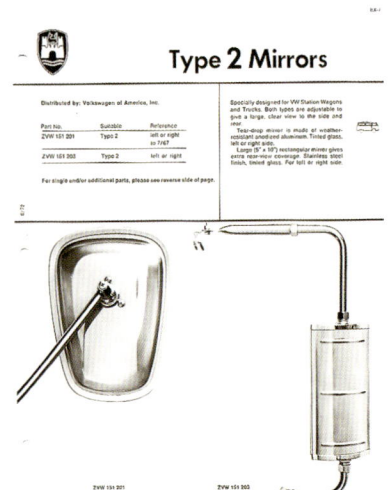

VW of America bot zwei verschiedene Seitenspiegel an.

Ein doppeltüriger EZ-Umbau von 1967 mit zweifarbiger Lackierung, Westfalia-Rack und Leiter

EZ Camper

Top Scharnier-Kurbelfenster wie dieses, waren RV-Teile von der Stange und sind auch bei anderen US-Campingmobilen wie Sundial gebräuchlich.

Auf einer Seite wurden drei Fenster eingebaut, zwei auf der anderen Seite um den Kleiderschrankeinbau zu ermöglichen. Ein Fenster auf jeder Seite ist mit einem Fliegengitter ausgestattet.

Die Innenausstattung mit Holzvertäfelung ist eine Besonderheit von EZ-Umbauten.

Die Westfalia Kühlschrank/Spülen-Einheit ist die gleiche wie bei Campingmobilen von 1968, was es möglich erscheinen lässt, dass der Van in dieser Zeit umgebaut wurde.

Die Sitzbank ist ein Ausziehbett.

Der Spülendeckel klappt hoch und wird zu einem Tisch/Arbeitsplatte.

Das Picknick- und Flaschenhalter-Set ist am Sitz befestigt und ein cooles zeitgenössisches amerikanisches Zubehörteil.

Ladetüren auf beiden Seiten sind keine gängige Option bei Campingmobilen, aber sie sorgen für einen exzellenten Zugang zu den Wohn- und Waschbereichen.

wöhnlich für dieses Wohnmobil ist ein Doppeltür-Kastenwagen, der den Zugang von vorne wesentlich einfacher macht. Die EZ-Inneneinrichtung mit Türen auf beiden Seiten ist ideal, weil dadurch das Kochen und Waschen auf der einen Seite und Sitzmöglichkeiten auf der anderen Seite gegeben sind. Der Zugang zum Wagen wird vereinfacht durch die Anbringung einer Seitentreppe. Ein anderes fazinierendes Zubehörteil dieser Epoche ist der Gummi-Getränkehalter, der immer noch funktioniert. Das Picknick-Set, das an der Rückenlehne befestigt ist, hat zwei Flaschenhalter und einen Kühlbereich – in den USA ein beliebtes Zubehör in den Sechzigern.

Der Bus von EZ verfügt über Kurbelfenster (zwei davon mit Aluminiumblenden) und profilierte Holzvertäfelung. Während die Vinyl-Sitzbezüge irgendwann durch zweifarbige ersetzt wurden, behielten sie ihr ursprüngliches Aussehen. Der Kleiderschrank, der Waschschrank, das Dachregal, alles trägt Westy-Campingmobil-Aufkleber und es sind wahrscheinlich Westfalia-Originale, eingepasst von EZ, die, wie andere US-Umrüster, manchmal einfach Westfalia-Möbel einkauften und einbauten. Der Waschschrank hat ebenso den Westy-Deckel, der in der Mitte hochklappt, um einen weiteren Tisch zu bekommen. EZ-Ausstattungen wie das in der Ladeklappe eingebaute Gewürzregal und das an der Tür montierte Herdregal sind nicht vorhanden, vielleicht wurden sie irgendwann entfernt, aber wahrscheinlicher ist es, dass dieser Van zu EZ gebracht wurde, um einen Umbau gemäß einer Kundenanforderung vorzunehmen. Die Tatsache, dass es ein Doppeltür-Umbau ohne EZ-Plakette ist, unterstützt diese Vermutung. Der Möbelstil bei diesem Campingmobilumbau war von Westfalia ab 1968 gebräuchlich, sodass es denkbar ist, dass der Bus in dieser Zeit von EZ umgebaut wurde.

17 Holdsworth-Umbauten

1967 begann die Firma Richard Holdsworth, ansässig in Ashford, Middlesex mit dem Umbau von neuen und gebrauchten Campingmobilen, basierend auf dem VW Fenster-Bus. Bald nachdem man damit begonnen hatte, Bausätze für Umbauten anzubieten und der Name sich damit etablierte, zog man 1972 in ein größeres Anwesen in der Nähe von Reading. Das neue Werk war auf einem stillgelegten Flugplatz aus dem Zweiten Weltkrieg gelegen und bot 15 Montagehallen, in denen es möglich war, jederzeit bis zu fünfzig Campingmobile zu montieren. So konnte die Produktion von 150 auf 300 Einheiten pro Tag verdoppelt werden. VW-Modelle waren nur ein kleiner Teil des Umbau-Bereiches, aber der Name Holdsworth wurde bald als ein Hauptakteur im Motorcaravan-Handel bekannt. Genauso wie man handgearbeitete Holzmöbel verwendete, setzte Holdsworth auch exklusive skandinavische Webstoffe ein und konnte einen gebrauchten Van genauso umbauen wie eine vollständige Palette von Do-it-yourself-Umbausätzen, -Einheiten und Teile anbieten. Vergleichsweise wenige T2-Modelle überlebten intakt, aber die T25- (Villa und Vision) und die T4- (Valentine) Generationen von Holdsworth setzten neue Standards in Luxus und Ausstattung. Viele sind immer noch im Originalzustand und bis heute im Gebrauch. 1995 ging das Unternehmen in Konkurs und hat sich, obwohl es als Cockburn-Holdsworth wieder neu gegründet wurde, nie wirklich erholt. Richard und seine Frau Heather blieben als Designberater in der Firma.

Der T2 von Holdsworth

Es gab zwei Haupt-Innenraum-Gestaltungen: Ausführung 1 war das Basismodell mit der Kücheneinheit neben der Schiebetür und am Ende der Sitzbank. Diese bestand aus einer Kühlbox mit einem abbaubaren Kocher obenauf, um drinnen oder draußen zu kochen. Auf der Rückseite davon war eine Pumpe für die Waschschüssel mit elektrischem Fußbetrieb angebracht. Die Sitze waren im Dinette-Stil rund um den Tisch angeordnet, der zwischen den Sitzbänken für das Bett gelegen war. Ausführung 2 hatte eine Edelstahlspüle mit Abtropffläche über der Kühlbox, ein Hochbett, das den Tisch und den Raum über dem Motor nutzte sowie eine Einheit hinter dem Beifahrersitz an der Schiebetür, wo obendrauf der demontierbare Kocher angebracht war. Außerdem hatte es in der Ecke einen ausklappbaren Einzelsitz. Die Möbel waren aus solider skandinavischer Fichte hergestellt und mit vier Schichten Lack überzogen waren; und die Polster waren modern, mit strapazierfähigen, hellen skandinavischen Webstoffen hergestellt. Ein Dachschrank war Standard. Eine Seitenstufe und Fenster mit Lüftungsschlitzen waren optional, und ein von Richard Holdsworth patentierter vormontierter Reserveradhalter war ebenso verfügbar. In den frühen 1970ern gab es zwei Hubdachversionen: ein über die volle Länge, seitlich angeschlagenes Hub-

Ein Werbeprospekt von 1974, der die Gestaltung mit dunklem Furnierholz zeigt.

Lebendige Campingszenen waren typisch für diese Zeit. Die Anzeige von 1976 zeigt die Ausführung 1, Hubdachmodell mit Kocher/Kühlbox seitlich von der Rückbank.

Ausführung 2 hatte einen Spüle/Kühlbox-Schrank angebracht an der Seite der Rückbank und den Kocher hinter dem Beifahrersitz.

Das über die komplette Länge, seitlich angeschlagene Hubdach ist ein Holdsworth-Design.

Holdsworth-Umbauten

Camping mit Stil

Neue, harmonische Stoffe ergänzen Originalschränke und Arbeitsflächen.

Der hintere Schrank hat eine Flügeltür und eine zusätzliche Einbauleuchte an der Seite.

Gut zu erkennen sind die gestreiften Stoffbahnen des Hubdachs.

Das Hochbett nutzt den hinteren Deckenbereich. Beachten Sie die Leuchtstoffleuchte an der Spüleneinheit.

Der Herd in Ausführung 2 befand sich hinter dem Beifahrer.

Den elektrischen Fußschalter für den oberen Wasserbehälter kann man auf dem Boden, am Ende der Rückbank sehen.

Originalherstellerplaketten fehlen oft und sind nahezu unmöglich zu ersetzen.

dach mit gold/gelb/braun-gestreiften Stoffbahnen und ein Dach im Ziehharmonika-Stil, das als Regenschutz bezeichnet wurde. Letzteres war ein einteiliges, geformtes Aluminiumdach, das für Holdsworth von den gleichen Leuten entwickelt wurde, die die Legierungen für die Concorde herstellten.

Die Werbung bei Holdsworth konzentrierte sich in den späten 1970ern darauf, Aussagen konkurrierender Umbaufirmen über die Bauqualität zu entlarven – wie in dem Informationsmaterial von 1977:

„Einige Reisemobile stehlen Ihr Herz, wenn Sie die bunten Anzeigen sehen und über ihr fortschrittliches Hubdach und die riesigen Wassertanks lesen. Aber draußen auf der Straße laufen die Dinge nicht immer so gut. Dann ist das Dach so hoch, dass der Luftwiderstand für einen deutlich erhöhten Benzinverbrauch sorgt. Das klobige Dach lässt vermuten, dass die Dachkojen großzügig dimensioniert sind, was aber nicht der Fall ist. Und den riesigen Wassertank kann man nicht reinigen. Nicht so mit Richard Holdsworth. Das Dach ist das bewährte Weathershield (Regenschutz) – viel einfacher zu heben oder zu senken und mit einem niedrigen Profil, das allen gut passt, Parkhäusern, Fähren und Ihrem Geldbeutel. Unsere Wassertanks können gereinigt werden, wann immer Sie es wollen. Unser Bett hat eine vernünftige Höhe und lässt Ihnen Nutzraum 24 Stunden pro Tag, dazu eine Menge echtes Fichtenholz ohne eine einzige Spur von billigen und schlechten Spanplatten."

Holdsworth-Umbauten bekamen viele Auszeichnungen für ihr Design und ihre Fertigungsqualität, und diese Tradition setzte sich bis zur Einführung des neuen T25 fort.

Das hier gezeigte Campingmobil ist ein 1972er Holdsworth, der Kavan und Joanna O'Connell gehört. Die Elemente der Ausführung 2 sind aus den Fotos ersichtlich. Die Bezugsstoffe sind geschmackvoll erneuert worden, um mit den hellen Schrankfarben und der Außenlackierung (Chianti-Rot) zu harmonieren.

Der T25 Holdsworth

Mitte der 1980er setzten die von Richard Holdsworth durchgeführten Umbauten des VW T25 einen Standard und die Umbauten wurden als Motorcaravan des Jahres 1987/88 und noch einmal 1988/89 ausgezeichnet. Die Qualität der Ausführung und Ausstattung war so hoch, dass das *Motor Caravan-Magazin* resümierte, dass sie zu den Besten gehörte.

Helle Eschenmöbel mit von Hand lackierten Buche-Leisten, verbunden mit speziell ausgewählten, klassischen Stoffen vermittelten ein Gefühl von Luxus und luftiger Geräumigkeit. Der VW-Bereich bestand aus zwei Modellen mit sehr unterschiedlicher Gestaltung – dem Villa und dem Vision.

Der Holdsworth Villa 3

Bei der Motorausstellung 1984 wurde der Villa 2 als bester Hubdach-Motor-Caravan gekürt und der Villa 3, der 1987 auf den Markt kam, zeigte noch weitere Verbesserungen.

Spüle und Kochfeld waren entlang der Seitenwand gegenüber der Schiebetür angeordnet, mit einem Elektrolux-Kühlschrank unter dem Kochfeld. Herd, Spüle und Abtropffläche waren aus einem Stück in Emaille gefertigt. Die Gasflasche, untergebracht im Boden, glitt auf einem Tablett auf Fingerdruck heraus, was bedeutete, dass das Wechseln von Gasflaschen wesentlich einfacher wurde. Weiterhin war entlang der Rückseite der Spüle/Herd-Einheit, mehr Stauraum inklusive einer Hausbar vorhanden. Darüber war die ZIG-Einheit für die Wohnraumbatterie und die Netzanschlüsse montiert. Die hintere Sitzbank war ein ausziehbares Bett, bei dem unter dem der Schiebetür am nächsten gelegenen Ende Raum für die Chemie-Toilette blieb. Der drehbare Multipositionstisch konnte entweder zentral montiert oder zwischen dem Einzelsitz und dem drehbaren Beifahrersitz festgemacht werden.

Der Umbau war mit festem Dach, mit Holdsworth-Hubdach oder mit dem werksseitig verfügbaren VW-Hochdach (Villa HT) erhältlich. Im HT-Modell war überall Stehhöhe gegeben, dazu gab es Stauraum über dem Führerhaus und am Heck sowie optional ein herausnehmbares Regal.

Der Vison von Holdsworth

Der Vision war auf dem VW Hochdach-Modell aufgebaut und zeigte eine ganz andere Anordnung, eher wie ein Wohnmobil oder Reisemobil, mit einer Küche im Heck, einem separaten WC-Bereich und einem L-förmigen Essbereich, der das Gefühl vermittelt, der Innenraum bestünde aus zwei Räumen. Eine Falttür trennte den hinteren Bereich als Privatbereich ab, damit man sich waschen oder die Toilette benutzen konnte. Dieser Bereich hatte eine Abmessung von 1,20 x 0,60 m und war damit größer als in so manchem amerikanischen Wohnmobil dieser Zeit. Die Holzarbeiten der Innenausstattung und die Einbauten waren vom gleichen hohen Standard wie alle Holdsworth-Modelle. Die Ausstattung mit vier nach vorne gerichteten Sitzen einer L-fömigen Essecke, einem verstellbaren Fahrersitz und dem drehbaren Beifahrersitz schuf einen sehr geräumigen und komfortablen Wohnbereich. Durch das optionale Dachbett bot das Fahrzeug vier Erwachsenen eine komfortable Schlafmöglichkeit. Der schwenkbare Tisch ermöglichte weiterhin eine Vielzahl von Sitz- und Essplatz-Arrangements. Die einzigartige Gestaltung, der großzügige Innenraum und die Qualität der Inneneinrichtung machten den Vision zu einem der am besten ausgestatteten und luxuriösesten VW Campingmobile jener Zeit und setzten Maßstäbe, die mit dem Aufkommen der T4-Generation zur Norm wurden.

Der Villa setzte neue Standards für Mobilheime und gewann viele Auszeichnungen.

Der Vision zeigte eine L-Sitzgruppe/Esszimmer-Gestaltung.

Der Villa 3 zeigte eine luxuriöse, gut ausgestattete Inneneinrichtung ...

... mit einer kompletten Küche im hinteren Bereich.

Der Villa 3 war die Hubdach-Version.

Der Vison war das Modell mit der festen Dachversion.

18 Joch Camping

Joch Camping-Einrichtungen war ein Karosseriebauunternehmen mit Sitz in Hannover und begann um 1956 mit dem Umbau von VW Campingmobilen. Die Raumaufteilung war ähnlich wie beim Westfalia SO34 mit einer L-förmigen Sitzmöglichkeit durch eine Bank, die unter den Seitenfenstern angeordnet war und dadurch Sitzmöglichkeiten für fünf Personen bot. Der Kleiderschrank war am Ende der Rückbank an der Ladetür positioniert. Der rechteckige Tisch an der Stirnwand und ein kleiner Teil der vorderen Ladetür enthielten einen Herd und den Geschirrschrank. Der Tisch konnte auch draußen benutzt werden, wenn man ihn am Ende dieser Einheit montierte. Karierte Stoffe im Westfalia-Stil und eine hölzerne Dachbespannung, in die ein kleines Dachfenster eingebaut war, vollendeten die Innenausstattung. Ein interessantes Merkmal war auch der Einbau von 12 kleinen Taschen in der vorderen Ladetür zur sicheren Aufbewahrung einer Vielzahl von Dingen. Der T2-Typ zeigte die gleiche Aufteilung, nur dass der Tisch hier zentral angebracht war aufgrund des Durchgangsdesigns. Nicht nur Nutzfahrzeuge waren das Geschäft von Joch, auch konnten die Kunden ihre Campingmobile umbauen lassen und Bausätze oder Teile von Bausätzen kaufen.

Die beste JOCH-Camping-Einrichtung, die es je gab

Bestechende Vorteile:
- Tagsüber vier bequeme Sitze am großen Tisch
- am Tage ein Bett und eine Kinderliege bereit
- nachts ein bequemes, breites Doppelbett und zwei Kinderliegen
- Kofferraum + Stauraum + viel Schränke
- bequeme Poister in „pflegeleicht"-Stoffen
- Seiten- und Rückfenster bleiben sichtfrei
- Fahrerdurchgang bleibt frei
- Einrichtung läßt sich leicht herausnehmen
- für alle VW-Modelle lieferbar

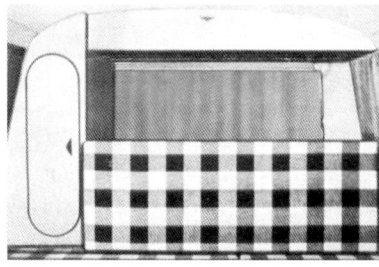

19 Kamper Ausrüstungen

Kamper Kits, aus Monta Vista, Kalifornien gehörten zu den ersten US-amerikanischen Herstellern von Campingbausätzen für den VW Bus. Sie produzierten eine Umbauversion, basierend auf dem frühen 1962er Kastenwagen. An der rückseitigen Ladetür war ein offenes Gewürzregal montiert, und an der vorderen Ladetür war ein Klappbrett befestigt, das dazu verwendet wurde, den Coleman-Kocher daraufzustellen. Die Innenausstattung bestand aus einer Kühlbox-Einheit mit Wasserspeicher und einer Leitungswasserpumpe, einem Notsitz in der Mitte und einem Einzelsitz hinter dem Fahrer. Die Kühlbox-Einheit verfügte über ein klappbares Brett für die Waschschüssel. Die Sitze waren im Esszimmer-Stil angelegt mit herausziehbarem Bett unter dem Rücksitz vor dem runden, an der Seitenwand montierten Tisch. Ein Westfalia-Kleiderschrank mit Spiegeltür war am Ende der Sitzbank an der Ladetür gelegen. Lamellenfenster mit Sicherheitsglas und abnehmbaren Blenden waren Standard. Eine Besonderheit war das lange Panoramafenster mit zwei verschiebbaren Elementen gegenüber den Ladetüren. Seitenwände und das Dach waren wärmegedämmt und mit Esche getäfelt. Polsterfarbe und passende Vorhänge konnten vom Kunden ausgesucht werden. Eine gestreifte, gesäumte Markise mit Seitenwänden und Windschutz unterhalb der Ladetüren war Teil der Serienausstattung.

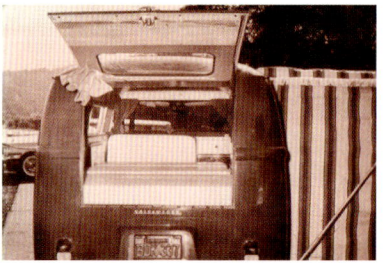

20 Karmann Camping-Ausbauten

Das Karmann-Mobil unterschied sich von dem Jurgens-Modell (siehe Kapitel 29) dadurch, dass es nicht über einen Hocherker über der vorderen Kabine verfügte. Karmann Karosseriebau hatte schon seit langer Zeit Verbindungen zu VW durch den Karmann-Ghia und das Käfer Cabriolet, die bekanntesten VW-Umbauten. Von 1973 bis 1974 besuchte einer der Firmeninhaber Südafrika und stieß dabei auf einen ganz besonderen Wohnwagen auf VW-Basis – die Jurgens Auto Villa. Es gab nichts Vergleichbares in Europa (abgesehen von ein paar sehr teuren Luxus-Umbauten im Winnebago-Stil) und auch nichts Vergleichbares auf VW-Basis. Er war von dem Fahrzeug so beeindruckt, dass er erfolgreich mit Jurgens über die Rechte verhandelte, um eine Version unter Lizenz bauen zu dürfen. 1974 kam das Karmann-Mobil auf den Markt. Es war dem Jurgens-Modell mit seiner gedämmten Aluminium-Verkleidung und dem Aluminium-Rahmen sehr ähnlich, hatte aber den Hocherker für zusätzlichen Schlafraum über der vorderen Kabine. Es gab einen Durchgang in ein eigenes Bad, ausgestattet mit Dusche, Waschbecken sowie tragbarer Toilette. Gegenüber waren ein elektrischer Kühlschrank und Schränke, eine Edelstahlspüle und ein zweiflammiger Kocher installiert. Im Heck des Fahrzeuges war der Wohnbereich, in dem wie im traditionellen Wohnwagen die U-förmige Sitzgruppe um einen Tisch herum mit umlaufenden Fenstern angeordnet war. Der Tisch konnte heruntergefahren werden, und so entstand ein Doppelbett.

Der Karmann Gipsy

Mit Einführung der T25-Plattform im Jahre 1979 passte Karmann den Innenraum den neuen Abmessungen an, hielt aber im Grunde an der gleichen, bewährten Innenausstattung fest. Interessanterweise entschloss man sich, die ursprüngliche Ausstattung des Jurgens Hocherkers über dem Fahrerhaus zu verwenden und dadurch weitere Schlafmöglichkeiten zu schaffen. Eine Funktion, die später bei Wohnmobilen und Busumbauten üblich wurde. Das neue Modell wurde als Karmann Gipsy bezeichnet.

Der hier vorgestellte Karmann Gipsy gehört Alan Malone, der ihn 2003 mit nur knapp 100.000 km auf der Uhr kaufte. Er wurde 1988 erstmals zugelassen und ist ein 1,9-l-Benziner, wassergekühlt und rechtsgelenkt. Der ursprüngliche Verkaufspreis von 22.000 Pfund im Jahre 1988 stellt ihn ans obere Ende im Wohnmobilbereich, aber das Preisschild spiegelt auch das hohe Qualitätsniveau der edlen Einrichtungsgegenstände wider. Er ist voll gedämmt und für den Ganzjahresbetrieb ausgelegt. Der Karmann Gipsy wurde nicht nur für Wochenendausflüge oder Shopping-Trips gebaut. Zur Innenausstattung gehören ein 90-Liter-Kühlschrank, ein zweiflammiger Gasherd mit Keramikspüle, zwei Batterien für die Gasgebläse-Zentralheizung, ein 10-Liter-Warmwasserzylinder für die Dusche oder den Wasserhahn im Bad und in der Spüle, ein innenliegender Frischwassertank und darunter ein Abwassertank. Alle Fenster mit Ausnahme der Kabinenfenster sind doppelt verglast und haben integrierte Fliegen-/Leinwand-Jalousien. Der Badbereich verfügt über eine Toilette, Dusche und Waschbecken, einen eingebauten Wandschrank mit verspiegelten Türen und einen Duschvorhang.

Im Hauptbereich befinden sich eine Garderobe sowie weiterer Stauraum für Lebensmittel, darunter eine Besteckschublade und eine Bar. Im hinteren Bereich befindet sich der Wohn-/Ess-/Schlafraum, mit U-förmig um einen Tisch angeordneten Sitzen. Der Tisch ist nach unten umlegbar,

Der neue Karmann-Stil in der Wildnis, mit Verlängerung über der vorderen Kabine.

Karmann Camping-Ausbauten

Ein 1988 Karmann Gipsy

und dadurch entsteht ein Bett das ca. 1,90 x 1,30 Meter groß ist. Das Doppelbett über dem Führerhaus ist über eine Leiter zu erreichen. Es gibt einen außenliegenden Gasflaschenschrank und einen außengelegenen Spind für weiteren Stauraum unter dem Rücksitzbereich. Der preiswertere Karmann Cheetah war im Wesentlichen das gleiche Fahrzeug, hatte aber weniger Extras wie z. B. die Chemie-Toilette.

Die Karmann-Umbauten repräsentierten einen Luxus-Camping-Stil, aber dadurch, dass sie auf einem VW mit Allrad-Antrieb aufgebaut waren, kamen sie auch mit unwegsamem Gelände zurecht. Die Innenausstattung blieb, wie die unten stehenden Fotos eines 1988 Karmann Gipsy zeigen, im Wesentlichen identisch mit denen für den T4-Bereich.

Der Küchenbereich ist auf der Türseite.

Das Badezimmer ist gegenüber dem Küchenbereich positioniert.

Die Karmann T4-Reihe

Das farbige Keramik-Kochfeld und die Spüle sind in eine moderne Arbeitsfläche eingebaut.

Die Sitze können zu einem luxuriösen Doppelbett umgebaut werden.

Die Sitzgruppe ist im Wohnwagen-Stil im rückwärtigen Bereich angeordnet.

21 Moortown Motors

Zeitgenössische Werbung von 1958 anlässlich der Präsentation der neuen Modellreihe.

1958 – 1959
Das Autohome wird vorgestellt

Die in Leeds ansässige Firma Moortown Motors war ein weiteres britisches Unternehmen, das in den späten 1950ern mit dem Umbau von VW Bussen zu Campingmobilen begann. Die Vorstellung der ersten Mobile fand auf der Motor Show 1958 statt, ein Jahr nach Devon. Der Umbau basierte zunächst auf dem Microbus von 1958, der Innenausbau war passend zu dem 1958er abgestimmt. Wie Devon arbeitete auch Moortown mit ortsansässigen Tischlern zusammen, in diesem Fall Bamforth of East Heslerton, die die Holzverarbeitung handwerklich in einem sehr hohen Standard anfertigten. Der Stoffhimmel wurde durch PVC ersetzt, ein lichtdurchlässiger Kunststoff-Dachventilator war als optionale Sonderausstattung erhältlich. Als Kinderschlafplätze verwendete man die vordere Sitzbank und den Bereich über dem Motorraum. Die typischen Sitzbänke um den Tisch bildeten die Grundlage für den Innenraum. In unmittelbarer Nähe war ein Waschbecken mit Wasserpumpe und auf der Rückseite ein hoher Geschirrschrank sowie ein zweiflammiger Gasherd mit Gasflasche und Osokool-Kühlbox unter der Vorderseite. Unter dem Herd befanden sich eine Besteckschublade und ein Vorratsschrank. Der Herd hatte klappbare Seitenteile und konnte sowohl im Fahrzeug als auch im Freien verwendet werden. Die große Tischplatte ließ sich im Dachrahmen verstauen, wenn sie nicht gebraucht wurde. Das Bett wurde mit einem Brett gebaut, das hinter den Fahrersitz zwischen die Sitzbänke gelegt wurde. Dunlopillo-Schaum von 100 mm Dicke wurde für die Sitze, das Bett und die Kissen verwendet. Ein Gaslicht war über den Fenstern montiert. Durchweg wurde helle japanische Eiche verwendet, der Fußboden war aus hellgrünem Linoleum gefertigt, passend zu Polstern und Sitzbezügen. Tisch, Spüle und Herd hatten grüne Resopal-Fronten. Dieses Farbschema wurde 1959 zweifarbig, nun von Hell nach Dunkel fortgesetzt.

Das hier gezeigte Fahrzeuge hat noch die originale Innenausstattung, bei der nur die Osokool-Kühlbox unter dem Kocher und der flexible Wassertank fehlen. Letzterer befand sich im Original unter der Spüleneinheit. Er war so geformt, dass er in den Radkasten passte. Der Innenraum ist makellos, einige der Oberflächen wurden neu lackiert.

Bezeichnet als Moortown Mk1 wurde es 1960 von einem Dr. Bellamy gekauft, der in den nächsten 28 Jahren nur gut 80.000 km damit fuhr. Der Schwiegervater des jetzigen Besitzers kaufte den Wagen für 3000 Pfund und erledigte einige Renovierungsarbeiten. Irgendwann waren die Rückleuchten schon einmal erneuert worden, und eine hintere Seitenwand war durch eine „Nach-1963er-Ausführung" mit 10 nach innen gerichteten Lüftungsschlitzen ersetzt worden. Vielleicht war das die Folge eines Unfallschadens. Die Karosserie war noch im Originalzustand in Seagull Grey und Mango Green gehalten, aber der Schwiegervater wollte einen unverwechselbaren Look und entschied sich für einen dreifarbigen Effektlack, wobei das Dach und der

Moortown Motors

Der Vordersitz ist immer noch in tadellosem Zustand. Beachten Sie, wie die Kabinenverkleidung dem Farbschema der Innenausstattung angepasst ist.

Das Emailleschild des Herstellers wurde auf dem Armaturenbrett angebracht.

Die Größe der emaillierten Waschschüssel war für die damalige Zeit sehr üppig.

Überlänge für große Schläfer erreichte man durch das Entfernen eines Bretts der vorderen Sitzbank.

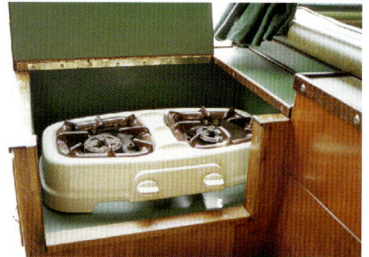

Der zweiflammige Dudley-Kocher ist kaum in Gebrauch gewesen.

Der Geschirrschrank mit grünem Innenausbau, ursprünglich komplett ausgestattet, stand an der Spitze der Modellreihe.

Die Gasflasche war im Herd untergebracht und durch eine seitliche Tür ausgetauscht. Die Osokool-Kühlbox fehlt und es muss noch ein ebenbürtiger Ersatz beschafft werden.

Grüne Resopalmöbel und Arbeitsflächen sowie handgefertigte Eichenmöbel waren charakteristisch für Moortown-Innenausbauten. Der Fußboden war ebenfalls grün. Die Spüle befindet sich auf der rechten Seite mit einem Spiegel darüber, befestigt an der Tür des Geschirrschranks.

Luxuriöse PVC-Leisten und Holzzierteile waren typisch für die Moortown-Ausstattung. Ein lichtdurchlässiges Pop-up-Oberlicht war 1958 eine Innovation!

untere Bereich in Mango Green und der mittlere Abschnitt in Velvet Green lackiert waren. Interessanterweise zeigt eine Moortown-Anzeige von 1958 diese dreifarbige Lackierung bei einem der Vorführwagen, ein Stil, der auch bei frühen Westfalia-Campern verwendet worden war. Besagter Schwiegervater baute auch einen 1500-ccm-Motor ein, verlor dann aber das Interesse an diesem Projekt.

1992 überredete ihn der jetzige Besitzer, den Wagen weiterzugeben und nahm seither weitere Modifikationen vor. 1994 wurde das Dach neu lackiert und der Camper in einen 12-V-Bus umgewandelt, tiefergelegt und eine Schräglenker-Hinterachse montiert. Außerdem bekamen die „versteckten" Teile des Innenraumes einen Anstrich in grünem Hammerschlag und die ursprünglich feuerorangen Vorhänge wurden gegen weichere Samtvorhänge in passendem Grün ausgetauscht. Die Handbücher und Dokumentationen befinden sich noch immer in der ursprünglichen Moortown–Kunststofftasche; dabei ist auch die Rechnung einer Holzhandlung für das Holz, das die Tischlerei Bamforth dort für den Umbau kaufte.

1960 – 1962
Der Autohome 1A und 2A

1960 erweiterte Moortown sein Angebot unter der Dachmarke Moortown Autohome und bot sowohl Standard- und Altas-Lieferwagen als auch zwei VW-Versionen basierend auf dem Kombi oder auf dem Microbus und nannte die Modelle 1A und 2A. Beide Modelle konnten auf speziellen Wunsch auch auf dem Deluxe Microbus aufgebaut werden. Der Mk1 war im Wesentlichen baugleich mit dem VW-Mobilheim, außer dass man auf die Gasbeleuchtung verzichtete, sie durch eine Leuchtstoffbeleuchtung ersetzte und dass die Sitzfläche im vorderen Kabinenbereich hochklappbar war, um für die Kinder ein Etagenbett im Frontbereich zu schaffen. In einem zusätzlichen Schrank an der hinteren Ladeklappe ist nun eine ausschwenkbare Kunststoff-Spülschüssel untergebracht, gleich unter der Leitungswasserpumpe im Geschirrschrank. Unter der Pumpe waren zwei 27-Liter-Wasserkanister untergebracht. Am Ende der hinteren Sitzbank, wo früher die Spüle angebracht war, gab es auch einen Kleiderschrank mit einer auffälligen Tür und im hinteren Bereich einige Lagermöglichkeiten. Der Mk 2A war im Prinzip baugleich, bot aber erheblich mehr Extras und eine aufwändigere Lackierung.

1962: Der Mk 1B und der Mk 5, die ersten Durchgangs-Interieurs

Im Oktober 1962 änderte Moortown die Gestaltung und die Modelle und bot 1963 in ihrem Mobilheimbereich zwei Versionen an, genannt Mk 1B und Mk 5. Der neue Mk 1B war den vorherigen Versionen sehr ähnlich, aber der neue Mk 5 war gegenüber den Produkten der Konkurrenz eine Innovation: Eine Inneneinrichtung, die es möglich machte, aufgrund geteilter Vordersitze einen Durchgang durch die Kabine zu erhalten. Die Mk 1B-Sitzbänke wurden weiter auseinander geschoben, um mehr Platz zu schaffen. Der Haupttisch wurde, für einen besseren Zugang, etwas verkleinert, und ein zusätzlicher Tisch für den Außeneinsatz verdoppelte den Lattenrost als Bettgestell, wenn er zwischen die beiden Sitzbänke gelegt wurde. Der neue Herd war mit einem Grill ausgestattet. Die „Walk-Through"-Mk-5-Version verfügte über eine neue Essecke mit einer ausziehbaren Erweiterung unter dem Vordersitz, die die Lücke füllte, wenn das Bett daraus gebaut wurde. Diese war auch, mit nach vorne gerichteten Sitzen, mit Kissen am Tag nutzbar. Wegen der geteilten Vordersitze wurde das Reserverad hinten über dem Motorraum untergebracht. Einer der Wasserkanister wurde dafür umplatziert. Das bedeutete den Verlust eines Kinderbettes sodass eine Querliege bereitgestellt wurde. Das Etagenbett im Kabinenbereich wurde abgeschafft und zum Einzelbett auf der Sitzbank. Der Herdschrank war auch in der Größe verändert und hinter dem Beifahrersitz montiert. Sonst waren beide Modelle identisch ausgestattet. Später im Jahr 1963 wurde die Kocheinheit im Mk 5 überarbeitet, und der Schrank wurde ähnlich wie beim 1B mit einer darunter befindlichen Kühlbox ausgestattet. Die Microbus-Versionen verfügten über ein Leuchtstoffröhrenlicht, während die Kombi-Version eine Schwanenhals-Tungsten Leuchte hatte. Die Holzteile waren weiterhin in heller

1962: Vorstellung neuer Moortown Modelle mit Durchgangsmöglichkeit

Der Herd war von beiden Seiten zugänglich. Die Waschschüssel war in der Ladetür untergebracht.

Der Mk 5 bot einen Durchgang durch die Kabine.

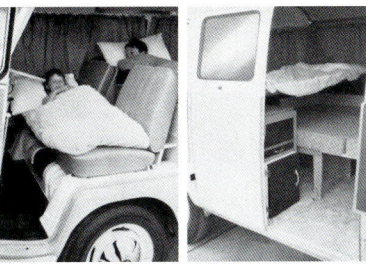

Die Vordersitze ließen sich zu einem Kinderbett umbauen, dahinter war eine weitere Schlafkoje vorgesehen.

Moortown Motors

Eiche gehalten, die Tischplatten waren in Vogelaugen-Resopal die Türoberflächen in olivgrün verblendet, alle Schränke waren mit Chrom-Koffer Klammern eingebaut.

Hubdächer

Ab 1960 gab es für alle Moortown Modelle, gegen einen Aufpreis die Möglichkeit einer Ausstattung mit einem Calthorp-Hubdach. Bis 1963 war es auch auch noch möglich, den klappbaren Plexiglas-Dachventilator zu bestellen. Ab 1963 bot Moortown ein eigenes Slimline Pop-Top-Hubdach als Option anstelle des Calthorp-Dachs an. Weiteres Sonderzubehör waren eine leichte Markise oder eine komplette Zeltplane als „EM Lean to Annexe" bekannt. Dieses Zelt war freistehend und nur mit Gurten am Fahrzeug befestigt, dadurch waren keine Änderungen an der Karosserie nötig. Beim Mk 5 war es außerdem möglich, einen speziellen Dachgepäckträger und eine Allwetter-Abdeckplane zu bekommen, um Platz zu sparen und so Raum im Innenbereich an der Hinterachse zu schaffen. Der auf dieser Seite präsentierte Mk 5 hat das seltene Moortown-Hubdach. Im Innenraum wurde der ursprüngliche Zustand vollständig wieder hergestellt, wobei neue Materialien für Kissen und Vorhänge verwendet wurden, um eine helle, freundliche Optik zu erzielen, die gut zum Holz passt.

Dieses 1965er Moortown-Modell verfügt über die Pop-Up-Dach-Version.

Eine Waschschüssel ist im Schrank an der Ladetür untergebracht.

Details, wie die Auskleidung der Besteckschublade mit grünem Tuch zeigen die Qualität der Holzverarbeitung und der Einrichtungsgegenstände.

Hier sieht man die Garderobe, die Sitzbank, den Dachspind, die Wasserpumpe und die unverwechselbaren Dachverkleidung.

Die Modelle mit Mitteldurchgang wurden als Mk 5 bezeichnet. Sie hatten nur einen Sitz hinter dem Fahrer, und der Herd befand sich an der Tür.

Die Schranktür hatte eine außergewöhnliche Form. Beachten Sie auch den zusätzlichen Stauraum an der Rückseite.

22 Oxley Coachcraft Umbauten

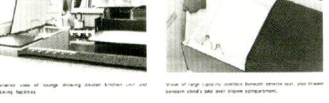

Oxley Coachcraft war ein etabliertes Wohnwagen- und Busbauunternehmen, ansässig in Hull, Yorkshire. Der Verkauf von Wohnmobilen auf VW-Basis steigerte sich bis 1970 rasch. Oxley nutzte seine Erfahrungen und brachte zwei Versionen auf den britischen Markt: den Airflow HT und den Rheinländer. Beide basierten auf Kastenwagen, der Airflow mit festem Hochdach, der Rheinländer mit Hubdach. Offenbar hatte sich Oxley die Konkurrenzangebote angesehen und wo die Gestaltungen Einflüsse von Devon und Wohnmobil zeigten, sah die Lösung bei Okley immer ein bischen anders aus. Insbesondere waren die Materialien, Armaturen und Zubehörteile von sehr hoher Qualität, und die beiden sehr unterschiedlichen Modelle boten dem Kunden eine sehr gute Wahlmöglichkeit. Alle Fenster hatten Aluminiumrahmen und Lamellen. Die Polster waren mit goldenem Nylon gesteppt, und die Sitze hatten gerollte Kanten. Wände und Böden waren mit Vinyl verkleidet, und die Möbel waren mit künstlichem, beigefarbenem Antilopenfell überzogen.

Über den Vorhangschienen waren Teakschabracken angebracht. Eine zusätzliche Gasbrennstelle war vorgesehen, ein Rasierplatz und zwei Leuchtstoffröhren.

Zusätzliche Extras waren ein Radio, Kühlschrank, elektrische Wasserpumpe, Mittelsitz, Etagenbett und seitliche Markise. Beide Versionen konnten entweder mit festem Dach oder mit Hubdach bestellt werden.

Der Airflow HT

Bei diesem Modell findet sich ein Hochdach mit beidseitigen Fenstern mit Lüftungsschlitzen. Auf beiden Seiten waren Kojen angebracht. Die Küchenzeile war an der Seitenwand angebracht (wie beim Dormobile), mit Zweiplattenherd/Grill, einer Spüle aus Edelstahl, Wasserpumpe und Abtropffläche, großem Wasserbehälter, Stauraum und Schränken. Der Tisch war in der Mitte dieser Einheit fixiert, um eine stilvolle Essecke zu erhalten. Ein Geschirrschrank war an der Schiebetür hinter dem Beifahrersitz gelegen, und es gab einen mit Regalböden versehenen Kleiderschrank im Heck. Im hinteren Bereich war das Dach mit zusätzlichen Schränken ausgestattet.

Der Rheinländer

Diese Version hatte ein Hubdach mit zentral zu öffnendem Dachfenster, Fenstern auf allen Seiten und zwei Kojen. Die Sitzecke war im Esseckenstil angeordnet und zwar mit der Spüle am Ende der hinteren Sitzbank an der Schiebetür. Eine mit Kunststoff ausgekleidete Kühlbox lag unter der Rückbank. Der zweiflammige Herd/Grill war an der Wand des Geschirrschranks hinter dem Beifahrersitz befestigt. Am Heck waren ein Kleiderschrank mit Regalböden und tiefe Schubladen für zusätzliche Wäsche und das Reserverad untergebracht.

23 Camping im dänischen Stil: der Poba Camper

Das Poba-Ausbauset von 1953 ist perfekt für diesen 1950er Lieferwagen.

Basisteile werden am Boden befestigt, hier sind die Sitzelemente in U-form angeordnet.

Die Sitze können auch für die Fahrt nach vorne ausgerichtet werden.

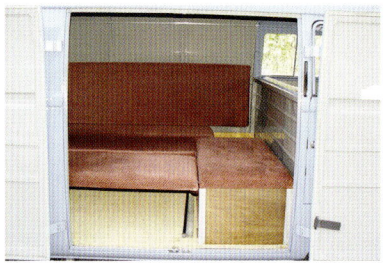

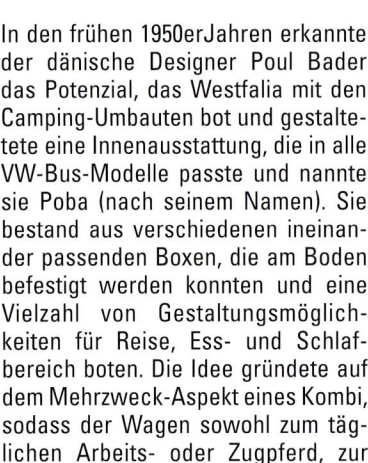

Die Knöpfe, um die Sitzelemente zu sichern, sind fest angebracht. Beachten Sie die tadellose Innenraumlackierung.

Die Rückenlehne der Seitensitzbank klappt hoch, und es entsteht ein Etagenbett.

Die Sitzelemente werden – in einer anderen Position angeordnet – zu einem Doppelbett in voller Breite.

In den frühen 1950erJahren erkannte der dänische Designer Poul Bader das Potenzial, das Westfalia mit den Camping-Umbauten bot und gestaltete eine Innenausstattung, die in alle VW-Bus-Modelle passte und nannte sie Poba (nach seinem Namen). Sie bestand aus verschiedenen ineinander passenden Boxen, die am Boden befestigt werden konnten und eine Vielzahl von Gestaltungsmöglichkeiten für Reise, Ess- und Schlafbereich boten. Die Idee gründete auf dem Mehrzweck-Aspekt eines Kombi, sodass der Wagen sowohl zum täglichen Arbeits- oder Zugpferd, zur Großraumlimousine als auch zum Camper werden konnte.

Das anfängliche Design, das sich während der ganzen 1950er Jahre findet, bestand im Wesentlichen aus drei beweglichen Schränken mit Klappsitzen als Stauraum für Bettzeug oder ähnliches (Sitze und Rückenteile mit Schaumstoffpolsterung) und einem Tisch mit klappbaren Beinen. Ein Klappsitz befand sich an der Rückseite des Laderaumes, ein weiterer an der Seitenwand gegenüber der Ladetüren und ein Dritter, der nach vorne ausgerichtet werden konnte, für unterwegs. Zum Essen drehte man diesen Sitz nach hinten, und es entstand eine rechteckige, dreiseitige Sitzanordnung um den Klapptisch herum. Die Ausstattung bot verschiedene Schlafmöglichkeiten, ein Etagenbett an der Seitenwand, ein Doppelbett oder sogar ein Hochbett mit Etagenbett. Es gab auch die Möglichkeit, zwei Kinderschlafplätze in der vorderen Kabine einzurichten, indem man die Sitzfläche nutzte und ein Etagenbett darüber. Man konnte auch eine ausziehbare Markise und zusätzliche Schränke bestellen.

Alles wurde zur Stabilisierung und Sicherung am Boden befestigt. Wenn einmal die Feststeller und der Boden eingebaut waren, war es nur noch eine Sache von Minuten, die Möbel zur Nutzung im Außenbereich auszubauen und so das Fahrzeug anderweitig einzusetzen. 1960 propagierte ein dänisches Motormagazin das Poba-System:

„Im Ausland ist das Interesse an einer neuen Art von Camping entflammt: das motorisierte Campen. In Dänemark eröffnen Wohnmobile eine neue Möglichkeit für den traditionellen Campingurlaub. Lange Zeit stand England an der Spitze derer, die Pionierarbeit bei der Entwicklung von Caravans in Europa leistete und heute scheint es, als würden sie es auch bei den Campingmobilen. Die bekanntesten Camper sind das Dormobile und natürlich der Wesfalia, aber jetzt gibt es einen neuen Campingplatz-Trend aus Dänemark, der dabei ist, die Dinge zu ändern."

Der hier gezeigte Bus ist einer der ältesten VW Bulli, noch im Originalzustand und bis heute in Gebrauch. Er wurde am 5. August 1950 gebaut, hat die Fahrgestellnummer 20 1880 und verließ das Werk am 8. August. Geliefert wurde er am 10. August an JC Kornacker in Hildesheim. Kornacker war Hutmacher, und der Wagen wurde bis in die frühen siebziger Jahre als Lieferwagen eingesetzt. Abgesehen davon handelte es sich um einen Barndoor-Bus mit Beson-

Camping im dänischen Stil: der Poba Camper

derheiten wie einer extra großen Motorhaube sowie rückwärtigen Abzeichen und ein in vertikaler Position im Motorraum angebrachtes Reserverad. Schließlich wurde der Bus von dem dänischen VW-Enthusiasten Tonny Larsen gekauft. Er gab damals eine Anzeige in einem Campingmagazin auf, in der er um Hilfe bei der Suche nach geeigneten Campingmöbeln für seinen 1953er Bus bat. Dieser gehörte ihm auch, und er erhielt zu seiner Überraschung einen Anruf von jemandem, der Möbel aus einem 1954er Umbau zum Verkauf anbot. Es stellte sich heraus, dass es sich um einen frühen Poba-Umbausatz handelte und schnell stand fest, dass die Teile in den Kastenwagen eingebaut werden sollten, sodass Larson den Bus zu Meetings mitnehmen, ihn aber auch für den Urlaub verwenden konnte. Er fuhr mit dem frisch restaurierten Bus zum VW Jahrestreffen 2003 nach Bad Camberg, wo sowohl der Bus als auch die Inneneinrichtung für Aufsehen sorgten.

Wie man auf den Fotos sieht, ist die Inneneinrichtung recht einfach, aber sehr flexibel und geräumig, eine seltene Vintage-Einrichtung in einem seltenen Oldtimer-Bus.

Bis Mitte der sechziger Jahre entwickelte Poba noch mehr anspruchsvolle Campingmöglichkeiten. Sie bestanden nun aus zwei weich gepolsterten Sitzen und Kissen, die in ein 190 x 120 cm großes Doppelbett umgewandelt werden konnten. Unter den Sitzen befand sich Stauraum für Kissen und Decken, Kleidung usw. Ein einzelnes Tischbein, das auch außen verwendet werden konnte, war an der Seitenwand befestigt. Gleich hinter der hinteren Ladeklappe befand sich ein Kleiderschrank, während hinter dem Beifahrersitz ein Schrank für die Toilettenartikel Platz montiert war.

Die Küche war über dem Motorraum am Heck eingebaut und konnte sowohl von innen als auch von außerhalb des Fahrzeuges genutzt werden. Eine große ausziehbare Schublade bildete eine Hälfte dieser Einheit, während der Zweiplattenherd im anderen Teil untergebracht war. Hierauf waren abnehmbare Resopal-Arbeitsplatten befestigt. An jeder Seite dieses Bereiches befanden sich Schränke mit Scharniertüren, wodurch eine komplette Küche entstand. Es gab auch einen Schrank im Dachraum, oberhalb der Küche. Das Poba-Campingset wurde in sieben Versionen angeboten mit Schlafplätzen für zwei, drei und vier Erwachsene und einem Etagenbett für zwei Kinder.

Dieser hier gezeigte hübsche Poba-Camper wurde im August 1960 gebaut und nach Schweden exportiert. Mechanisch entspricht der Bus allen seinen Werksangaben bis auf den Umbau von 6 V auf 12 V. Das Triebwerk ist ein von VW überholter 1200-ccm-Motor und die später eingebauten speziellen Rückleuchten und Außenspiegel erzählen von einem Bus, der gepflegt und normal gebraucht wurde. Irgendwann war er neu lackiert worden und verließ die Werkstatt mit der Farbkombination Grau über Mangogrün. 1959 wurde er nachträglich, für den besseren Campingkomfort, mit einer Eberspächer-Standheizung ausgestattet. In den sechziger Jahren wurde dann der Poba-Ausbau nachgerüstet, wahrscheinlich in Form eines Bausatzes zur Selbstmontage, wobei die Montage hier einen sehr hohen Standard hat. Mahagonibeschichtung und gelbfarbiges Kiefernholz wurden bei der Konstruktion mit geschicktem Design verwendet und in einen funktionalen Freizeitbereich intergriert. Der Stauraum wurde durch den Einbau von Doppelschränken erweitert, sodass durch die Teilung Raum für die Gasflasche für den Herd entstand. Der Deckel wurde einfach abgehoben, und der Herd konnte sofort benutzt werden. Neben dem Herd befindet sich eine Schublade für Besteck etc. Diese Schublade kann entweder nach außen, in Richtung der Rückseite des Fahrzeuges (beim Kochen draußen), oder nach innen ausgezogen werden, wenn man am Tisch sitzt. Ein sehr nützliches Zubehör von Poba sind die beiden ausziehbaren Bretter am Heck, sodass Platz für die Vorbereitung des Essens entsteht. Direkt über dem Herd und der Bestecksschublade befindet sich ein weiterer nützlicher Schrank für Kissen und

Dieser schwedische Bus wurde mit dem modernisierten Poba-Ausbau ausgestattet.

Dieser Einblick in den hinteren Bereich zeigt den kompletten Kleiderschrank und den Küchenbereich mit dem Vorhangfenster.

Camping im dänischen Stil: der Poba Camper

Die Küche verfügt über eine Speisekammer, Schubladen und ausziehbare Arbeitsflächen.

Das Bett entsteht dadurch, dass man die Tischplatte zwischen die Sitzbänke legt.

Die Bedienung des Zwei-Flammenkochers ist sowohl von innen als auch vom Heck aus möglich. Die Gasflasche ist im angrenzenden Schrank untergebracht.

Regalelemente sind abgewinkelt, um zu verhindern, dass Dinge herausfallen.

Ein kleiner Schrank ist direkt hinter dem Fahrersitz positioniert.

weiteres Bettzeug. Auch hier ist die Verkleidung in lackiertem Mahagoni gefertigt und mit zwei Messingschrauben versehen, um sie in Position zu halten. Die Liebe zum Detail und die Fertigung zeugen von handwerklicher Qualität. Ein kleiner Schrank für Gepäck befindet sich hinter einer Trennwand. Wenn man diese herausnimmt, entsteht eine nützliche Tischplatte für Dinge wie ein Radio oder einen Fernseher. Direkt über diesem Schrank befindet sich ein geräumiger Kleiderschrank, der unten viel Stauraum hat.

Mit den beiden Metallstützen der hinteren Sitze wird die Lücke beim Bauen des Bettes geschlossen, eine an der äußersten Ecke, die andere in der Mitte (die Tischstütze wird ebenfalls als Stütze eingesetzt). Die Rückenlehnen beider Sitze werden aus der aufrechten Position umgeklappt und flach hingelegt. Dadurch entstehen eine große Liegefläche und zusätzlicher Raum unter dem Bett (als Stauraum). Es gibt außerdem noch ein Regal über der Rückbank, ideal für Dinge, die man immer griffbereit haben möchte.

Das Anbringen einer getäfelten Schabracke über den Vorhängen zeigt wiederum die Liebe zum Detail und die Handwerkskunst des Poba-Campers. Nun gehört der Bus Stuart McQuarrie „Dougal" und muss sich bei Reisen im schottischen Hochland bewähren. Stuart sagt über die Poba-Umbauten: „Ich denke, sie zeichnen sich durch ihre Funktionalität, die Raumausnutzung und die hochwertigen Materialien aus. Durch die Verarbeitungsqualität und die Liebe zum Detail hebt sich ein Poba-Wohnmobil von der Masse ab."

1968

Beim T2-Bus von 1968 blieb der Ausbau im Wesentlichen gleich, abgesehen davon, dass ein optionaler Kühlschrank oder eine Kühlbox den Schrank für die Toilettenartikel ersetzten. Unter dem Namen Poba Möbel vermarktet, passten die Ausbauten in die Lieferwagen vieler Marken und sogar in Pkw. Die Poba Campette-Version zeigte eine neue Art von Hubdach aus Fiberglas, das einen seitlich angeschlagenen Teilbereich hatte. Der Schlafbereich konnte durch die Verwendung einer Dachplattform-Erweiterung mit einer Zeltplane oder einer Kinderkoje erweitert werden. Bis 1972 waren die Umbauten als Poba Auto Camper bekannt. In der Werbung wurde behauptete, es dauere nicht mehr als 30 Minuten, die Möbel ein- oder auszubauen, und die Basisinstallation der Verankerungen dauere nur etwa fünf Stunden. Die Regalelemente waren abgewinkelt, um zu verhindern, dass die Dinge herausfallen. Die Bedienung des Zwei-Flammenkochers war sowohl von innen als auch vom Heck aus möglich. Die Gasflasche wurde im angrenzenden Schrank untergebracht. Das Bett entstand dadurch, dass man die Tischplatte zwischen die Sitzbänke legt. Ein kleiner Schrank befand sich an der Seite der vorderen Sitzbank. Die Küche verfügte über eine Speisekammer, Schubladen und ausziehbare Arbeitsflächen.

Der Poba-Camper von 1972: Die Prospekte wurden in mehreren Sprachen, darunter Deutsch und Englisch gedruckt und zeigten die Popularität des Camper außerhalb Skandinaviens.

24 Reimo Umbauten

Reimo ist ein etabliertes, deutsches Unternehmen, spezialisiert auf die Ausrüstung von Wohnmobilen und den damit verbundenen Freizeit- und Camping-Lifestyle. In den 1970er Jahren bot das Unternehmen zunächst eine breite Palette von Umbausätzen und Teilen, Karosserieteilen und Zubehör an, aber ab den 1980ern wurden auch komplett ausgestattete Wohnmobile angeboten. Bekannt für Qualität und Verarbeitung, zählen Reimo-Umbauten noch immer zu den bekanntesten Reisemobilumbauten in Europa. Die T25-Reihe bestand aus dem Alaska mit der Spüle/Kühlschrank/Kocher-Einheit neben der Schiebetür sowie dem Florida, Yukon und Rhodos, wo die Küchenzeile hinter dem Fahrer angebracht ist. Reimo lieferte auch Pop-Tops, vorne angeschlagene Hubdächer und Hochdächer sowie verschiedene Arten von Seitenfenstern.

Das bekannteste Modell aus der T4-Reihe war der Miami, der mit einer sehr auffälligen Polsterung geliefert wurde. Wohmobilumbau-Firmen mit Sitz in Manchester sind nun Franchisepartner für Reimo-Umbauten im Vereinigten Königreich. Sie bieten den vollen Reimo-Service, wobei der Kunde über seine detaillierten Anforderungen spricht und seine Vorstellungen und Wünsche äußert, bevor er aus einer Reihe alternativer Designs, Möglichkeiten und Zubehör auswählt.

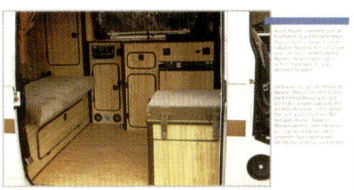

25 Riviera/ASI Camper

Riviera Motors war eine offizielle VW-Handelsniederlassung mit Sitz in Oregon

1965: Deckung des Bedarfs

Rivera Motors in Beaverton, Oregon war wichtigster VW-Händler an der amerikanischen Nordwestküste in den 1950er und 1960er Jahren. Camping war sehr beliebt in dieser Region, und Westfalia-Camper waren sehr gefragt, weil man damit auch an Orte kommen konnte, die mit einem großen Wohnmobil nicht erreichbar waren. Die Nachfrage war so groß, dass die Händler nicht genügend Camper bekamen. Aber VW lieferte Westfalia-Modelle nur an Händler, die auch eine bestimmte Anzahl von Werbespots buchten. Die Händler wussten aber, dass sich Werbespots nicht annähernd so gut verkauften wie Camper! Also begann Knute Qvale, der Inhaber von Rieviera Motors, Mitte der sechziger Jahre Gespräche mit ASI-Umbauten aus Vancouver über den Aufbau eigener Campingumbauten für Busse, basierend auf dem Westfalia-Innenraum. 1965 kam der erste neue Riviera auf den Markt. Interessanterweise verlangte Rivera einen ähnlichen Vertrag mit dem örtlichen VW-Händlernetz, wie es zuvor VWoA mit ihnen getan hatte. Um eine bestimmte Anzahl von Westfalia-Campern zu bekommen, mussten auch eine bestimmte Anzahl von Riviera-Umbauten abgenommen werden. Da diese Camper nie mit Seriennummern oder Stückzahlen gekennzeichnet wurden, ist es nicht möglich, die genauen Produktionszahlen zu ermitteln. Während Riviera seine Geschäfte damit machte, neue Kastenwagen mit Mitteldurchgang in Camper umzubauen, war es nicht ungewöhnlich, dass Kunden die bereits einen Lieferwagen hatten, diesen bei Riviera umbauen ließen. Das erklärt die scheinbare Existenz von Vor-1965er Rivieria-Umbauten.

Wie bei EZ oder Sundial waren die Riviera-Umbauten eng an die Westfalia-Version angelehnt, und es wurden auch einige Teile von diesen verwendet. Offenbar beobachteten einige der Westfalia-Verkaufsrepräsentanten genau was Riviera tat, um dann einige der Ideen auch für die Ausrüstungen der nächsten Saison zu verwenden.

Riviera-Eigenschaften

Riviera-Umbauten wurden in erster Linie in Kastenwagen mit Mitteldurchgang montiert. Es gibt nur eine geringe Anzahl von Umbauten in nicht begehbare Kastenwagen oder Kombis. Trotz der engen Anlehnung an Westfalia hat Riviera einige einzigartige Besonderheiten entwickelt.

Das auffälligste Merkmal war der Einbau eines langen Panoramafensters entlang der Seite. Die seitlichen Ladetüren wurden mit Einzelfenstern versehen. Die Fenster unterschieden sich von denen von EZ oder Sundial dadurch, dass sie zu schieben anstatt zu klappen waren. Obwohl auch einige Camper mit klappbaren Version oder mit Lamellen-Version gefunden wurden, sind diese sehr selten. Die Deckenbespannung und die Wandverkleidung wurden in der Regel aus hell gefärbtem Birkenholz und die Innenraumfarben in Blau, Rot oder Weiß mit passenden Tischfarben Blau, Weiß oder Gelb angeboten. Das Bett war ein Ausziehmodell mit darunter liegendem Stauraum, der Kleiderschrank war kleiner, sodass man ein breiteres Bett bekam. Hinter dem Beifahrersitz waren in einem Schrank ein Eisschrank, die Wasserpumpe und der Wassertank untergebracht. Es gab keine Spüle, aber an der Seite war ein Klapptisch im Westfalia-Stil für eine Spülschüssel angebracht. An der rückwärtigen Ladetür war ein Gewürzregal befestigt.

Zeltplanen konnten auf zwei Arten am Fahrzeug angebracht werden: durch eine Gleitschiene auf dem Dach, ähnlich der, die auch bei Westfalia verwendet wurde, oder mit zwei auf dem Dach am Rahmen montierten Haken, ähnlich denen des Sundial Campers. Einige Rivieras wurden mit Zelten im Sundial-Stil ausgestattet, aber die meisten Riveras waren mit der Gleitschiene ausgerüstet. Die Zeltfarben waren zumeist Rot/Weiß, Blau/Weiß oder Grün/Weiß.

Der hier gezeigte Camper ist ein „Pearl White"-Kastenwagen-Modell von 1967 und gehört Taylor und Amber Nelson. Er wurde in den späten 1970er Jahren neu in Mintgrün lackiert, aber die Innenausstattung ist

Ein großes Panoramafenster, Chrom-Licht und die Holzschabracke, die die Gardinenstange versteckt, sind die Besonderheiten des Riviera-Campers.

Dieses alternative Panoramafenster hat Klapp- statt Schiebefenster.

Die Innenraumgestaltung ähnelt sehr den Westfalia-Ausbauten, oft fehlt bei erhaltenen Fahrzeugen das Gewürzregal in der hinteren Ladetür.

Typische Seitenmarkise im Riviera-Stil

Riviera/ASI Camper

praktisch noch komplett original bis auf das Gewürzregal, das Nelson selbst bauen wollte. Er hat die Mechanik überholt, neue Türverkleidungen und Sitze installiert und ist derzeit auf der Suche nach Originallampen und Material, um die Rückbank neu zu beziehen. Als die Nelsons das Fahrzeug im Jahr 2003 kauften, hatte es noch den ursprünglichen Coleman-Kocher mit Propangasflasche und den original Wagenheber sowie eine Vielzahl von Kleinteilen wie einen Strandeimer, den Spaten und einen Campingstuhl dabei.

Dieser Riviera-Camper von 1967 ist tadellos im Originalzustand erhalten – abgesehen von der Innenbeleuchtung und dem Gewürzregal in der hinteren Ladetür.

Die Schiebefenster sind ein unverwechselbares Riviera-Attribut. Da die meisten Umbauten auf Kastenwagen basierten, sind die Aluminiumfensterrahmen genietet.

Der Kleiderschrank und der Schrank an der Rückseite waren mit gewellten Holzzierteilen ausgestattet. Die offene Hutablage wurde ebenfalls Standard.

An der Kühlschrankseitenwand und der vorderen Ladetür waren Klapptische angebracht.

Ein weiteres charakteristisches Riviera-Kennzeichen ist das lange Panoramafenster. Beachten Sie auch die Armlehnen (Kissen) am Ende der Sitzbank.

Bei der Innenausstattung wurden die Farben von Tischen und Arbeitsflächen auf die Farben der Polsterung abgestimmt.

Eine Spüle war nicht eingebaut, nur eine Wasserpumpe. Arbeitsflächen und Tische waren mit Chromleisten versehen.

Das Panoramafenster hatte normalerweise Schiebeelemente an beiden Seiten.

Im hinteren Bereich befindet sich ein ausziehbarer Rücksitz, der dazu verwendet wurde, das Doppelbett zu bauen.

Der Riviera-Kennzeichenhalter gehörte ebenfalls zur Standardausstattung.

Riviera/ASI Camper

Ansässig in Oregon, wurde in den Werbeprospekten meistens wildes Campen in den Wäldern und schroffen Bergen als Verkaufsargument genannt.

Die Riviera-Serie

Bis 1972 wurde es immer schwieriger, Wesfalia-Campingmobile in den USA zu kaufen, und ab 1973 war es fast unmöglich, neue Westfalia-Reisemobile zu finden. Als Reaktion darauf brachten Riviera und ASI eine neue Generation von Umbauten mit drei unterschiedlichen Hubdachvarianten auf den Markt und nannten sie Riviera-Linie.

Das Spitzenmodell war der Vista, der laminierte Glasfenster von höchstem Standard hatte; Schiebefenster mit Blenden auf dem Dach und an den Seiten waren Standard. Der Essbereich kann in U-Form angeordnet werden, mit Hängeschrank, Kühlschrank für Netz- oder Akkubetrieb und einer Spüle an der Seite. Ein drehbarer Beifahrersitz sowie Elektrizitäts- und Wasseranschlüsse waren Standard. Die Holzteile bestanden aus Zeder, und der Boden war mit Teppich ausgelegt. Das Reserverad war auf der Vorderseite des Fahrzeuges angebracht, damit man mehr Innenraum bekam.

Das beliebteste Modell hieß Plan 1. Die Innenausstattung war ähnlich wie beim Westfalia, mit einem einzigen Sitz hinter dem Beifahrersitz, einer hinteren Sitzbank mit Tisch, einem Schrank und einem Schrank für die Kühlbox/Waschutensilien in der Schiebetür. Der mobile zweiflammige Propangaskocher (Propan hat einen niedrigeren Gefrierpunkt als Butan) war optional und konnte sowohl außen angebracht als auch innen genutzt werden. Drei Dachvarianten standen zur Auswahl: Das Vista-High-Top, das Penthouse, dessen Pop-Up über zwei Drittel des Busses ging und das kleine Pop-Up-Top wie es bei den frühen Westfalia-Campern verwendet wurde. Weiteres enthaltenes Sonderzubehör waren eine Wohnraumbatterie, der Propangasherd, Chemie-Toilette, Kinderhängematte, Etagenbett, Kühlschrank, Propangasheizung, seitliches Zelt, Auszehmarkise und sogar eine Klimaanlage.

Dieser Riviera von 1975 gehört William Meyer und hat das Penthouse Hubdach, ein vorne montiertes Reserverad und Netzanschluss.

Das Dach beherbergte ein Doppelbett über die volle Breite mit verblendeten Seiten-„Fenstern" für Licht und Belüftung.

Auch das untere Bett ist geräumig, beachten Sie die Rollladentür am Seitenschrank.

Riviera/ASI Camper

1980: The elegant Escape

Mit dem Aufkommen des T25 (in Nordamerika als Vanagon bekannt) ließ ASI die Bezeichnung Riviera fallen und vermarktete mehrere Umbauten einfach als ASI (Automotive Services Incorporated) mit einer Broschüre, die den Titel „The Elegant Escape" (die elegante Flucht) hatte. Anstelle wilder Campingszenen konzentrierten sich die Studioaufnahmen auf das Design und die Funktionalität.

Der führende Van verfügte über vier schwenkbare Liegesessel, einen runden Konferenztisch und ein Kingsize-Doppelbett, Magnesiumräder mit Breitreifen und Sonderlackierung. Der Converta-Van hatte eine flexible nach vorne gerichtete oder im Stil einer Essnische gefertigte Sitzecke mit Tisch und Doppelbett, während der Weekender über eine Kühlbox, einen Kleiderschrank, einen Snack-Tisch am Armaturenbrett, eine Edelstahlspüle und ein Doppelbett verfügte. Der voll ausgestattete Camper wurde als „Das Motorheim" bekannt und wurde mit Herd und kompletter Campingausrüstung geliefert. Als Sonderausstattung gab es noch den Gaskühlschrank, Kinderhängematten, eine Mini-Camper-Einheit (eine Kombination aus Spüle, Kühlschrank und Schrank) und eine Ofenheizung.

Das Riviera Penthouse Dach hatte den Rahmen außerhalb der Leinenwände.

Der Schrank ist direkt in der Schiebetür angebracht.

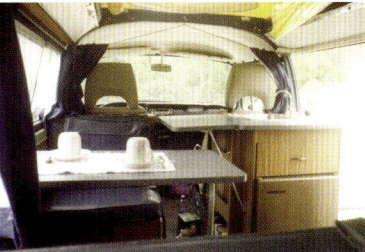

Der Westfalia-Einfluss ist ganz klar beim Einzelsitz und der Tischerweiterung seitlich am Kühlschrank/Spülenschrank zu erkennen.

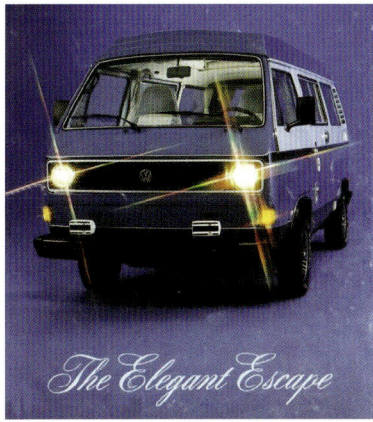

Die Vorderseite der Werbebroschüre für die neue T25-Reihe (Vanagon)

Auf dem Kühlschrank sitzt die elektrische Wasserpumpe, die Edelstahlspüle ist nun Standard. Ein Klapptisch im Westfalia-Stil ist an der Seitenwand des Schankes befestigt.

Links: Das Typenschild des Herstellers findet sich unter dem Zulassungsschild.

Rechts: Trotz seines Namens war der Weekender sehr gut ausgestattet.

26 Safaré Custom Camper

Vor der Restaurierung: Das markante Safaré Schiebefenster im Dach ist deutlich zu sehen.

Der Innenraum war in einem sehr schlechten Zustand, aber man kann die Anordnung der Sitze, Schränke und der Spüle sehen.

Komplett restauriert und wieder beim Entdecken der Wildnis!

Der Umbau von Safaré Custom Campers aus Paramount, Kalifornien während der 1970er Jahre unterschied sich von den üblichen Umbauten unter Westfalia-Einfluss und folgte stattdessen in Bezug auf Einrichtung und technische Details dem traditionelleren Ansatz. Dazu gehörte eine Klimaanlage, die zu dieser Zeit kein anderer VW-Umbau anbot.

Das auffälligste Merkmal war das große Fiberglas-Hochdach mit einem langen Schiebefenster an jeder Seite. Das Dach war in der gleichen Farbe lackiert wie die untere Karosserie um einen 3-Ton-Effekt zu erzielen, üblicherweise wurden als Farben Orange und Weiß oder Blau und Weiß verwendet. Eine Pop-Top-Version stand ebenfalls zur Verfügung. Die Seitenfenster waren denen im Adventurewagen sehr ähnlich, es waren Schiebefenster, keine Klappfenster.

Im Innern des großen Dachs, das über 1,80 m Stehhöhe bot, gab es optional ein großes Ausziehbett, was mehr Schlafplatz ergab. Eine Kabinen-Hängematte war ebenfalls optional erhältlich. Das Reserverad war zur Vergrößerung der Wohnfläche vorne montiert. Die Innenausstattung war charakteristisch. Hinten gab es zwei Einzelsitze (in einem davon konnte die optionale Chemie-Toilette untergebracht werden) mit einem herunterklappbaren Tisch dazwischen. Daraus konnte das untere Bett gebaut werden. Entlang der Fahrerseite und in den Gang geschwungen war eine Einheit untergebracht, die Waschgelegenheiten und Küchenschränke beinhaltete, am Ende davon befand sich die Spüle. Wasser wurde einem Tank entnommen oder konnte über Netzanschluss gepumpt werden, und es gab einen Aufbewahrungsbehälter für Abwasser. Ein Wassererhitzer, übrigens der Gleiche wie im Adventurewagen, stellte die Warmwasserversorgung sicher. Ebenfalls zur Standardausstattung gehörte ein Stromanschluss.

Es gab zwei Schränke, einen hinten im Fahrzeug und einen hinter dem Fahrer. Hinter dem Beifahrersitz in der Ladetür gab es eine Einheit, in der der Kühlschrank und der zweiflammige Gaskocher untergebracht waren. Diese Einheit besaß an der Seite einen herunterklappbaren Tisch. Der Gastank war nahe der Schiebetür unter dem Fahrzeug angebracht und gleich daneben eine kleine Seitenstufe. Die Gestaltung des Innenraums war entweder in Eiche medium mit cremeweißen Arbeits- und Tischplatten, geblümten Polstern und braun/orange-karierten Vorhängen ausgeführt, oder in Eiche dunkel mit blauen Arbeits- und Tischplatten und passenden blauen, geblümten und karierten Stoffen für Sitze und Vorhänge. Es gibt kaum noch Safaré Camper im Originalzustand, aber noch ein paar Busse mit dem markanten Dach und modifizierten Innenräumen. Dieser 1972er Safaré wurde von Torsten Stoll in einem ostdeutschen Gebrauchtwagenhandel gefunden. Er war von zwei amerikanischen Touristen zurückgelassen worden, nachdem der Motor während ihrer großen Europareise einen kapitalen Defekt erlitten hatte. Er trug immer noch die kalifornischen Nummernschilder; muss also speziell für dieses Abenteuer nach Europa überführt worden sein. Torsten kaufte ihn für 1000,- Euro und machte sich an die Restaurierung. Sowohl die Reparatur des Motors als auch umfangreiche Karosseriearbeiten waren notwendig, bevor eine Neulackierung nach dem Original-Farbschema erfolgen konnte. Die Innenausstattung war in so schlechtem Zustand, dass eine Restaurierung sich nicht gelohnt hätte und deshalb als vorläufige Maßnahme einige Westfalia-Möbel zum Einsatz kamen. Die Schiebefenster im Dach waren ebenfalls nicht zu retten und wurden durch einteilige Fenster ersetzt. Die Klimaanlage wurde nicht wieder eingebaut, aber alle Teile sind noch vorhanden, um sie später zu restaurieren.

27 Der Service Mota-Caravan

Auf der 1960er Motor Show wurde der neue Mota-Caravan der Firma Service Garages aus Colchester, Essex, vorgestellt. Trotz seines Anspruchs, „einer vierköpfigen Familie einen wirklich komfortablen Schlaf zu ermöglichen," war er in Wirklichkeit ein Zwei-Bett-Modell, da im Bereich über dem Motorraum nur kleine Kinder schlafen konnten. Der Umbau war recht einfach gehalten und wurde sogar beworben als „nicht wohnlich, sondern für den täglichen Gebrauch". Es gab zwei um einen Esstisch angeordnete Sitzbänke und in einer klappbaren Einheit direkt hinter dem Beifahrersitz einen Kocher. Alle Tischlerarbeiten waren aus heller Eiche gefertigt, es gab einen Resopalbelag für die Tischplatte, das Dach war voll gefüttert, und auf dem Boden gab es Linoleumfliesen. Am Ende der Rückbank gegenüber der Ladetür befand sich ein Osokool-Kühlschrank. Kissen und Vorhänge wurden aus einfachen Materialien in zur Lackierung passenden Farben gefertigt. Das auf dem Kombi basierende Modell war eines der billigsten Umbauten auf dem Markt.

1962 war der Preis für das Standardmodell deutlich gefallen und es stand eine Reihe von Optionen zur Verfügung: Geteilte Vordersitze, Durchgang von der Kabine zum Wohnbereich, ein Hubdach mit gewölbten Holzseiten, ein Schiebedach und ein Vorzelt. Ein herunterklappbares Plastikwaschbecken war an der hinteren Ladetür befestigt, und ein neu gestalteter Stauraum mit Regalen war in der Heckklappe am Ende der Sitzbank integriert. Die Firma Service betrieb zusätzlich eine Mietflotte der Mota-Caravans, die auch im Ausland verwendet werden konnten. Die Produktion der VW-basierten Umbauten wurde etwa 1966 eingestellt, wahrscheinlich aufgrund der Beliebtheit der Konkurrenzprodukte von Devon, Dormobile und Canterbury Pitt, die über die bessere Campingausstattung verfügten – und auch, weil Devon und Danbury auf dem kleineren Markt für Mehrzweck-Mobile Marktführer waren.

Der neue Umbau der Firma Service wurde in der Motorpresse erstmals im Januar 1961 beworben.

Diese Anzeige erschien im Magazin Autocar *im April 1962.*

Der 1962er Katalog wurde nicht wieder neu aufgelegt, spätere Änderungen der Ausstattung und des Preises wurden von Hand durchgeführt.

Die Rückseite des Katalogs zeigt die Position des Kochers, der Spüle und des Kleiderschranks.

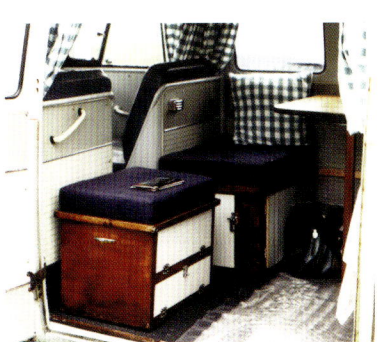

Dieses 1962/63er Modell ist der einzige bekannte Service-Umbau im Originalzustand. Er wurde kurz auf der SSCV Campingausstellung 1996 vorgeführt, aber seither nicht mehr gesehen.

28 Der Slumberwagen

Die erste, im April 1960 aufgelegte Broschüre zeigt die komplette Innenausstattung, ebenso eine „mobile" Büro-Version. Wie Devon richtete auch Calthorp sein Augenmerk sowohl auf die Geschäftsreisenden dieser Zeit als auch auf die Familien.

1959 begann die VW Handelsniederlassung European Cars Ltd. in North Kensington, London, ihre eigene Version des Volkswagen Microbus zu bauen. Slumberwagen genannt, waren die ersten Modelle noch recht einfach, zeigten aber weitere Variationen in der Innenausstattung. In der Erkenntnis des Mehrfach-Potenzials verkündet die Werbung in dieser Zeit: „Der motorisierte Caravan ist eine erstklassige Lösung für viele Leute: den Familienvater, den Geschäftsreisende sowie eine Vielzahl von Freizeit- und Geschäftsverwendungen."

Zwischen zwei einander gegenüberliegenden Sitzbänken gab es einen Tisch, darunter, am Fenster entlang, auf gleicher Höhe wie die Sitzkissen, ein Staufach. Das Bett befand sich auf der gleichen Höhe mit dem Motorraum und stand auf zwei Beinen, hinter der Spritzwand und an der Seite der Ladetüren. Die Polsterung bestand aus Latex-Schaumstoff. Die Stauräume, die mit Magnetverschlüssen ausgerüstet waren, befanden sich unter und hinter den Sitzbänken. Das komplette Mobiliar war aus heller, polierter Eiche mit Klavierbandaufhängungen für die Schränke und Trittschutzplatten aus Metall, um Beschädigungen am Holz zu verhindern. Ein Zweiplattenherd war in einem Schrank in der hinteren Ladeklappe am Ende der Sitzbank untergebracht. Diese Einheit war ähnlich ausgestattet wie die Devons aus dieser Zeit, die einen gewölbten Schrank darunter hatten. Der Tisch hatte Klappbeine an beiden Seiten und konnte somit auch außen verwendet werden, aber im Gegensatz zu anderen Umbaumodellen war er nicht an der Seitenwand zu befestigen, sondern stand in der Mitte des Wohnbereichs. Für die Fahrt wurde er im Dach oberhalb des Motors verstaut. Ein kleiner Schrank, in dessen Holzgehäuse sich eine tragbare Gaslampe befand, war direkt hinter dem Fahrer angebracht. Ein Waschtisch, der aus einem Schrank mit einer aufklappbaren Tür bestand, hinter der sich ein großer Spiegel befand, war an der vorderen Ladetür befestigt. Zusätzlich war hier ein nach unten abklappbares Brett auf dem man die mitgelieferte Waschschüssel abstellen konnte. An der hinteren Ladetür war ein Regal befestigt. Die Schlafplätze für die Kinder befanden sich auf der vorderen Sitzbank oder im Hinterachsenbereich über dem Motor.

Der erste VW Camper mit Hubdach

Für 1960 standen zwei Versionen zur Verfügung, das Basismodell Mark I und das Deluxe-Modell Mark II, das über einige Verbesserungen bei der Innenraumgestaltung verfügte. Ein viel größerer Kleiderschrank, mit Vorhängen davor und einem Schrank darunter, befand sich nun direkt hinter dem Fahrer, und im hinteren Bereich, auf der Herdseite, war ein Geschirrschrank mit Glastüren angebracht. Hier war ein Halter für eine Standardthermoskanne installiert. Das Bett hatte noch Standmöglichkeiten an der Seite und am Fußende, aber die Sitze verwandelten sich nun in ein voll gefedertes Doppelbett – die Krone des Luxus!

Die Schlafmöglichkeit für Kinder bestand nun aus einem Etagenbett in der vorderen Kabine, wobei die

Rückenlehne der Kabinenbank hoch geklappt und durch Kettenaufhängung gesichert wurde. Spätere Modelle waren mit einem Netz ausgestattet, um das Herausfallen des Kindes zu verhindern.

Die größte Neuerung war aber, dass der Wagen mit einem Calthorp-Hubdach ausgestattet werden konnte. Calthorp Coachbuilders war ein altbekanntes Wohnmobil-Unternehmen, das Umbauten von Marken wie Commer, Bedford und Standard anbot. 1958/58 entwickelten sie das patentierte Calthorp-Dach. Man machte keine VW-Umbauten, aber European Cars kaufte die Lizenz, die ihnen erlaubte das Calthorp-Dach auf den neu entwickelten Slumberwagen zu bauen. So ist es das erste Modell, das ein Hubdach an einem VW Camper bot. Damit war man Dormobile und Devon um mehr als zwei Jahre voraus. Im April 1960 beschrieb das Magazin *AUTOCAR* das Wohnmobil als „eines der besten und einfachsten seiner Art. Das Hubdach besteht aus einem großen, flexiblen Blech, das sich zusammenfaltet, wenn es abgesenkt wird. Das Dach ist fest, wind- und wasserabweisend, egal ob ausgefahren oder abgesenkt, zur Belüftung hat es eingebaute Schiebefenster in den Seitenteilen." Spätere Berichte von 1962 über den VW Dormobile mit Hubdach waren weniger freundlich, da das Kondenswasser zu einem lästigen Problem geworden war.

Es gab auch die Möglichkeit, einen Herd mit integrierter Gasflasche zu bestellen, den man komplett herausheben und draußen gebrauchen konnte. Der Mark II wurde mit einem Vier-Personen-Set Tassen, Untertassen, Teller und Besteck geliefert.

Es wurden tatsächlich nur wenige Slumberwagen umgebaut, und 1965 stellte man die Produktion komplett ein. Der hier gezeigte Bus ist daher etwas ganz Besonderes, da er nicht nur einer der wenigen noch existierenden mit Calthorp-Dach ist, er ist ebenfalls eines der einmaligen Fahrzeuge, die von European Cars gebaut wurde, zur gleichen Zeit übrigens, als man den Slumberwagen entwickelte.

1959 kam ein junger Ingenieur mit seiner österreichischen Braut zurück nach England, und die beiden entschieden, dass sie für ihre Hochzeitsreise quer durch Europa einen Camper haben wollten. Nachdem sie sich die verschiedenen Westfalia-Modelle jener Zeit angesehen hatten, erkannten sie, dass sie etwas mit mehr Luxus haben wollten, mit einem technisch ausgefeilteren Herd und einer Heizung. Ein Ausstattungsteil, das die Ehefrau haben wollte, war ein vernünftiges Waschbecken anstelle der Waschschüssel bzw. des Toilettenartikelschranks, die man in den Westfalia-Modellen vorfand. Außerdem wollte man ein Hubdach, und da der Mann ziemlich groß war, hatte er bereits alle Dormobile, von denen damals noch keines auf dem VW Bus basierte, ausprobiert Schließlich kam man auf die Firma European Cars, die Umbauten von Bedford und Commers machten und die außerdem das Calthorp-Hubdach bei ihren Modellen anbot. Zu dieser Zeit war eine VW-basierte Version in Vorbereitung und es ist möglich, dass das Paar eine frühe Version des Slumberwagens gesehen hat, der aber ihren Wunsch nach Luxus noch nicht erfüllte. Stattdessen verhandelte man mit dem Unternehmen über eine maßgeschneiderte Variante des kommenden Slumberwagen. Da sie größere Seitenfenster haben wollten als in den Kombi eingebaut wurden, entschieden sie sich für einen Kastenwagen als Basismodell, und es wurden größere Seitenschiebe-Hebefenster im Stil des Calthorp-Dachs eingebaut. Alle Schrankeinbauten wurden nach ihren Vorgaben gemacht, und es gab Stauraum an jedem nur erdenklichen Ort. Es gab Schränke über den Seitenfenstern, unter dem Dach sowie Seiten- und

Dieser Bus wurde 1959 als Sonderanfertigung von Calthorp umgebaut, während sie den Prototypen des Slumberwagens entwickelten.

Der Slumberwagen

Eckelemente, alle mit Schubladen, Fächern oder Abtrennungen. Selbst die vordere Kabine wurde überarbeitet, um mehr Stauraum hinter und unter dem Sitz zu gewinnen. Weiteres für diese Zeit bemerkenswertes Zubehör sind ein Radio, ein Barometer, der Ventilator, die Luxus-Wanduhr und eine Außenbeleuchtung, die über dem hinteren Seitenfenster montiert war.

Der fertige Camper kostete doppelt so viel wie der Standard-Westfalia, aber seine Besitzer fanden, dass er sein Geld wert war. Nach der Europareise 1961/62 ließ man sich in Österreich nieder, und der Camper blieb bis 1966 im Gebrauch der Familie. Bis zu seiner Rückkehr nach England im Jahr 2002 war er bei einem deutschen Sammler untergestellt.

Zusammengefaltet hatte das Calthorp-Dach ein flaches Profil.

Die Seitenschiebefenster wurden passend zum Stil der Dachfenster gebaut. Achten Sie auf die längeren Fenster am Heck.

Die Raumaufteilung war funktionell und praktisch und auch eine moderne Spüle fehlte nicht.

Der Kocher war ausziehbar untergebracht, und es gab ein Flaschenfach, womit der Wagen seiner Zeit um Jahre voraus war.

Es gab sogar ein Gepäcknetz an der Rückseite der vorderen Sitzbank.

Mehr Stauraum in Dachschränken

Auch der Bereich hinter und unter der Sitzbank wird ausgenutzt.

Der hintere Teil nimmt Koffer oder Picknickkörbe auf.

Holzverkleidung und Stauraum, Stauraum und nochmals Stauraum!

29 Südafrikanische Camper

Seit 1955 wurden von South Africa Motor Assemblers in Uitenhage aus CKD (Completely-Knocked-Down) -Kits, die von Hannover geliefert wurden, Transporter zusammengebaut. 1956 übernahm VW die Mehrheitsbeteiligung, 1966 wurde die Niederlassung in Volkswagen of South Africa umbenannt. Camping-Umbauten bestanden in der Regel aus von Westfalia aus Deutschland gelieferten Bausätzen, manchmal wurden Kopien von Einzelteilen vor Ort bezogen, und in den 1960ern wurden auch Bausätze von VW Brasilien importiert. Das ist der Grund für einige ungewöhnliche Varianten, da in brasilianischen Bussen Teile aus verschiedenen Modelljahren verwendet wurden. An südamerikanischen Bussen war ein eingebauter Zyklon-Luftfilter normalerweise Standard, ebenso wie unter jeweils den Lichtern angebrachte Front- und Rückstrahler.

Das hier gezeigte Fahrzeug ist insoweit etwas ungewöhnlich, dass es im Jahr 1966 gebaut wurde, aber eine ganz andere Anordnung hat als die üblichen 1960er Westfalia-Wohnmobile. Dies ist das einzige in Europa bekannte Beispiel für diesen Umbau und das einzige Fahrzeug überhaupt, das in einem so einwandfreien Zustand überlebt hat.

Die für Südafrika typischen Reflektoren sind klar zu erkennen, und der Bus hatte ursprünglich ab Werk getönte Scheiben. Ungewöhnlicherweise hat er zwei Frischluftventilatoren im Dach. Eine weitere südafrikanische Besonderheit sind zusätzliche Belüftungsöffnungen hinter den Standardöffnungen, jede mit einer Chromklappe, die aufgeklappt werden konnte, um mehr Kühlluft in den Motorraum zu bekommen. Das Modell weist auch die Kombination von Merkmalen aus verschiedenen Baujahren auf, die man an von VW Brasilien gelieferten südafrikanischen Bussen häufig findet, in diesem Fall eine Heckklappe von vor 1966 mit einer nach-1966er Stoßstange. Das Modell hat ebenfalls 15-Zoll-Räder statt der nach 1964 verwendeten 14-Zoll-Räder. Eine weitere Besonderheit südafrikanischer Busse ist die glatte Trennwand.

Da er für die neu firmierende VW Südafrika gebaut wurde, zeigt der Innenraum eine eigene Gestaltung und ist keine Kopie anderer Wohnmobile. Dabei ist nicht bekannt, ob

 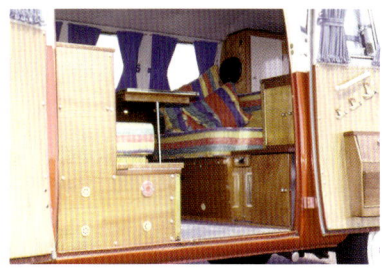

dieser Innenraum genau so in die Produktion ging; 1969 waren die neuen T2-Camper lieferbar. Der Essbereich mit zwei um einen Klapptisch angeordneten Bänken wurde geändert, mit Stauraum, Schrankeinheiten und Arbeitsplatten an jedem Ende der Sitze bei den Ladetüren. Die vordere Einheit hat einen Schrank mit Klapptür, darauf einen Schrank mit Doppeltür, darauf und davor eine zum Tisch passende Laminat-Arbeitsplatte. Die hintere Einheit ist nahezu identisch aber nicht so tief und besitzt eine Verdunstungs-Kühlbox unter der Sitzfläche. Auf der Rückseite gibt es eine große, tiefe Schublade und zwei einander zugewandte Seitenschränke mit Doppeltüren. Ein kleiner Toilettenschrank ist auf der hinteren Ladetür montiert. Die Deckenbespannung aus Vinyl wurde beibehalten, aber alle Innen-Paneele sind aus Schichtholz, und die qualitativ hochwertigen Tischlerarbeiten sind aus heller Eiche gefertigt. Es wurden kein Kocher und keine Wasserpumpe eingebaut.

1969: Das Kampmobile

Mit dem Aufkommen des T2-Modells im Oktober 1969 brachte VWSA seine eigene Version des Campers heraus, das Kampmobile. Es wurde in Uitenhage gebaut und sollte sowohl ein Camper als auch eine Großraumlimousine mit acht Sitzplätzen sein. Es basierte auf dem Modell mit Trennwand und verwendete Westfalia-Teile (oder Kopien davon) und wurde in Europa sehr ähnlich der SO 69-Serie vermarktet. Das vorne angeschlagene Westfalia-Hubdach mit dem integrierten hinteren Dachgepäckträger wurde standardmäßig eingebaut. Es konnten drei Erwachsene und zwei Kinder darin schlafen; eine Kabinenhängematte wurde ebenfalls als Standard geliefert. Ein Vorzelt gab es als Zubehör. Die hintere Rückbank konnte zu einem Doppelbett über die volle Breite ausgezogen werden, und hinter dem Beifahrersitz gab es ein Eisfach. Das Schmelzwasser wurde in einer Auffangschale gesammelt und aus dem Fahrzeug geleitet. Ein 27-l-Wassertank war hinten in dem Schrank untergebracht, in dem sich auch eine Spüle und eine Besteckschublade befanden. Es gab zwei aufklappbare Tischplatten als Küchenarbeitsplatz an der Seite der Schiebetür, zusammen mit einem kleinen, offenen Ablageregal. Der Tisch zur Essecke

Südafrikanische Camper

befand sich zwischen den beiden Sitzbänken. Im hinteren Dachbereich gab es ein Gepäcknetz. Ebenfalls im hinteren Bereich waren eine Garderobe mit Spiegel und ein Wäscheschrank untergebracht. Ein mit Clips befestigtes Moskitonetz und zwei Lamellenfenster (eines auf jeder Seite) gehörten ebenfalls zur Standardausstattung. Der 1600er Motor wurde mit einem höheren Verdichtungsverhältnis von 7,7:1 statt der üblichen 6,6:1 des Standardkombis getunt.

1974: Der Kombi Kamper

1974 wurde eine neu gestaltete Version zu einem wesentlich niedrigeren Preis als das Kampmobile eingeführt, der Kombi Kamper. Er besaß kein Hubdach und die Ausstattung war recht einfach. Er bot Platz für 5-6 Personen und besaß Staufächer, einen Schrank über die volle Länge und einen Klapptisch zwischen zwei Sitzbänken. Die Rückbank diente zugleich als Ausziehbett, und eine Kinderkoje für die Fahrerkabine wurde mitgeliefert. Im gesamten hinteren Wohnraum wurden helle Paneele verbaut. Eine Kühlbox und ein Wasserspeicher waren in einem Küchenschrank mit Resopal-Arbeitsplatte in der Schiebetür hinter dem Beifahrersitz untergebracht. Als Zusatzausstattung gab es unter Anderem einen Gas-/elektrischen Kühlschrank, Dachgepäckträger über die volle Länge und kleine oder große Vorzelte.

Die Jurgens Autovilla

Der Firmensitz von Jurgens Caravans war Kempton Park im Transvaal. Die Firma war ein etablierter Umbaubetrieb für Wohnwagen und Wohnmobile. 1973 konstruierte man einen Wohnmobil-Umbau auf VW-Basis, der Autovilla genannt wurde. Dieser Umbau war mit luxuriösen Details wie einer eingebauten Dusche seiner Zeit weit voraus und kann sich noch heute mit modernen Campern und Wohnmobilen messen.

Die Firma Jurgens verwendete ihre erprobten Designs und Fertigungsprozesse auf Basis eines 2-Liter-Bus. Sie baute ihren Caravan aus einem extrudierten (stranggepressten) Aluminiumrahmen mit Aluminiumverkleidung und erreichte so hohe Stabilität ohne großes Gewicht. Alles war mit Polystyrol gedämmt,

Der Dacherker war ein spezielles Merkmal der Jurgens-Umbauten.

und die gesamte Innenverkleidung war aus taiwanesischem Hartholzfurnier gefertigt, das wegen seiner Verwindungssteifigkeit ausgewählt wurde. Die Innenhöhe betrug geräumige 1,90 m, und die durchgängige Kabine vermittelte eine abgeschlossene, behagliche Atmosphäre.

Oberhalb der vorderen Kabine gab es einen Dacherker, in dem eine über eine Leiter erreichbare Doppelliege untergebracht war. Die Raumaufteilung entsprach der eines modernen Caravans, mit einer in U-Form um einen abnehmbaren Tisch gruppierten Essecke für vier bis sechs Leute im hinteren Bereich. Diese konnte zu einem Doppelbett oder zu zwei Einzelbetten ausgelegt werden. Auf der einen Seite hinter der Fahrerkabine gab es einen Waschraum, ausgestattet mit Spiegel, Toilettenschrank, Waschbecken, Fußbad und Dusche. In diesem Bereich blieb überdies genug Platz für den Einbau einer chemischen Toilette. An der Seite des Waschraums gab es einen 85-l-Kühlschrank, der mit Gas oder elektrisch betrieben werden konnte.

Gegenüber dem Waschraum befand sich eine Küchenzeile, komplett mit Spüle, zweiflammigem Kocher, Grill und Oberschränken. Dazu wurde ein vollständiges Geschirr- und Besteckset mit dem Wappen der Firma Jurgens geliefert. Neben der Küchenzeile war die Seitentür mit Moskitonetz und Schiebefenster.

Wasser wurde aus vier 10-l-Kanistern mit einer 12-V-Pumpe zum Waschbecken bzw. zur Spüle geleitet. Alle Fenster waren mit Rollos ausgestattet, ebenso alle Bodenflächen mit Teppichboden. Ein externes Sonnendach gehörte ebenfalls zur Serienausstattung. Ein freistehendes Vorzelt war optional erhältlich. Um dem Kraftstoffverbrauch Rechnung zu tragen und den Aktionsradius, besonders in der südafrikanischen Wildnis, zu erweitern, wurde auf jeder Seite des Motorraums ein Kraftstofftank mit jeweils 56 l Inhalt angebracht, was die Reichweite auf ca. 900 km erhöhte.

Bis 1979 wurden mehr als 1000 Einheiten gebaut und die Zeitschrift *Car South Africa* kommentierte in ihrem Testbericht: „Dies ist Südafrikas ungewöhnlichstes Fahrzeug, eine Kombination aus Auto und Wohnwagen und ein Reisemobil par excellence. Es ist sicherlich nicht jedermanns Sache, vor allem angesichts seines Preises, aber als Spezialfahrzeug in einem speziellen Markt ist es Weltklasse."

Die Jurgens Autovilla war ein Pionier im Bereich der Wohnmobile und hatte großen Einfluss auf die Gestaltung anderer Wohnmobile. Mitte der 1970er Jahre erwarb Karmann Karosserie die Rechte an einer in Lizenz gebauten Version. Das führte zur Herstellung des berühmten, und vielleicht besser bekannten Karmann Mobils und anschließend zum Karmann Gipsy, der sowohl in Deutschland als auch in Brasilien hergestellt wurde (siehe Kapitel 20).

30 Sport Kocijan: eine österreichische Alternative

Über die Firma Sport Kocijan ist sehr wenig bekannt, außer dass sie ihren Sitz in Wien hatte und in den frühen 1960er Jahren handgefertigte Campingeinrichtungen baute. Der hier gezeigte Innenausbau war ursprünglich in einem österreichischen Samba-Bulli von 1962 eingebaut und wurde von Andy Barott gerettet, der sie in seinen Samba von 1961 einbaute. Er ist noch komplett original und in gutem Zustand.

Wie viele Umbauten war er so ausgelegt, dass sich alles leicht ausbauen ließ, damit man den Bus auch für andere Zwecke nutzen konnte. Interessanterweise ähnelt die Gestaltung dem Westfalia SO 44, ist aber mehrere Jahre älter.

Entwickelt, um in die Modelle mit Trennwand zu passen, bildeten die Möbel, die am Ende gegenüber den Ladetüren eingebaut waren, eine lange, hinter der Trennwand befindliche Einheit. Diese bestand aus einem sich über die volle Länge hinziehenden großen Schrank mit Kleiderstange. Gelbe Resopalabdeckungen ergänzen das helle Eichenholz, die Verarbeitung ist exzellent. Der Hauptteil hat einen großen Regalschrank mit einem kleinen Abschnitt, der neben den Ladetüren liegt und in dem die Besteckschublade und zwei Schränke untergebracht sind. Die Besteckschublade hat einen hölzernen Besteckkasten, selbst dieser weist handwerklich hochwertige Schwalbenschwanz-Verbindungen auf.

Die hölzerne Sitzbank kann zu einem ordentlichen Doppelbett umgebaut werden, indem man das Unterteil herauszieht, die Füße ausklappt und die Rückenlehne der Sitzbank auf den Rahmen legt. Die beiden Sitzpolster werden hingelegt und bilden mit den großen Kissen ein geräumiges Bett über dem Motorraum. Für die Fahrt sind die Kissen mit Gurten befestigt, die zum grauen Stoff passen – nicht gerade die praktischste Methode, sie zu sichern. Die Sitzbank reicht nicht über die volle Breite, und an ihrem Ende ist eine hölzerne Haltestange befestigt.

Die Inneneinrichtung enthielt einen unbenutzten, noch verpackten 1961er Flaga Piccolo Zwei-Flammen-Kocher, der oben auf der Gasflasche montiert ist. Es ist nicht bekannt, ob dieser ein Teil des Campingausbausatzes war.

Dieser Samba von 1961 hat eine von nur zwei bekannten noch existierenden Kocijan-Innenausbauten.

Der Innenausbau verfügt über Schränke hinter der Trennwand und einen Kleiderschrank in voller Höhe wie beim späten Westfala SO 44.

Die Schrankausbauten waren von sehr hohem, handgefertigtem Standard. Auch bei der Besteckschublade wurden Schwalbenschwanz-Verbindungen verwendet.

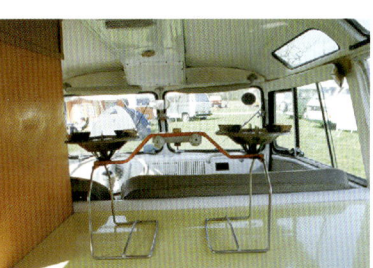
Der Piccolo-Kocher zeigt modernes minimalistisches Design der Zeit.

Die Kissen werden von Gurten gehalten. Beachtenswert ist der Schwenk-Haken am Ende der Sitzfläche. Mit ihm wurden die Dinge gesichert, die sich am Ende des Sitzes befanden. Ein separater Tisch stand nicht zur Verfügung.

Um das Bett zu bauen, entferne man die Sitzkissen, ziehe den Rahmen aus dem Heck, klappe die Beine herunter und nutze die Sitzbretter als Basis für ein sauber konstruiertes hohes Bett.

31 Sportsmobile

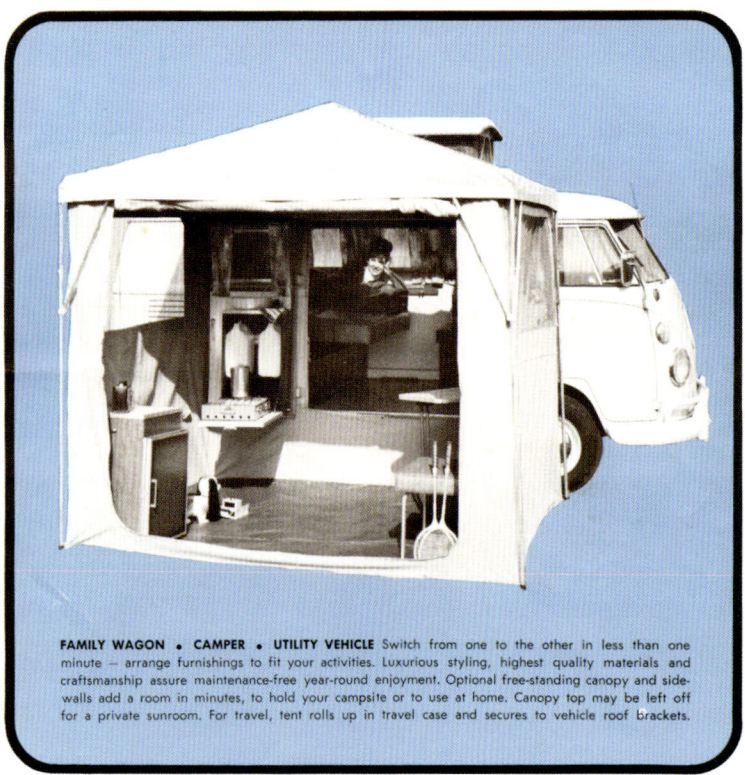

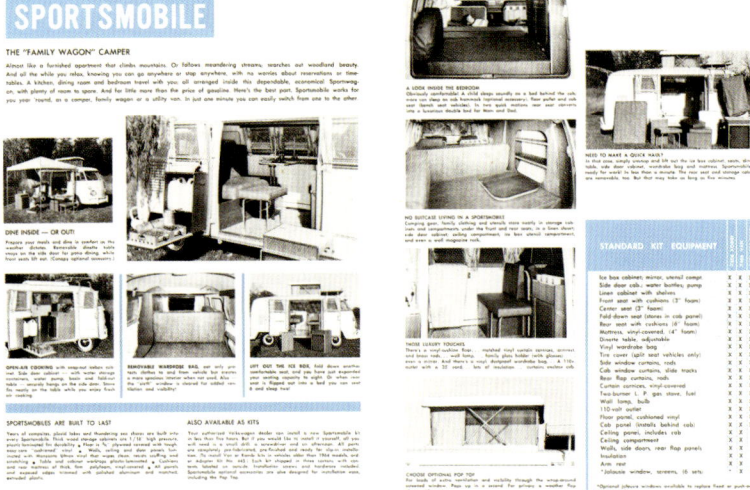

Der Prospekt von Sportsmobile beschreibt die Umbauten auf Basis des T1-Modells.

Sportsmobile war eine etablierte Reisemobil-Firma aus Andrews, Indiana mit einer Niederlassung an der Westküste, in Gardena, Kalifornien. Wie viele andere US-Firmen begannen sie um 1965/66 mit der Entwicklung eines VW Campers. Der Umbau sollte innerhalb weniger Minuten komplett zu entfernen sein, um eine Mehrzwecknutzung des Transporters zu ermöglichen. Es gab Umbauten für Modelle mit und ohne Trennwand, hinter den Kabinensitzen gab es einen Einzelsitz und eine Einheit an der Ladetür, in der die Kühlbox und ein Spiegel untergebracht waren. Ein Klappsitz hinter der Kühlbox konnte verwendet werden, wenn die Kühlbox entfernt wurde. Darüber gab es einen Halter mit Gläsern (vom Konzept her ähnlich dem Westfalia SO 32). Ein herunterklappbarer Tisch war an der Seitenwand angebracht. Die Rücksitzbank war ein Ausziehbett auf Höhe des Motorraums mit einem Stauraum für Kleider an der Ladetür (ein Kleidersack wurde mitgeliefert). Ein weiterer Stauraum, der zwei Wasserkrüge, ein Waschbecken und eine Pumpe beinhaltete, befand sich an der hinteren Ladetür. Die Tür dieser Einheit konnte heruntergeklappt werden und ergab dann die Standfläche für den zweiflammigen Gasherd. Auf der Rückseite war ein offenes Dachregal über dem Motor mit einem seitlichen Wäsche- und Vorratsschrank gegenüber dem Fach für das Reserverad (obwohl das Reserverad oft auf dem optionalen Dachgepäckträger mitgeführt wurde). Ein 110-V-Netzanschluss mit langem Kabel zeigt die durchdachte und aufwändige Konzeption der Firma Sportsmobile. Mit Jalousien versehene Fenster zählten zur Standardausstattung des umgebauten Kastenwagens, optional waren diese auch für die Kombi- und Microbus-Versionen lieferbar. Wände, Decken und Türverkleidungen waren mit Monsanto Ultra Vinyl laminiert und alle Platten und freiliegenden Kanten mit poliertem Aluminium eingefasst. Autorisierte VW-Händler konnten den Sportsmobile-Bausatz in weniger als fünf Stunden einbauen, und es standen auch Do-it-yourself-Versionen zur Verfügung. Ein Adapter-Kit machte es möglich, dass auch Modelle von vor 1964 mit der Sportsmobile-Campingausstattung versehen werden konnten. An Optionen gab es: ein Hubdach, Dachgepäckträger, ein freistehendes Vorzelt, Seitenwände, abgeschirmtes Fenster, einen Boden für das Vorzelt (das ohne das Dach aufgestellt werden konnte und so einen privaten Raum zum Sonnen ergab), eine Kabinen-Hängematte, eine chemische Toilette im Einzelsitz hinter dem Fahrer in einem separaten Fach untergebracht, um eine Verwendung drinnen und draußen zu ermöglichen, eine wetterfeste Dachgepäckträger-Abdeckung aus Vinyl, Dana-Heizung, Netze für die Seitenfenster und ein Moskitonetz für hinten, wenn die Heckklappe offen war. Die gleichen Grundsätze und Qualitätsnormen fanden nach 1969 Anwendung, als man weiterhin auf Basis der T2-Kastenwagen, -Kombis und -Microbus-Umbauten anbot, die stets vollständig entfernt werden konnten, so dass sich das Fahrzeug für andere Zwecke nutzen ließ. Die Campingausstattung wurde als Bausatz angeboten oder konnte in vorhandene Kundenfahrzeuge eingepasst werden. Auch das Adapter-Kit für Busse von vor 1967 war noch lieferbar. Die besondere Vielseitigkeit des Camping-Bausatzes war Teil der Marketingstrategie. Die Kataloge sprachen davon, dass „ein weiteres praktisches Merkmal des Sportsmobile ist, dass man die Campingausstattung wie den Schrank, den Tisch, die Matratzen, den Vordersitz und den Kühlschrank zu Hause lassen kann. Alles kann in einer Minute demontiert werden, und wenn alles entfernt ist, ist das Sportsmobile innen immer noch komplett eingerichtet – an keiner Stelle kommt das blanke Metall zum Vorschein."

Das neu gestaltete optionale Hubdach war Sportsmobiles eigene Entwicklung. Es wurde „Penthouse" genannt und war ein Hubdach über die gesamte Fahrzeuglänge. Das Reserverad war an der Fahrzeugfront montiert, und am Kastenwagen gab es drei Lamellenfenster; am Kombi nur zwei. Eine Sitzbank und ein Einzelsitz waren um einen Tisch herum gruppiert, es gab einen herausnehmbaren Schrank mit Kühlbox, Spüle, Wasserpumpe und 22,7-l-Tank hinter dem Beifahrersitz. Daran befestigt gab es einen kleinen Vorratsschrank mit Regalen, dessen Tür aufgeklappt werden konnte und dann wiederum ein Regal ergab. Die Tür konnte vollständig aufgeklappt werden und gab dann einen an der Rückwand befestigten Schminkspiegel frei. Das Regal war ideal für die Aufnahme einer Waschschüssel oder eines kleinen Campingkochers geeignet, der jedoch nicht mitgeliefert wurde. Die Rücksitzbank war in zwei Positionen einstellbar und bildete ebenfalls ein Ausziehbett mit einem Stahlrahmen.

Am Ende der Rückbank gab es optional eine Schrankeinheit, standardmäßig war an der gleichen Position ein hängender Kleidersack befestigt. Im Dach über dem Motorraum befand sich ein offener Stauraum. Alle Holzarbeiten bestanden aus Eiche und kratzfestem Laminat, die Sitze sind mit (Naugahyde) Vinyl in hellen Farben bezogen, passend zu den knitterfreien Vorhängen. Der Bodenbelag besteht aus Vinyl und ist resistent gegen heißes Fett. Decken und Wände waren mit hellen Vinylpaneelen verkleidet, mit zu den Schränken passenden Laminatkanten. Ein Netzanschluss gehörte zur Standardausstattung. Zum optionalen Lieferumgang zählten außerdem: Eine Leiter für das Penthouse-Dach, ein seitliches Vorzelt, ein Dachgepäckträger, ein kleines Hubdach, eine chemische Toilette mit Spülung, ferner ein Mittelsitz in der Fahrerkabine, eine Kabinenhängematte, Vorhänge, um die Kabine abzutrennen, eine Dana Benzin-Heizung, ein Hocker für den Mittelgang, Armlehnen und Blenden für alle Scheiben.

Das Sportsmobile Penthouse-Dach wurde nicht nur für die eigenen Camper verwendet, sondern auch an andere Umbaufirmen verkauft und für Privatleute eingebaut. Sogar Volkswagen of America bot es in den frühen 1970er Jahren für ihren eigenen Camper im Westfalia-Stil an. Sportsmobile baut auch heute noch Wohnmobile und Mehrzweck-Fahrzeuge sowohl auf T25- als auch auf T4-Plattformen.

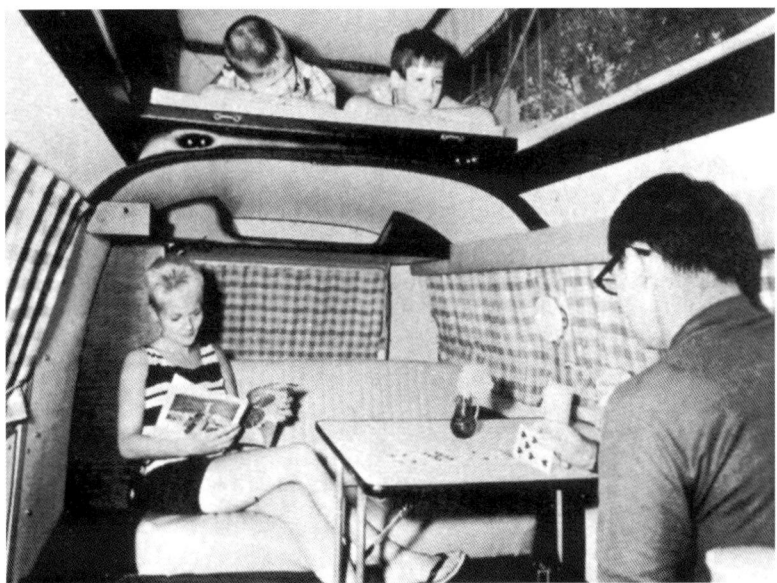

Für das T2-Modell war optional das firmeneigene Hubdach namens „Penthouse" lieferbar, das auch an andere Anbieter wie z. B. VWoA verkauft wurde.

32 Sundial Camper

Dieser Prospekt von 1966 zeigt das gestreifte, mit Fransen versehene Sundial-Zelt.

Für das Bett wurde das Heck genutzt. Alle Verkleidungen bestanden aus Holz.

Er zeigt auch die Holzschabracke im Riviera-Stil über den optionalen nach unten zu klappenden Fenstern.

Vielfältige Einsatzmöglichkeiten wurden von allen Umbauunternehmen beworben.

In den 1960er Jahren hatten die US-Händler große Schwierigkeiten, der hohen Nachfrage für Westfalia-Camper nachzukommen. Es war nicht einfach, Bestellungen zu platzieren; oft musste man einfach nehmen, was geliefert wurde. Tatsächlich wurden viele Westfalias durch Tourist-Export-Programme ins Land gebracht, zumeist von Einzelpersonen (gewöhnlich Personal der US-Streitkräfte, die das Fahrzeug im Werk abholten und die Verschiffung in die USA organisierten). Sundial Campers waren in Kalifornien ansässig und produzierten Campingeinrichtungen, die eng an die Westfalia-Versionen angelehnt waren oder sogar nutzten, wie andere Firmen auch. Das ist auch bei dem hier gezeigten Sundial zu sehen. Wenn ein Kunde keinen Westfalia kaufen konnte, war ein Camper, der erkennbar ähnliche Ausstattungen bot, eine attraktive Alternative. Manche Leute nannten diese Camper „Wesfakias", aber die Qualität des Ausbaus war in der Regel sehr gut, und alle hatten ihre eigenen, einzigartigen Merkmale.

Sundial-Ausbauten basierten in der Regel auf dem Standard-Kastenwagen, der problemlos erhältlich war und dann mit fünf Lamellen-Seitenfenstern ausgestattet wurde (sechs, wenn der Kleiderschrank weggelassen wurde). Natürlich wurden auch Kombis und Microbusse umgebaut. Während die Kastenwagen-Umbauten fünf Seitenfenster hatten, erhielten die Kombi- oder Microbus-basierenden Camper sechs Fenster. In diesem Fall wurde ein Fenster nicht mit Lamellen ausgestattet, weil es im Schrankbereich war. Man konnte auch Einscheiben-Fenster bekommen, die oben mit Scharnieren ausgestattet waren. Alle Fenster verfügten serienmäßig über Fliegengitter.

Die Wände und Decken waren mit platinfarbenen Esche-Sperrholz-Verkleidungen versehen (wie bei den Westfalias). Optional gab es eine ähnliche Oberfläche für die Kabinentüren, und überall war Vinylfußboden ausgelegt. Die Sitze hatten weiße Vinylbezüge, für die anderen Polster hatte man eine Auswahl aus sechs Farben mit Cordvorhängen in passenden Tönen oder in Kontrastfarben, aufgehängt an Messingstangen. Das Bett war ein Z-Bett im „Easy action"-Stil, das sich schneller aufzubauen ließ als das Standard-Westfalia-Design. Die Möbel waren aus farblich passender Esche hergestellt. Eloxierte Aluminium-Rahmen sollten die Kanten schützen. Obwohl eng an den Westfalia angelehnt, hatte der Sundial einige interessante und einzigartige Besonderheiten.

Im Heck, gegenüber dem Stauraum im Bereich des Hinterrads befindet sich hinter einer Schiebetür ein Regal-Schrank. In die linke Ladeklappe ist ein großer Schrank für Geschirr oder ähnliches eingebaut. Entweder sind es Lattenregale, oder eine herunterziehbare Tür, woraus sich im Handumdrehen ein Tisch oder eine Arbeitsplatte machen lässt. Dies wird gekrönt von einem Gewürzregal mit kreisrunden Löchern, in die man Behälter oder Tassen hineinstellen kann. An der rechten Ladetür befindet sich ein klappbares Resopalbrett, auf dem der Kocher (entweder ein Benz-O-Matic oder ein Coleman) gestellt wird. Der Kocher wird, wenn er nicht gebraucht wird, in einer der Sitzbänke verstaut. Wenn man innen auf die linke Seite schaut, befinden sich dort ein großer Kleiderschrank mit Spiegel, eine Sitzbank, die zum Bett ausgezogen werden kann und ein Zeitungsständer am Ende. An der Seitenwand sind drei unterschiedlich große Tische mit Scharnieren angebracht, die hochgeklappt, flach an der Wand liegen wenn sie nicht ge-

Ein 1965er Sundial-Umbau mit Dachgepäckträger

braucht werden. Oberhalb der Rückbank unter der Decke befindet sich weiterer Stauraum. Die vordere Trennwand wurde herausgenommen, um eine Kabinenversion zu bekommen, mit einem Einzelsitz an einer Seite. Auf der anderen Seite gab es einen langen Schrank, in dem die Spüle, der Kühlschrank und der Wasserkanister untergebracht sind. Dieser 55-l-Wasserkanister ist in einem versiegelten Holzkasten untergebracht, der von der Basiseinheit abgetrennt ist und sich zum Befüllen leicht herausnehmen lässt. Die runde Spüle hat ein abnehmbares Schneidbrett und eine Besteckschublade. Die Sitze sind mit weißem Vinyl bezogen.

Die auffällige Markise mit hellen Streifen und Fransen wurde zum Standard. Zusätzlich konnten ein Dachgepäckträger mit Leiter, große Lkw-Spiegel, eine Dachluke (ähnlich der Westfalia-Dachluke), eine Seitentreppe, die flach unter das Fahrzeug geklappt werden konnte, und eine Kinderhängematte für den vorderen Kabinenbereich bestellt werden. Anstelle der Standard-Kühlbox konnte man auch einen Benz-o-matic Kühlschrank haben. Eine faltbare Toilette mit Cabana-Zelt war ebenfalls lieferbar.

Das hier fotografierte Modell gehört Dave Lloyd. 1965 im November gebaut, wurde es als Kombi in taubenblau geliefert. Interessanterweise hatte der Wagen werkseitig eingebaute Mittel- und Rücksitze und Holzverzierungen sowie ursprünglich sechs nach außen klappbare Fenster, die aber offensichtlich durch die Ausbaufirma entfernt wurden.

Um den California-Look aufzupeppen, wurde der Bus tiefergelegt und mit Alufelgen versehen. Die fehlende Sundial-Plakette wurde per Internet aus den USA beschafft, ebenso die Lkw-Spiegel, die der Bus ursprünglich hatte. Die Lufthutzen aus Edelstahl für die hinteren Luftschlitze und Chrom-Safari-Fenster ergänzten den California-Look. Diese wurden aufgeklammert um Bohrlöcher in der Karosserie zu vermeiden. Der Bus wurde irgendwann zweifarbig lackiert, allerdings nicht im originalen Taubenblau.

Der Coleman-Benzinkocher kann auf einem Brett an der vorderen Ladetür angebracht werden.

Der auffällige Sundial Spülen-/Kühl-/Wasserkanister-Schrank. Außergewöhnlich: Die Spülen-/Schneidbrettabdeckung ist immer noch an ihrem Platz.

Der abnehmbare, freistehende Wasserbehälter war einfach zu befüllen.

Der an der Tür angebrachte Geschirrschrank ähnelt der Westfalia-Version, aber die Klapptür wird nach unten geklappt und gibt ein Gewürz- oder Tassenregal frei.

Holzvertäfelung und Dachhimmel sorgen für ein „Hüttenfeeling".

Sundial Campers

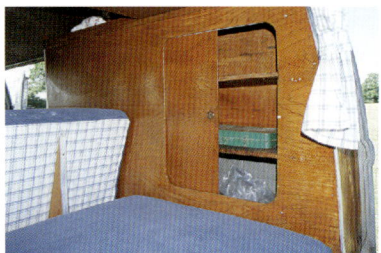
Eine Schiebetür offenbart reichlich zusätzlichen Stauraum.

Das Cola-Flaschen-Radio als witziges Ausstattungsmerkmal

Der Haupttisch wird gegen die Seitenwand geklappt, wenn er nicht gebraucht wird.

Die Gardinen waren an Messingstangen aufgehängt, nicht an Schiebern.

Wie man hier sehen kann, stattete Sundial die Sitze im Fahrerhaus mit weißen Vinylsitzbezügen aus.

Die Herstellerplakette

Die original Sundial-Plakette ist sehr schwer zu bekommen.

Beachten Sie, dass das hintere Fenster (hinter dem Kleiderschrank) ein Standardfenster ist und keine Lamellen hat, da dieser Umbau auf einem Kombi basiert.

Lkw-Spiegel gehörten damals zur Originalausstattung dieses Busses und wurden hier aus Gründen der Originalität wieder nachgerüstet.

Die kalifornische Zulassungsplakette

Umlaufende Lamellenfenster sind ein besonderes Merkmal der Sundial-Umbauten.

33 Syro Kit Camper und Umbauten

Die Firma Syro, mit Sitz in der Nähe von Darmstadt, war ein weiterer deutscher Hersteller von Campingausrüstungen und Camping-Fahrzeugen, der ein umfassendes Angebot von Umbauten für verschiedene Marken, darunter Ford, Mercedes und Volkswagen anbot. Der Name Syro entstand aus Sybille und Rolf Koch, die die Firma in den frühen 1970ern gründeten. Bis 1978 hatte Syro mindestens 15 Vertretungen in Westdeutschland und eine in Österreich. Das Unternehmen war für seine gute Qualität bekannt, und die Kunden waren sehr zufrieden damit, aus einzelnen Komponenten oder Paketen auswählen zu können, was am besten zu ihren spezifischen Bedürfnissen passte. Alle Bestandteile wurden als Bausatz geliefert, und ein umfassender Bauplan zeigte genau, wie sie montiert werden mussten. Das Basismodell, VW 2 hatte Sitzmöbel im Essecken-Stil, einen am Einzelsitz gelegenen Kocher und eine Spüle unter dem Sitz. Option VW 3 besaß eine Kühlschrank-/Kocher-/Spüleneinheit nahe der Schiebetüre anstelle eines Sitzes. Für die Verwendung im Freien konnte der Tisch daran befestigt werden. Verschiedene andere Paketoptionen standen zur Verfügung, darunter eine Gestaltungsmöglichkeit, bei der die Kocher- und Spüleneinheit an der Trennwand angeordnet war, flankiert von einem Kleiderschrank. Es gab optional auch ein Hubdach (Syros eigener Entwurf) und vorne angeschlagene Hubdächer (Westfalia-Version) ebenso wie ein massives Dachzelt und Vorzelt.

Neben der Lieferung von Bausätzen und Komponenten bot Syro auch neue Umbauten mit den gleichen Layouts und Optionen an, bis der Handel um 1985 eingestellt wurde.

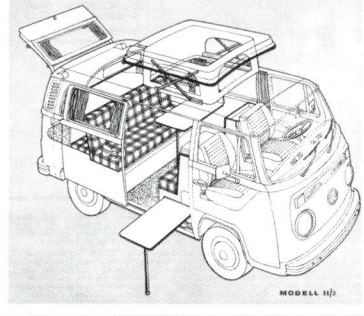

Dieses Schnittbild zeigt eine von mehreren lieferbaren Gestaltungsmöglichkeiten.

Das von Syro hergestellte massive Dachzelt mit seitlichem Vorzelt ist hier zu sehen.

Ein umfassendes Handbuch gab detaillierte und vollständige Anweisungen für die Selbstmontage.

Syro entwarf Bausätze für eine Reihe von Marken und bot eine Vielzahl von Varianten an.

34 T25 Camper (Großbritannien)

Die Autohome Kamper hatten ein starres Seiten-Hubdach und einen gut ausgestatteten Innenraum.

Mit Beginn der achtziger Jahre wurden die Camper immer luxuriöser und waren als Reaktion auf den sich ändernden Lebensstil der Verbraucher immer besser ausgestattet. Bei den Einrichtungsgegenständen wurde ein Standard an Luxus geboten, der in vielen Haushalten so nicht zu finden war. Der neue T25 etablierte sich sehr schnell als beliebtes Modell bei den Wohnmobilherstellern, die VW-Camper in ihrem Sortiment anboten. Weil T25-Camper von den Hauptakteuren wie Devon, Westfalia und Autosleeper getrennt produziert wurden, ist es nicht möglich, im Rahmen dieses Buches alle angebotenen Campingumbauten vorzustellen, daher sind nachfolgend nur einige der beliebtesten beschrieben.

Autohomes

Autohomes war immer schon ein wichtiger Akteur im Geschäft mit Reisemobilen und bot den T25 in drei Varianten an: Kameo, Camper und Komet. Die Innenausstattung der Modelle war weitgehend gleich, den wesentlichen Unterschied bildeten die Dachformen.

Der Kameo war ein Zwei-Personen-Modell mit einer optionalen Kabinenkoje. Er hatte ein aerodynamisches Flachdach mit zu öffnenden Fenstern, eingebautem Dachgepäckträger und ein Dachlicht. Das Dach war auch mit ausziehbaren Stauraum-Einheiten für Flaschen, Gläser und Geschirr ausgestattet. Der schwenkbare Beifahrersitz war Standard.

Der Camper verfügte über ein Hubdach und ein Doppelbett, das heißt, dass vier Erwachsene bequem schlafen konnten. Ein einzigartiges Merkmal war das Dach mit starren Seitenteilen, von denen eines zum Lüften oder für einen ungehinderten Ausblick ins Freie heruntergeklappt werden konnte. Für die Reisen bot es Platz für sechs Personen. Der vielseitig positionierbare Schiebe-Schwenk-Ruhesitz hinter dem Beifahrer konnte für die Fahrt nach vorne gerichtet oder als Einzel- oder Doppelsitz zum Essen verwendet werden. Zwischen den Vordersitzen war auch ein mobiler Hocker verstaut.

Der Komet war ein Hochdachmodell mit einem Doppelbett im Dach und insgesamt bis zu vier Schlafplätzen. Das Dach hatte hochwertige, doppelt verglaste Fenster, die sich öffnen ließen. Der Komet wurde mit Edelstahlleiter und Dachgepäckträger geliefert. Beide Vordersitze waren drehbar, und für diese gab es einen zusätzlichen Tisch für den Innengebrauch. Geschirr und eine Toilette mit Wasserspülung waren ebenfalls Standard. Zusätzlich enthalten waren TV-Antenne, Melamin-Geschirr (Kameo und Camper), Gebläseheizung, Heck-Reserveradhalterung und einzeln herausnehmbare Sitze.

Country-Camper

Country-Camper war ein kleines Unternehmen mit Sitz in Fareham, Kent, das auf den Einbau von Fenstern, Hochdächern oder Hubdächern auf Fahrzeugen genauso spezialisiert war, wie auf die Ausführung von kompletten Umbauten von Privatwagen oder Lieferungen von komplett ausgestatteten Wohnmobilen. Das klassische Devon Moonraker Arrangement wurde so verändert, dass sich Kocher, Kühlschrank, Spülenschrank und Stauraum unter dem Fenster befanden, während es hinten einen Schrank gab. Ein einzelner Kastensitz, der ein Porta-Potti beherbergen konnte, war hinter dem Beifahrersitz angeordnet. Die Schrankverkleidung bestand aus weißem oder cremefarbenem Melamin, und der Kunde konnte die Stoffe für Sitzbezüge und Vorhänge aus einer großen Palette auswählen.

Euro Motorcamper (EMC)

Das war ein weiteres Unternehmen, das auf die Herstellung von Möbel-Sets, Hochdächern und Hubdächern für Lieferwagen von VW, Mercedes, Renault, Bedford und Ford spezialisiert war. Das Hochdach wurde „Town and Country" genannt. Außerdem baute man auch Hochdächer für den T2 ab 1967. Der Innenraum bot sehr viel Stauraum und hatte auffällige Kunststoffleisten um alle Türen und Kanten. Es standen sieben Pakete zur Wahl, beginnend mit Fenstern und Hochdächern bis hin zu voll ausgestatteten Umbauten. EMC produzierte auch Sonderanfertigungen nach Kundenwunsch.

Leisuredrive

Das Umbauunternehmen Leisuredrive aus Salford, Manchester ist immer noch ein etablierter Lieferant von Do-it-yourself-Ausbausätzen. Ihr T25-Umbau wurde Crusader genannt. Die Innenraumgestaltung erinnert sehr stark an den 1978 eingeführten Moonraker mit Kocher, Kühlschrank, Spüle und Stauraum-Einheit unter den Fenstern und im hinteren Schrank. Der Einzelsitz hinter dem Beifahrer war ein herunterklappbares Porta-Potti, und der Beifahrersitz war drehbar. Man bot drei verschiedene Dachformen an: ein seitlich angeschlagenes Hubdach, ein „Lo-Line"-Hochdach und das Mark 3 „Hi-Line"-Hochdach. Die Schrankverkleidungen waren im Holz-Look aus Melamin gefertigt.

Advanced „Sport 6"

Der „Advanced Sport 6"-Umbau wurde von der Firma Advanced Bus in Derby ausgeführt und sollte Kunden ansprechen, die den Minibus und den Camper zu einem vielseitigen, aber komfortablen Fahrzeug kombinieren wollten. Die Gestaltung lehnt sich an das Day Van-Design an, der Innenraum ist komplett isoliert und einschließlich der Decke mit Teppichboden verkleidet. Für die Fahrt kann man beide Vordersitze nach vorne ausrichten (komplett mit Kopfstützen und Armlehnen), sodass das Innere wie beim Minibus angeordnet ist. Er ist aber auch wie ein Camper ausgestattet, also mit Spüle, Einplattenkocher, Ausziehbett, Rücksitzbank und drehbaren Vordersitzen sowie einer Essecke. Es gibt zwei Schiebedächer und für jeden Sitz Leselampen und Fußraumlampen. Dieses außergewöhnliche Modell hatte bereits ab Werk eingebaute Doppelschiebetüren, große Stoßfänger und Zentralverriegelung, während das Zusatz-Bremslicht von Advanced angebracht wurde. Der hier gezeigte Umbau wurde vom VW-Händler Trust aus Leeds 1991 bestellt, der den Basiskombi dazu lieferte. Der Besitzer sah diesen T25 zum ersten Mal, als er am Showroom von Trust vorbeifuhr. Er kaufte ihn direkt aus dem Ausstellungsraum, und die Ori-

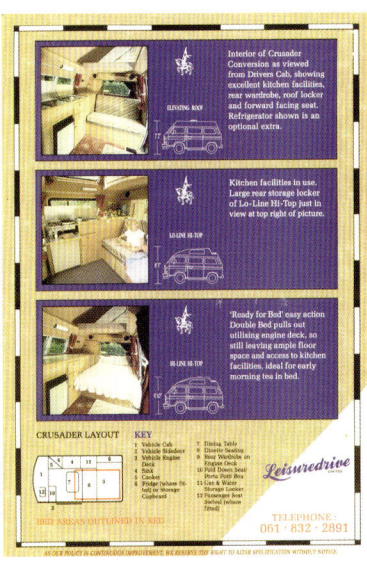

T25 Camper (Großbritannien)

ginalpapiere zeigen, dass Trust für den Umbau am Tag vor der Zulassung 4317 Pfund berechnete. Der Neupreis des Busses belief sich auf 15.312 Pfund. Gut gepflegt in Top-Zustand erhalten, kaufte der derzeitige Eigentümer Mick McLaren ihn im April 2002, da hatte er nur knapp 10.000 km auf dem Tacho.

Das Fahrzeug war in einem exzellenten Zustand, und eigentlich waren nur wenige Arbeiten nötig. Trotzdem hat Mike den Frontbereich neu lackiert, um die Steinschlagspuren zu entfernen. Seit er den Bus gekauft hat, ist Mike dabei, seinen eigenen Look einzubringen – mit originalen Zubehörteilen, maßgefertigen Bauteilen einschließlich der Metallbeschläge, die komplett renoviert wurden, einem Drehzahlmesser, Gene Berg-Schalthebel, Frontspoiler, umlaufenden Lampen, Grill, Frontnebelleuchten, neuen Vorhänge und speziell angefertigten Sonnendach-Jalousien. Außerdem wurde der Bus mit Spax-Sportfedern um 45 mm tiefergelegt.

Der Tisch ist auf einem Sockel montiert.

Der 1991er Sport 6 kombiniert den Luxus einer Großraumlimousine mit dem eines Wochenendcampers.

Das Doppeltür-Modell ermöglicht das beidseitige Beladen und das sichere Unterbringen der Kinder.

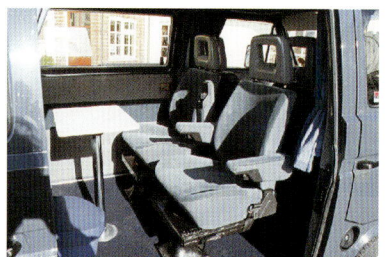
Doppel-Drehsitze mit Armlehnen und Kopfstützen bieten flexible Sitzmöglichkeiten beim Essen.

Für die Fahrt dreht man die Sitze nach vorne.

Die Sonnendächer lassen viel Licht herein.

Das Ausziehbett ist einfach in der Handhabung und geräumig.

Spüle und Wasserhahn sind am Ende der Rückbank angebracht.

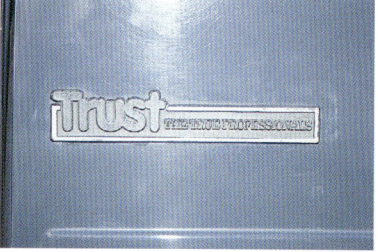
Die Händlerplakette und das Sport 6-Logo sind am Heck angebracht.

T25 Camper (Großbritannien)

Wentworth Motor Caravans

Wentworth war ein kleines Familienunternehmen aus Egham in Surrey, spezialisiert auf VW-Umbauten auf Bestellung, wobei sie in der Regel zirka acht Wochen für den Umbau benötigten. Sie hatten immer einen kleinen Vorrat an Gebrauchtfahrzeugen und passten diese dann den Wünschen des Kunden an. Durch den Umbau von Gebrauchtfahrzeugen wurde ein VW-Wohnmobil eine attraktive und erschwingliche Alternative. Ein Wentworth HiTop mit 1,80-m-Dachbett war Standard, das Mobiliar war von guter Qualität in Eiche gefertigt. Hinter dem Fahrer befand sich ein Einzelsitz. Spüle, elektrische Wasserpumpe, Kühlschrank, Kocher und Stauraum waren unterhalb der Fenster zu finden. Ein Kleiderschrank war im Heck angebracht. Eine Kombination Sitzbank/Ausziehbett war im Heck angeordnet, und ein weiterer Einzelsitz befand sich hinter dem Beifahrer mit einem Tisch dazwischen. Der Innenraum war gut ausgestattet. Serienmäßig gab es einen Tablett-Tisch, Abwassertank, einen herausnehmbaren 40-Liter-Frischwassertank, Lamellenfenster mit Blenden, eine zweite Fahrzeugbatterie und einen Grill. Mögliche Optionen waren ein TV, Wasserkocher, Drehsitze, Netzanschluss, Fahrrad-, Ski- oder Surfboardhalterungen, Soundsystem sowie eine seitliche Markise oder ein Zelt. Eine ungewöhnliche Option war es, anstelle des Einzelsitzes hinter dem Fahrer eine Dusche einzubauen.

35 Teca Reisemobile

In den späten 1970er Jahren bot die Firma Teca Reisemobile GmbH eine Reihe von Camping-Bausätzen für den VW-Bus an. Diese konnten als Do-it-yourself-Bausatz geliefert, oder in neue oder gebrauchte Fahrzeuge eingebaut werden. Es war auch möglich, bei jedem Bausatz bestimmte Optionen anzugeben. Die Modelle besaßen wahlweise ein festes Dach, vorne angebrachte Hubdächer oder Hochdächer. Sie waren zur Unterscheidung wenig originell nach dem griechischen Alphabet benannt – Alpha war das Basismodell ohne Besonderheiten, das im Grunde nur ein Bett besaß; Sigma war das voll ausgestattete Modell mit Hochdach. Vier Beispiele für die Gestaltung werden hier gezeigt.

Einrichtung GAMMA

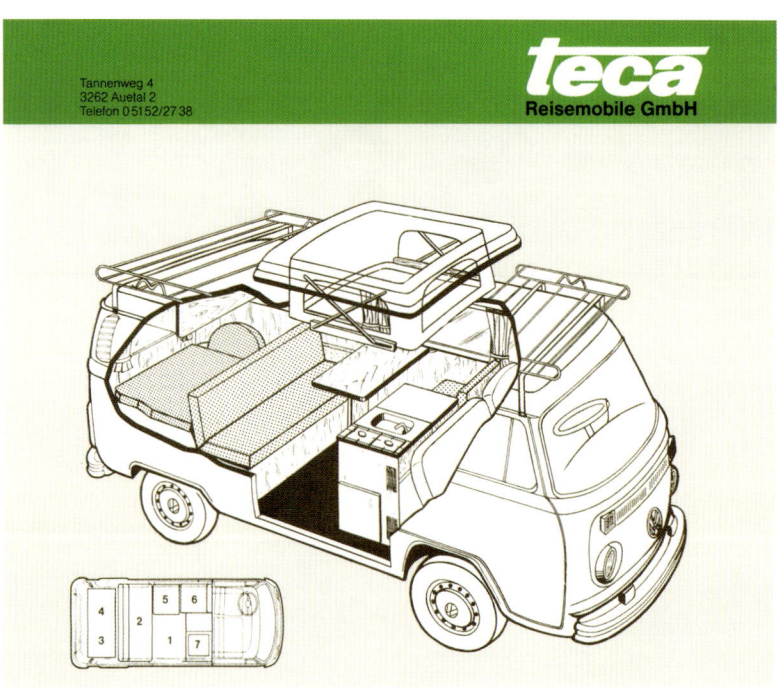

Einrichtung GAMMA S

Einrichtung DELTA

Einrichtung SIGMA

36 Tischer (abnehmbare Campingeinheit)

Seinen Ursprung hat das Fahrzeug in den USA, wo man schon immer eine große Liebe zu den Pick-up-Wagen verspürte. Diese abnehmbare Campingeinheit bot die Freiheit, das Fahrzeug einerseits als Arbeitstier zu nutzen oder es als Familienkutsche einzusetzen, während die Campingeinheit, gestützt durch abklappbare Füße, „geparkt" wurde. Die Idee, einen mobilen Caravan-Körper zu entwickeln, der Huckepack auf der Pritsche sitzt, verbreitete sich in den USA sehr schnell. Die meisten Firmen produzierten Basiseinheiten, die auf jedes Pick-Up-Modell passten. Nur sehr wenige boten spezielle VW-Umbauten an.

In Europa setzte sich diese Idee nie im gleichen Umfang durch, aber das deutsche Unternehmen Tischer spezialisierte sich auf komplett ausgestattete Einzel- und Doppelaufsatzkabinen für VW-Pritschenwagen. Der Innenausbau hatte einen sehr hohen Standard und verfügte über eine Dusche, eine voll ausgestattete Küche kombiniert mit einer luxuriösen Polsterung. Man begann in den 1970er Jahren mit den Umbauten und produziert bis heute sehr erfolgreiche Modelle.

37 Viking

Die ersten Vikings hatten feste Hubdächer.

Die Essecke konnte schnell in eine L-förmige Sitzecke umfunktioniert werden.

Nachts verwandelte sich der Bus in ein Boudoir!

Die gut ausgestattete Viking-Küche lag im hinteren Bereich.

Das optionale, freistehende Isabella-Vorzelt schuf noch mehr Platz.

„Dies ist ein hervorragendes Design, so ziemlich das originellste und erfolgreichste, das es je auf einem Volkswagen gab", schrieb das Fachmagazin *Camping Caravan Weekly,* im November 1972.

Der Viking-Umbau ist am besten bekannt für sein unverwechselbares Hubdach. Während der Fahrt sieht der Viking wie jeder andere VW-Camper aus, aber wenn er auf seinem Standplatz steht, wird der Unterschied sofort deutlich, denn das Dach ist riesig! Es ist mit einer seitlich überhängenden Zelterweiterung versehen, was Kopffreiheit in Hülle und Fülle bietet und zwei Erwachsenen bequeme Schlafgelegenheiten im Dach.

Der Volkswagen Viking

Der Viking wurde 1970 erstmals vorgestellt und von Motorhomes of Berkhampstead in Hertfordshire produziert. Basierend auf den Kastenwagen boten sie anfänglich ein festes Dach mit einem optionalen 2/3 Hubdach auf dem mittleren und hinteren Teil. Die geräumige Gestaltung des Innenraums unterschied sich jedoch von der seiner Zeitgenossen. Die Werbung aus dieser Zeit hob besonders hervor:

> „Viking. So viel mehr als ein Volkswagen. Viking ist ein völlig neues Konzept für die Wohnmobil-Gestaltung, und seine vielseitige Nutzung des Raums, sein raffiniertes Design und seine überragende Qualität bringen ihn in Führung – in jedem Bereich. In einem Viking ist Platz für alles. Platz zum Faulenzen und zum Essen. Raum zum Kochen und zum Lieben. Und ein separater Raum für die Kinder."

Die Sitzbänke standen einander gegenüber, sodass vier oder fünf Personen sitzen konnten, ein optionaler tragbarer Gas- oder Elektrokühlschrank befand sich hinter dem Beifahrer an der Schiebetür. In der Mitte konnte ein Tisch befestigt werden, alternativ konnte ein L-förmiges Sofa gebildet werden, indem man die Rückbank unter das Fenster schob. Die Spüle mit einer elektrischen Wasserpumpe und einem 41-l-Unterflurtank lag im Heck. Der Edelstahlkocher mit Grill war in einem Gehäuse an der Schiebetür untergebracht, und das Kochen oder Waschen konnte komfortabel im

Stehen oder im Sitzen erledigt werden. Hinten gab es einen Kleiderschrank gegenüber dem Reserverad.

Die Innenausstattung war aus kratzfestem Laminat im Farbton Eiche hell, und der Vorratsschrank war aus hygienischen Gründen mit Laminat ausgekleidet. Dem „Raum für die Liebe"-Thema wurde entsprochen durch ein (für diese Zeit) rassiges Bild im „Boudoir-Bereich", das ein Paar im Bett zeigte, welches der „Stereoanlage für lauschige Musik und dem Radio für den Kontakt mit der Zivilisation" lauschte! Das Philips Stereo-Cassettensystem gehörte zur Standardausstattung und Viking war der erste Umbauer, der ein komplettes Soundsystem anbot.

Als optionale Zusatzausstattung gab es ein Hubdach, einen vorderen Dachgepäckträger, eine Kabinenhängematte und das „Isabella-Vorzelt". In diesem freistehenden Zelt konnten drei Menschen bequem schlafen, und es entsprach dem neuesten Stand der Zeltkonstruktion. Ebenfalls optional lieferbar waren der 1700-ccm-Motor, die Automatik und eine beheizbare Heckscheibe. Interessanterweise löste der neue Viking eine heftige Auseinandersetzung zwischen Volkswagen GB und der Wohnmobilindustrie aus. 1972 hatte VW GB einen Exklusivvertrag mit Devon abgeschlossen, was bedeutete, dass von nun an – von Westfalia einmal abgesehen – nur noch Devon-Umbauten offiziell von VW zugelassen waren. VW GB behauptete, dass andere Umbauten mit ausgeschnittenem Dach nicht sicher wären, weil sie besondere Bodengruppen- und Dachverstärkungen benötigten und verweigerte für solche Fahrzeuge jede Garantie. In einer Pressemitteilung mit der Überschrift „VW-Warnung vor nicht zugelassenen Wohnwagen" bezeichnet VW GB den Umbau von Viking als Paradebeispiel. Motorhomes schlug zurück, forderte VW auf, eine gründliche technische Überprüfung durchzuführen und behauptete: „Ihre Sorge um die Sicherheit ist nichts als ein Vorwand, den Sie benutzen, um in Misskredit zu bringen, was die meisten Beobachter für den besten Umbau halten, der je auf einem VW-Chassis realisiert wurde, nämlich das Viking Wohnmobil." Die Fachpresse aus jener Zeit stimmte der Ansicht zu, dass die VW-Marketingpolitik eine gewichtige Rolle in dieser Auseinandersetzung gespielt hat.

Trotz der Forderungen von VW GB fuhr Viking fort, eines der geräumigsten und begehrtesten Hubdächer zu produzieren, und es gibt keinerlei Hinweis darauf, dass der Viking – oder irgendein anderer professioneller Umbau – je strukturelle Mängel oder Unsicherheiten aufgewiesen hätte. Die Viking Werbung schlug 1973 zurück:

„Die Viking-Invasoren sind angekommen. Die größte Schlacht in der Geschichte des Wohnmobils hat begonnen. Sie wird hart sein. Sie wird lange dauern. Und Sie sind Zeuge. Viking-Motorhomes auf der einen Seite, Devon und Westfalia auf der anderen. Die alte David-gegen-Goliath-Geschichte. Sie sind frei geboren. Sie kaufen ein Wohnmobil, um frei zu bleiben. Ihre Freiheit gibt ihnen das Recht zu wählen. Bevor Sie kaufen, bestehen Sie darauf, einen Viking zu sehen. Wir bringen Ihnen einen Viking an Ihre Haustür. Wenn Sie sicher sind, dass es das ist, was Sie wollen, bauen wir einen nur für Sie. Ein weiterer Viking auf unserer Seite. Ein weiteres Fanal für die Freiheit."

Der Viking und Pioneer Spacemaker

1973 war aus Motorhomes die Firma „Motorhomes International" geworden, und der Firmensitz war nach Stanbridge in Bedfordshire verlegt worden. Ein Jahr später wurde ein völlig neuer Umbau von Viking auf den Markt gebracht, mit dem jetzt begehrten großen Dach, der Viking Spacemaker. Das neue, innovative Viking-Dach wurde auch als Nachrüstartikel beworben, was bedeutet, dass Kunden dieses Dach durch Motorhome oder jede andere Werkstatt in ihr existierendes Wohnmobil einbauen lassen konnten. Das erklärt, warum einige andere Umbauten wie von Devon mit Viking-Dächern ausgestattet sind.

Das Spacemaker-Dach wurde im Jahr 1974 eingeführt.

Dieses Dach war der große Pluspunkt, da kein anderer Umbau so viel Platz bot. Außerdem verfügte der Viking Spacemaker über drei Schlafplätze, bestehend aus je einer 1,80 m langen Koje auf jeder Längsseite und einer weiteren, die vorne quer angeordnet war. Das Dach war seitlich angeschlagen, mit einer Zelterweiterung entlang der Türseite. Es hatte zwei Fenster und zwei Lüftungsöffnungen. Gasdruckfedern erleichterten das Anheben des schweren Dachs.

Die Raumaufteilung war neu gestaltet, sie war aber immer noch anders als die Lösungen der Mitbewerber und erinnerte an die 1960er Dormobile. Da der zweiflammige Kocher mit Grill in einer zentral im hinteren Bereich gelegenen Einheit untergebracht war, war es möglich, im Inneren des Fahrzeugs stehend oder sitzend zu kochen. Eine kleine vordere Klappe gab den Grill frei. Auf beiden Seiten des Kochers gab es Schränke mit Arbeitsplatten darauf und einem Dachschrank darüber. Die Edelstahlspüle mit Abtropffläche war auf der Seite der Ladetür untergebracht, darunter ein kleiner Seitenschrank. Ein Gas- oder Elektrokühl-

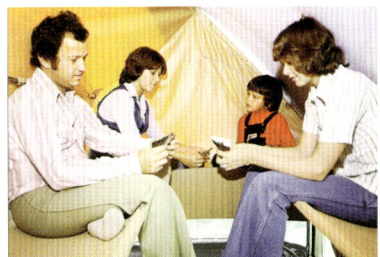

Das riesige Dach mit reichlich Schlafplatz war eine Viking-Innovation und ein wichtiges Verkaufsargument.

Während der Fahrt konnten alle Sitze in Fahrtrichtung weisen.

Die Küchengestaltung blieb die gleiche, aber die Schränke waren jetzt dunkel furniert.

Der Pionier war das Basismodell ohne Einbauküche.

schrank, später mit einer Besteckschublade darüber, lag am Ende der Einheit. Ein weiterer Pluspunkt des Viking war der unter dem Boden gelegene 45-l-Wassertank. Dieses Merkmal wurde von Holdsworth (siehe Kapitel 17) negativ herausgestellt, um Werbung für ihren eigenen Umbau zu machen. In der aggressiven Werbekampagne wurde aufgezeigt, dass einige Funktionen nicht ganz so gut sind wie sie scheinen. In diesem Fall wurden der Luftwiderstand des großen Dachs und die Problematik, einen so großen Tank zu reinigen, hervorgehoben.

Der Abschnitt zwischen Rücksitz und Spüle, der Zugriff auf den Kocher ermöglichte, konnte mit Hilfe einer abnehmbaren Diele in eine Rücksitzbank verwandelt werden. Im Heck gab es Kleiderschränke mit Vorhängen. Die Vordersitze konnten für die Fahrt nach vorn ausgerichtet werden und im Stand nach hinten, sodass vier Leute bequem um den Tisch herum sitzen konnten. Über beiden Seitenfenstern waren Leuchtstofflampen angebracht, und es gab standardmäßig zwei mit Jalousien versehene Fenster.

Der Innenraum war gut ausgestattet und farblich aufeinander abgestimmt. Frühere Modelle hatten Kunstlederbezüge, später gab es Wendekissen; eine Seite und die Kanten aus abwaschbarem Kunstleder (normalerweise in braun) und die andere Seite mit beige/braun/weißem Stoff bezogen. Die Vordersitze waren mit farblich passendem Kunstleder bezogen, spätere Modelle mit kariertem Stoff. Diese waren auch mit gepolstertem Kunstleder an den Seitenwänden und der Schiebetür versehen sowie unter dem Seitenfenster mit passendem Karostoff. Dort gab es auch zwei tiefe Ablagefächer, die ebenfalls mit dem karierten Polsterstoff bezogen waren. Auch die Kanten der Kojen waren mit gepolstertem Kunstleder bezogen.

Die Tischplatte bestand aus passendem Holzlaminat, und ein passender beiger Teppich ergänzte den aufeinander abgestimmten Innenraum.

Die Tische konnten unter den beiden nach hinten gerichteten Einzelsitzen verstaut werden, und für die Mitte gab es einen Notsitz. Aus den Bänken ließ sich ein Bett von legendärem Ausmaß errichten, das die gesamte Ladefläche fast bis hin zur Schiebetür einnahm.

Ab 1974 gab es eine Basisversion, den Viking Pionier. Beworben als „einfaches, unkompliziertes Wohnmobil, nach ausgezeichneten Standards gebaut, passend zum ebenbürtigen Volkswagen", hatte der Pionier ebenfalls acht nach vorne gerichtete Sitze, die rund um den Tisch zur Essecke oder ausgelegt zum großen Doppelbett bzw. zu zwei Einzelbetten angeordnet werden konnten. Über dem Motor gab es eine Matratze, auf der zwei kleine Kinder schlafen konnten, und optional war eine Kabinenhängematte für zusätzlichen Schlafraum erhältlich. Auf Wunsch war auch das Spacemaker-Dach lieferbar. Hinter dem Beifahrersitz an der Schiebetür befand sich ein zweiflammiger Kocher mit Grill. Abgesehen von einer Plastikschüssel und ein paar Wasserflaschen gab es weder Waschgelegenheiten noch eine Wasserversorgung.

Viking Motorhomes baute auch gebrauchte Fahrzeuge um und behauptete: „Wenn wir mit dem Innenraum fertig sind, wird er von einem neuen, wesentlich teureren kaum zu unterscheiden sein. Wir führen alle Arbeiten mit der gleichen Perfektion aus wie bei unseren neuen Modellen". Darüber hinaus gab es die Innenausstattung auch als Bausatz zur Selbstmontage. Das einzige Extra für die Einbauversion war der Kühlschrank. 1974 konnte man durch den Selbsteinbau mit dem Viking-Bausatz einen erheblichen Teil des Budgets sparen. Der hier gezeigte

Viking ist ein 1979er Modell, der so genannte Spacemaker Six. Er ist innen komplett im Originalzustand bis hin zu den Gardinen und den Teppichen. Auf den Bildern sind die Innenfarben, die Gestaltung und der große Schlafraum gut zu erkennen. Der Bus gehört jetzt Von und Shaun, ursprünglich war er im Besitz von Land Carriage, einer Firma, die ausschließlich mit VW-Campern handelte. Der Viking wurde auf der Vorderseite ihrer Kataloge gezeigt und in ihren Modellbeschreibungen zuerst genannt. Die Firma handelte mit neuen und gebrauchten VW Campern, inklusive Vikings, Devons, Danburys, Dormobiles und Westfalias und nahmen auch Umbauten an Gebrauchtfahrzeugen vor. Kunden konnten sogar ein Wohnmobil mieten, um es einen Urlaub lang zu testen, und wenn sie es hinterher kauften, wurde ihnen der Mietpreis erstattet! Zusätzlich zur Vermietung gab es auch ein Rückkaufsystem für Touristen und Europa-Urlauber aus Übersee.

Der Viking-Umbau wurde auf Basis des T25 mit weitgehend gleicher Gestaltung weiterhin angeboten, aber starke Konkurrenz und schwindende Umsätze zwangen Viking Mitte der 1980er Jahre, den Betrieb einzustellen.

In den Viking-Werkstätten konnten Fenster und Dächer in Privatkundenfahrzeuge eingebaut werden.

Viking

1979er Spacemaker Six

An der Trennwand können zwei Einzelsitze montiert sein, die durch einen Notsitz in der Mitte zur Sitzbank werden.

Die Spüle befindet sich an der Seite, der Kocher über dem hinteren Deck.

Der größere Platz entsteht dadurch, dass das Dach an einer Seite überhängt.

Die untere Koje ist ein geräumiges und komfortables Doppelbett.

Alternativ kann der gesamte Innenraum ausgelegt werden, wodurch noch mehr Schlafraum entsteht.

Die dicken, einseitig mit kariertem Stoff bezogenen Wendekissen gehören alle zur Originalausstattung. An dem gepolsterten Seitenpaneel sind die Befestigungsmöglichkeiten für den Tisch zu sehen.

Die Ablagefächer sind mit dem gleichen Stoff bezogen, und der Bezug reicht bis zum Seitenfenster hoch. Die Innenverkleidungen sind mit gepolstertem Vinyl verkleidet.

Auch die Schiebetür ist mit gepolstertem Vinyl verkleidet.

Im Dach gibt es drei/vier Kojen passend zur Innenausstattung und den Kabinensitzen.

Das Sicherungspaneel für die Camping-Elektrik ist unten links zu sehen.

38 Westfalia Camper

Bulli-Kartei bei den Westfalia-Werken.

Wegweisend

Die Westfalia-Werke wurden im Oktober 1844 von Johann Knöbel als Werkzeugfabrik für Schmiedebedarf und landwirtschaftliches Gerät gegründet. Das Angebot wurde erweitert, zunächst um Gurte und dann um Pferdewagen, schließlich wurde eine spezielle Abteilung für Polsterarbeiten und Lackierung geschaffen, um dem Bedarf nach luxuriöseren Kutschen gerecht zu werden. Ende der 1920er Jahre begann Westfalia mit der Produktion von Wohnwagen und Mehrzweck-Anhängern, und in den späten 1930er Jahren startete die Produktion von Wohnwagen, inklusive der jetzt sehr begehrten (tränenförmigen) „Wassertropfen"-Anhänger. Trotz enormer Schäden während des Zweiten Weltkriegs konnte anschließend erneut mit der Produktion begonnen werden. 1948 zeigte man auf der Hannover Messe einen stahlbeplankten Wohnwagen. In den späten 1940er und frühen 1950er Jahren konnten sich die Menschen kein zweites Fahrzeug leisten, deshalb wollten sie ein Fahrzeug, das beides war: Ein Arbeitstier an Wochentagen und ein Reisemobil am Wochenende. Daher der besondere Erfolg des Kombi. Genauso wie die Leute bei Dormobile im Jahre 1951 davon inspiriert wurden, dass sie in Dover Menschen gesehen hatten, die in Autos schliefen, sah man bei Westfalia bald, dass der Kombi erfolgreich war, indem er Arbeits- und Freizeitbedürfnisse miteinander verband. 1951 wurde das Werk von einem in Deutschland stationierten US-Offizier angesprochen, um einen Innenraum für einen VW Transporter im Caravan-Design umzubauen. Nach diesem einmaligen Auftrag stellte Westfalia ungefähr 50 weitere Exemplare in Handarbeit her); diese Prototypen dienten als Basis der ab 1955 produzierten Modelle. 1953 führte Westfalia die Camping Box ein. Das war eine Reihe von Möbelstücken, die schnell ein- und ausgebaut werden konnten und das Arbeitstier in ein Hotel auf Rädern verwandelten. Ab 1955 gab es einen kompletten Camping-Innenraum, und 1957 hatte Westfalia den tausendsten Camping-Umbau gefertigt. Bis 1958 wurden Busse für Privatkunden umgebaut, danach gab es diesen Service nur noch für spezielle (und betuchte) Kunden.

In den frühen 1970er Jahren wurden kontinuierlich 38 verschiedene Fahrzeuge gefertigt, maximal 135 am Tag. Im Jahr wurden etwa 30.000 Fahrzeuge hergestellt, von diesen wurden 75% nach Amerika exportiert. Durch Verwendung von Schiebedach-Modellen, die von VW bereits mit verstärktem Dach, aber ohne die Mechanik für das Schiebedach geliefert wurden, brauchte man nur zwei Stunden, um einen vollständigen Umbau inklusive der Montage das Hubdachs durchzuführen. Die Beziehung zwischen VW und Westfalia gedieh über nachfolgende Generationen hinweg, endete aber 2004, als VW entschied, einen eigenen Camping-Umbau auf Basis des T5 zu produzieren. Der Grund hierfür war einfach: Westfalia gehörte nun DaimlerChrysler bzw. Mercedes-Benz. Vorher hatte VW an Westfalia immer einen seiner Prototypen der neuen Bus-Generation geliefert, und Westfalia konnte, bevor die Produktion begann, noch Änderungen vorschlagen. Jetzt sah VW allerdings keinen Grund mehr, einer Firma, die im Besitz eines Haupt-Wettbewerbers war, Einsicht in die Daten ihres neuen T5 zu gewähren und entschied sich, einen eigenen Camper zu bauen, wodurch eine 53 Jahre währende Partnerschaft beendet wurde.

In Reih und Glied 1956

Westfalia Camper

1951: Der erste vollständige Camping-Innenraum

In den Jahren 1951 und 1952 wurden etwa 50 Camper gebaut, von denen einer 1952 auf der Frankfurter IAA ausgestellt wurde. Hier ist eines dieser 1952er Kombimodelle abgebildet. Mit einem Westfalia Camping-Innenraum ausgestattet, war es zugleich eines der Ersten mit der neuen Dachluke. Der Innenraum entsprach nicht der „Camping Box", sondern bestand aus festen, kastenförmigen Einheiten, darunter einem großen Beistellschrank an der hinteren Ladeklappe. Daraus sollte sich in zukünftigen Westafalia-Modellen die Garderobe entwickeln. Der Bus war in einem unverwechselbaren Farbschema in Hellbraun und Gelb lackiert. Er besaß die braun/gelb/beige-karierten Vorhänge und die birkenholzbeschichteten Paneele, die ebenfalls zu charakteristischen Westfalia-Merkmalen werden sollten. Erna und Helmut Blenck kauften den Camper 1952 und verbrachten das Jahr 1953 damit, durch Südafrika zu reisen. Ihr Buch über ihre ausgedehnten Reisen wurde 1954 veröffentlicht. Das Original-Interieur dieses Campers wird derzeit im Westfalia-Museum gezeigt.

1953: Die erste Camping Box

Mit dem Know-how aus dem Bau von Wohnwagen und Wohnanhängern produzierte Westfalia 1953 die erste serienmäßige Campingausrüstung für den VW Camper. Bekannt als die Camping Box, war es im Grunde eine in sich geschlossene Einheit, die an die Trennwand montiert war: Sitzbänke und eine Einheit für die Ladetür sowie ein großer Schrank im Heck. Der obere Teil der Haupteinheit an der Trennwand war in drei Abschnitte aufgeteilt. In der Mitte konnte ein Deckel hochgeklappt werden, unter dem sich ein zweiflammiger Kocher befand, auf jeder Seite davon gab es eine Schublade und zusätzlichen Stauraum unter dem Deckel der Sektion am Fenster. Auf der Ladeklappe am Ende der Einheit gab es eine Schiene für Hand- und Geschirrtücher. Die Kissen waren im offenen mittleren Teil der Einheit untergebracht. Sie besaß in der Mitte eine abnehmbare Falttür, die auch als Tisch oder Bettunterstützung diente. Die Polster bestanden aus jenem Stoff mit Karomuster, der in der Folge typisch für Westfalia-Innenräume

Dieser voll ausgestattete 1952er Westfalia Camper reiste 1953 quer durch Afrika.

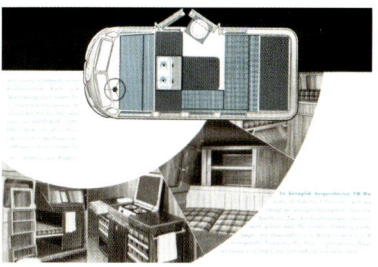

Der erste Katalog für die Camping Box wurde 1953 gedruckt. Er zeigt u.a. die Gestaltung und die optionalen Zelte.

Westfalia Camper

Diese frühe Innenausstattung stammt aus den Jahren 1954/55.

werden sollte. Die Unterseite der Einheit hatte drei separate Staufächer mit Klappe. Man saß auf einer Rückbank mit Metallrahmen und einer kleineren unter dem Seitenfenster, die zum Doppelbett ausgeklappt werden konnte. An der hinteren Ladeklappe gab es eine Toiletteneinheit mit Regalen und einem zusätzlichen Klappregal unten. Darin fand eine Emaille-Waschschüssel Platz, darüber war ein klappbarer Kosmetikspiegel angebracht. Über dem Motorraum befand sich ein großer Kleider-/Wäscheschrank mit Schiebetüren und einem Regal in der Mitte, der fast den ganzen Raum in Anspruch nahm. Beim gesamten Mobiliar bestand die Oberfläche aus gemasertem Holz.

Aus dieser Zeit hat kaum etwas im Originalzustand überlebt, zum Beispiel sind keine Fahrzeuge bekannt, in denen der große Originalschrank im Heck noch eingebaut ist. Möglicherweise zeigen Kataloge aus dieser Zeit voll ausgestattete Prototypen, während sich die Kunden in der Realität für einfachere Modelle entschieden. Umgekehrt haben wohl auch einige Einheiten, die einmal eingebaut waren, dem harten Gebrauch über die Jahre nicht stand gehalten. Die markante Westfalia-Dachluke (manchmal auch „U-Boot–Luke" genannt) wurde 1952 eingeführt und blieb ein fester Bestandteil des Westfalia-Programms bis zur Einführung des neuen Hubdachs im November 1964. Dieses Dach konnte in verschiedenen offenen Positionen fixiert werden und bot seinen Insassen die Gelegenheit, den Ausblick während der Fahrt und nachts den Blick auf die Sterne zu genießen. Ab 1955 wurde die Dachluke zum Standard für alle Exportmodelle mit Camping Box. Ab 1953 waren Sonnen-Vordächer in zwei Größen und ein Dachgepäckträger über die gesamte Dachlänge lieferbar.

1955: Standard und Export Camping Boxen

Bis 1955 produzierte Westfalia zwei Versionen der Camping Box, die Standard- und die Exportbox, um mit zwei verschiedenen Systemen zwei verschiedenen Märkten gerecht werden zu können.

Die Standardbox

Die Standardbox entsprach weitgehend dem Vorgängermodell und wurde gewöhnlich ohne die Dachluke geliefert. Im Wesentlichen bestand sie aus einer großen Einheit, die an der vorderen Trennwand befestigt war. Ein seitlich angeschlagener Klappdeckel an der Ladetür gab einen einflammigen Kocher frei, der Rest war leer. Am Ende des Fensters gab es eine kleine Schublade. Die gesamte Einheit besaß keine Türen. In der Mitte, wo die Bettkissen untergebracht waren, gab es einen Klapptisch. Im unteren Teil lagerten die Ergänzungsdielen sowie zwei Gasflaschen am Ende der Ladeklappe.

Es war möglich, den oberen Teil dieser Einheit in eine Kinderkoje zu verwandeln, indem man den Klapptisch in vertikale Position brachte. Zusätzlich stand eine weitere Kinderkoje zur Verfügung, indem man die Sitzbank zurückklappte, obwohl man sich schon fragen muss, wie viel Gewicht diese Anordnung wohl ausgehalten hat!

Ein großer, dreiteiliger Schrank, jetzt mit Rolltüren, war über dem Motor angebracht und füllte dort fast den gesamten Raum aus. Der große Mittelabschnitt war für Kleidung gedacht (dort konnten Jacken und dergleichen aufgehängt werden), die seitlichen Abteilungen besaßen Regale. Der Wasch- und Rasierschrank für die Ladeklappe blieb in Aussehen und Gestaltung der Gleiche wie in früheren Versionen.

Auf Stangen montierte Vorhänge für die Seitenfenster, ein Dachgepäckträger und ein breites, schmales Vordach wurden mitgeliefert. Es waren zwei verschiedene Versionen des Vordachs lieferbar, eine mit Spitzdach und eine flache, welche billiger war. Beide hatten aber die gleiche Größe, nur die Dachkonstruktion unterschied sich. Die Dachgepäckträger reichten über die gesamte Dachlänge. Busse ohne Dachgepäckträger hatten eine Reling aus Stahl. Die Campingbox wurde sowohl in den Kombi als auch in den Microbus eingebaut, und die fabrikmäßige Lackierung wurde in der Regel beibehalten.

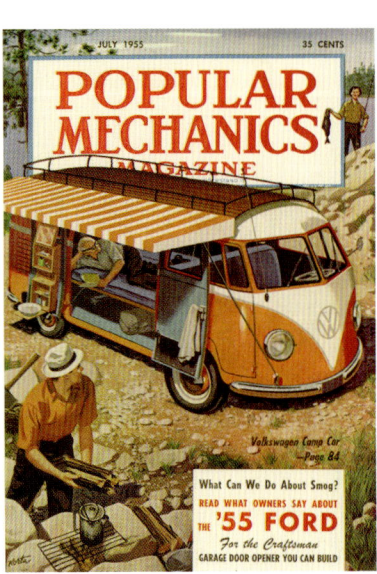

Die neue Westfalia Campingausstattung wurde 1955 in der Zeitschrift Popular Mechanics *gezeigt. Besonderes Augenmerk verdient die Materialtasche, die die Rückenlehne hält, wenn der Sitz in ein Kinderbett umgewandelt wird.*

Der Export

Das Exportmodell war eine edlere Version des Standardmodells und in vielerlei Weise dem oben beschriebenen 1952er Camping-Innenraum sehr ähnlich. Die Dachluke gehörte zur Standardausstattung, ebenso wie ein kleines Sonnendach und der berühmte Westfalia-Dachgepäckträger mit polierten Aluminiumbögen und Hartholzlamellen. Exportmodelle waren auch zweifarbig lackiert lieferbar, nicht immer in den VW-Standardfarben (siehe unten).

Zwei Stahlrahmenkonstruktionen bildeten die Sitzgruppe im Heck und unter den Fenstern. Die beiden Seitenwangen der Seitenbank – eine von der Rückenlehne genommen – bildeten das Bett, zusammen mit dem Hilfsrahmen, der einfach unter die Seitenbank geschoben wurde. Die hintere Sitzbank-Einheit war jetzt eingeschlossen und bot zusätzlichen Stauraum. In der Mitte der Trennwand war ein Klapptisch montiert, daneben, an der Ladetür, ein Klappsitz. Es gab Vorhänge an allen Seitenscheiben sowie zwischen der Fahrerkabine und dem Wohnbereich. Außerdem waren noch Gummimatten ausgelegt, und zwar auf dem Boden der Ladefläche und des Gepäckraums über dem Motor, an der Rückseite des Schranks mit den Rolltüren. Es gab keinen Kocher und keine Waschgelegenheiten, aber der Toilettenschrank für die hintere Ladetür (wie beim Standardmodell) konnte (ebenso wie Vorzelte mit flachem oder spitzem Dach) als Extra bestellt werden.

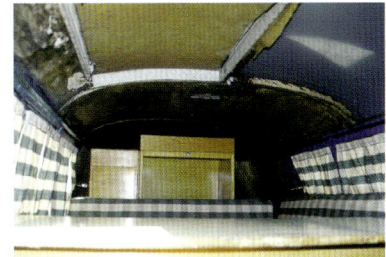

Diese 1955 für den Export bestimmte Camping Box ist eines der ältesten bekannten Exemplare. Die L-förmige Sitzgruppe, die hintere Schrankeinheit, der Toilettenschrank und die Tischanordnung sind zu sehen, ebenso die Holzpaneele und der Dachhimmel.

Das Westfalia-Zelt konnte als Sonnenmarkise oder als Zelt verwendet werden.

1956: Westfalia Deluxe Campingausrüstung

1956 eingeführt, wurde die Deluxe Campingausrüstung von Westfalia wie folgt angekündigt:

> „Möchten Sie nicht manchmal den Trubel hinter sich lassen und einfach in die weite Welt hinaus gehen, in Wald und Wiese und an einladenden Seen und Bergen pausieren, campieren, wo der lästige Arm der Zivilisation Sie nicht erreichen kann? Mit der Westfalia Deluxe Campingausrüstung können Ihre Träume wundervolle Realität werden. Sie erhalten die Möglichkeit, alle Ecken und Winkel der Natur zu erkunden und die Hektik der Hauptstraße gegen die Windungen der Landstraße einzutauschen. Dieses Ferienhaus auf Rädern verwandelt die Welt für Sie in ein spannendes Bilderbuch, in dem jede Seite eine neue, befriedigende Erfahrung darstellt."

Die Vorgaben machten diese Phantasie zur Realität – die Deluxe Campingausrüstung war der erste industriell hergestellte, voll ausgestattete Campingumbau, an dem sich alle Anderen messen lassen mussten. (Peter Pitt entwarf seinen VW-Bus in Großbritannien etwa zur gleichen Zeit, aber dieser wurde nicht vor 1960 serienmäßig produziert, siehe Kapitel 9.)

Paneele an den Seiten und am Dach waren standardmäßig aus Birkenholz gefertigt, zusätzlich gab es eine Dachluke, den Dachgepäckträger und ein großes Vorzelt. Die Gestaltung der Schränke aus heller Eiche setzte Maßstäbe für die zukünftige Gestaltung der Westfalias und der VW Camper im Allgemeinen. Zwei eingebaute Sitzbänke waren zur Essecke um den an der Seitenwand befestigten Tisch arrangiert. Der Tisch konnte zwischen den Bänken heruntergeklappt werden, um das Doppelbett zu bauen. Zwischen der vorderen Sitzbank und der Trennwand gab es einen tiefen Stauraum für zusätzliche Kissen, obendrauf ein Regal. In der vorderen Ladetür war der einflammige Gaskocher, komplett mit hitzefestem Spritz- bzw. Windschutz untergebracht. Darunter war ein Schrank, der Raum für Töpfe und Pfannen oder die Gasflasche bot. In der hinteren Ladeklappe war ein Schrank untergebracht. Auf der Rückseite befand sich eine große mit Plastik ausgekleidete 60-l-Kühlbox in einem Gehäuse und darüber ein Geschirrschrank. Dahinter gab es

Westfalia Camper

Platz für zwei Gasflaschen oder einen Frischwasserbehälter. Statt der Kühlbox konnte ein gasbetriebener Kühlschrank bestellt werden. Auf der Fahrerseite gab es zwei weitere Schränke, der größere für Kleider und der kleinere für Tisch- und Bettwäsche. Diese waren zentral befestigt, sodass man an den Kleiderschrank von innen, an den anderen durch die Heckklappe gelangen konnte.

An allen Fenstern und zwischen der Fahrerkabine und dem Wohnraum waren Vorhänge angebracht. Polster und Vorhangstoffe wandelten sich vom vertrauten Karomuster zu abstrakteren Stoffmustern aus motten- und termitensicherem Material. Alle diese frühen Modelle erhielten eine Reihe von sehr auffälligen Aufklebern mit dem Pferde-Logo von Westfalia.

Das 1956er Westfalia-Modell mit Deluxe Campingausstattung war der erste voll ausgestattete Camper mit Garderobe, Kocher und Kühlbox.

Westfalia Camper

1958 – 1962
SO 22 Camping Box und Mosaik
SO 23 Campingwagen

1958 wurde eine überarbeitete Version der Camping Box, die SO 22, herausgebracht. Sie war eine in sich geschlossene Einheit, ähnlich den frühen Camping Boxen mit zwei offenen Sitzbänken auf Metallrahmen und einer offenen Einheit mit drei Schubladen zur Unterbringung der Kissen. Darunter wurde der Tisch gelagert. Die Sitze konnten zum Bett umgebaut werden und ermöglichten es, dass der Kombi während der Woche als Nutzfahrzeug zur Verfügung stand, um sich zum Wochenende wieder in einen Wohnwagen für die gesamte Familie zu verwandeln, nur durch die Installation dieser Einheit an der Trennwand. Westfalia (und andere) wiesen gerne auf diese Möglichkeit hin. Als Sonderausstattung wurden ein zweiflammiger, benzinbetriebener Kocher und weitere Schrankelemente angeboten.

1960 wurde aus der Camping Box das Camping Mosaik, die Bezeichnung SO 22 behielt es bei. Die Mosaikversion ermöglichte es, alle Teile für einen Campingumbau als Bausatz zu kaufen; entweder nacheinander oder eben nur jene Teile, die man aufgrund seiner eigenen Ansprüche benötigte. Der neue Bausatz bestand aus zwei Sitzbänken, einem Tisch, Toilettenschrank für die Ladeklappe, einem Kleiderschrank, hinterem zweitürigem Schrank und einer Hängematte für die Fahrerkabine. Die Gestaltung wurde 1962 überarbeitet und als Vollinstallation (SO 33) oder als das neue Camping Mosaik (SO 22) angeboten.

Ende 1958 wurde die Deluxe Campingausrüstung erneut überarbeitet und in den USA als Westfalia Deluxe Campingausrüstung 59 verkauft. Eigentlich war dieser Innenraum beinahe identisch mit demjenigen, der als SO 23 geplant war.

Katalog der Deluxe Camping Ausstattung 1958/59

Ein renovierter 1957er Deluxe-Innenraum: Beachten Sie den auffälligen Westfalia-Aufkleber.

Bei diesem Modell gehörte der Kocher zur Standardausrüstung.

Westfalia Camper

Dieser 1956er Westfalia gehört Jim Phillips, der ihn im seltenen Original-Farbschema in Gelb und Hellbraun restauriert hat. Er hat auch die 1958er Camping Box eingebaut. Zeitgenössisches Zubehör wie die Campingstühle helfen dabei, das Originalaussehen wieder herzustellen. Die Polsterung ist ersetzt worden, aber alle Einrichtungsgegenstände gehören zum 1958er Original. Beachten Sie die silberne Temprite-Kühlbox auf dem hinteren Deck, ein US-Zubehör aus den 1950ern.

SO 23

Der SO 23 war seit 1959 auf dem Markt. Er setzte in Bezug auf Design und Ausstattung neue Maßstäbe und wurde zum Markenzeichen von Westfalia. Die Bezeichnung SO (Sonderausführung) wurde nun offiziell für spezielle Umbauten oder Ausstattungen verwendet und ebenso wie Westfalia Camper in der Werbung eingesetzt. Es gab immer noch eine Standard- und eine Deluxe-Version – die Deluxe-Version hatte zusätzlich die hintere Kühleinheit. Die Polster waren in Rot und Schwarz oder Gelbschwarz kariert gehalten, mit passenden Vorhängen (Rot für die rotschwarzen und Gelb für die gelbschwarzen Sitze), die Sitze waren um den Tisch angeordnet, wobei die beiden hinteren Kissen auf dem heruntergelassenen Tisch das Bett ergaben. Eine Toiletten-/Wascheinheit lag links neben den Ladetüren hinter dem Beifahrer. Ein elektrischer Siphonschlauch beförderte das Wasser aus einem großen 90-l-Tank, der unter dem Sitz hinter dem Fahrer angebracht war. Die Vorderseite der Einheit war ein Schrank mit Regalen zur Lagerung der Schüsseln und der Küchenutensilien. Seitlich davon gab es ein herunterklappbares Regal, das die Waschschüssel hielt. Auf der Ober- und Rückseite dieser Einheit befand sich die „Cocktailbar", bestehend aus einem Getränkeset aus Aluminium in passenden Farben. Edel wirkten auch zwei Seitenlichter im Muscheldesign gegenüber der Ladetür.

In der hinteren Ladetür gab es eine Garderobe mit Spiegel. Eine optionale Kühlbox, die im letzten Deluxe-Modell noch zur Standardausstattung gehörte und nun noch ein weiteres Ablagefach enthielt, befand sich auf der Fahrerseite über dem Motorraum. Serienmäßig war ein Gepäcknetz für Schuhe an der Decke im hinteren Bereich; ein großes für die Standardversion und ein kleineres für die Deluxe-Version. Im Ladebereich gab es mit Druckknöpfen befestigten Sisalteppich; hinten über dem Motorraum gab es braunes oder grünes Linoleum, wegen des Marmormusters allgemein bekannt als „die Marmormatte".

Das Vorzelt war die große, rotweiß gestreifte Version zum Ausschwingen. Es wurde mit speziellen Halterungen auf dem Dach und an der vorderen Stoßstange sowie einer Bohrung in der hinteren Stoßstange befestigt. Außerdem war jetzt der neue Westfalia-Dachgepäckträger lieferbar, der ein wenig höher saß als seine Vorgänger. Frühere Dachgepäckträger sind von der Seite erkennbar; der hintere Bogen war niedriger, während bei späteren Versionen alle Bögen gleich hoch waren. Die Befestigungsklammern sind kleiner und die Holzlatten sind mit zwei statt später mit nur einer Schraube befestigt. Sehr frühe Dachgepäckträger erkennt man daran, dass die Beine aus Vierkantrohr gefertigt sind, ab 1957/58 waren die Rohre umgekehrt U-förmig, und nach 1959 wurden die U-Profile aus Flachstahl gepresst.

Als Basismodell für alle SO 23er diente der Kombi, viele davon ab Werk mit sechs ausstellbaren Seitenscheiben und Safarifenstern. Zum optionalen Zubehör zählten ein zweiflammiger benzinbetriebener Kocher von Enders (Modell 9065D), eine chemische Toilette und die hintere Kühlbox.

Der hier gezeigte SO 23 von 1960 ist nicht nur komplett im Originalzustand, er hat auch eine faszinierende Geschichte.

Die Schwestern Elva und Wilma Dittman lebten zusammen in Long Beach, Kalifornien, und als sie sich dem Ruhestand näherten, suchten sie nach einem kleinen, unabhängigen Wohnmobil, um damit die Welt zu sehen. 1959 tippten sie einen sorgfältig formulierten Brief an Westfalia, in dem sie sich nach den neuesten Wohnmobilen auf VW-Basis erkundigten. Ein Angestellter der Westfalia-Werke nahm sich die Zeit und schrieb zurück, mit ausführlichen Informationen über die Schlafmöglichkeiten und die Lagerung von Lebensmitteln und er legte eine Werbebroschüre und die Preisliste dazu. Dieser Briefwechsel ist noch heute im Bus dabei. Daraufhin bestellten die Schwestern ein 1960er Westfalia-Wohnmobil mit Deluxe-Ausstattung bei ihrem örtlichen VW-Händler und trafen die nötigen Vorbereitungen, um ihn als „Touristenlieferung" selbst in Deutschland abzuholen. Sie fuhren mit dem Zug nach New York, mit dem Schiff nach England und schließlich nach Hamburg, wo sie ihr neues Wohnmobil in Empfang nahmen. Dann reisten sie damit durch Europa, bevor sie den Bus nach New York verschifften, von wo aus sie damit nach Hause nach Long Beach fuhren. Erstaunlicherweise machten die Schwestern die gleiche Reise 1964 noch einmal, fuhren erst nach New York und dann per Schiff nach Europa. Der 1960er Westfalia Camper war das einzige Auto, das die beiden Schwestern für den Rest ihres Lebens besitzen sollten. Er diente ihnen als zuverlässiges Alltagsauto und brachte sie ebenso zuverlässig raus aus der Stadt, um die Natur zu genießen oder um zu campen. Schließlich wurde der Bus 1977 in der kleinen Garage an der Rückseite ihres Eigenheims geparkt, zum letzen Mal nach 193.080 km, da die Schwestern nicht mehr in der Lage waren, selbst zu fahren.

Nach Elvas Tod im Jahr 1996 kam ihr Neffe Jim, um mit Wilma in ihrem baufälligen Haus zu leben und sich um sie zu kümmern. Jim wusste, dass es in der heruntergekommenen Garage ein altes Fahrzeug gab und beauftragte ein paar Männer, die Garage vorsichtig abzureißen und den von Schmutz bedeckten, auf vier platten Reifen stehenden, geliebten VW der beiden Schwestern zu befreien. Als er die Türen öffnete, war er überrascht, dass die gesamte Campingausstattung im Innenraum in makellosem Zustand war. Nachdem der lokale VW-Händler die Mechanik ein wenig in Schuss gebracht hatte, begann Jim damit herumzufahren und Besorgungen zu machen. Aus einer Laune heraus fuhr er damit 1997 zu einem VW-Treffen, und dort sah ihn sein zweiter Besitzer, Dave Kroesen, zum ersten Mal. Nachdem Dave ihn überzeugt hatte, den Bus trotz der scharenweise eintrudelnden Angebote nicht zu verkaufen, schlossen er und Jim schnell Freundschaft. Dave wusste damals nicht, dass Jim ihm sechs Jahre später, nachdem er einige frühe Westfalias gekauft und restauriert hatte, das Angebot machen würde, den Bus an ihn zu verkaufen.

Nunmehr in Dave's Besitz, erhielt der Bus eine vollständige Restaurierung der mechanischen Komponenten. Der Motor ließ sich ohne Teileaustausch überholen: Dave war überrascht, dass der Bus immer noch seine ursprünglichen Achsmanschetten und den Original-Anlasser besaß. Innen und außen wurde alles bis auf das blanke Blech entfernt; alles wurde gereinigt, poliert und wieder zusammengesetzt. In den Schränken fand Dave sogar noch Quittungen von europäischen Campingplätzen und Postkarten von 1966. Jim erzählte Dave, dass die beiden Schwestern recht kleine Frauen gewesen seien, was den minimalen Verschleiß der Sitzbezüge und des gesamten Innenraums erklärt.

Sämtliches Zubehör ist noch intakt und in einem erstaunlich guten Zustand, vom ursprünglichen Vorzelt, dem Zeltgestänge einschließlich der Schnur zum Errichten des kompletten Camping-Aufbaus bis zum kleinen WC-Häuschen. Auch der Toiletteneimer und -sitz sind gut erhalten, ebenso die Bar-Ausstattung, die Muschelleuchten, Keilkissen, Wassertank und Pumpe, der Dachgepäckträger mit Holzlatten, der Herd, die Sisalmatte und das hintere Gepäcknetz. Weiterhin fanden sich in dem Wohnmobil zwei Liegestühle aus Holz, die die Schwestern auf ihren Europareisen benutzt haben. Ihre Namen sind darauf verewigt, und die ebenfalls noch vorhandenen Frachtpapiere erinnern an die Weltreise mit ihrem Wohnmobil. Nach monatelangen Verhandlungen erwarb schließlich Scott Doering den Bus im März 2004, verkaufte ihn aber weiter an Tony Best aus Großbritannien, der jetzt der stolze Besitzer eines der weltweit am besten erhaltenen frühen Westfalia-Wohnmobile im Originalzustand ist.

Der hier vorgestellte 1961er SO 23 ist etwas Besonderes, da es die einzige bekannte Version mit Durchgang zum Wohnbereich ist. Er wurde auf Bestellung extra so gebaut. Der Amerikaner, der ihn gekauft hat, flog im April 1961 nach Deutschland um einen Westfalia direkt ab Werk zu kaufen und wurde bei seiner Ankunft mit einem neuen SO 34 mit weißem Innenraum abgeholt. Er sagte, dass ihn das an ein Krankenhaus erinnere und wollte den hölzernen Innenraum wie beim SO 23 haben. Da er geplant hatte, eine gefährliche Reise durch

Westfalia Camper

Dieser 1960er SO 23 ist in makellosem Originalzustand, inklusive dem Toiletteneimer und -sitz, und er hat eine interessante Geschichte.

Das große Vorzelt mit dem optionalen WC-Anbau. Man beachte die Belüftungslöcher.

Ohne die Seitenteile ergibt das Vorzelt einen ausgezeichneten Sonnenschutz.

Lampenschirme im Muscheldesign sorgen für einen Hauch von Eleganz.

Auf der rechten Seite ist die Originaltasche für das Vorzelt zu sehen.

Die Innenansicht erinnert an die Aufnahmen im Originalkatalog.

Die Hausbar vermittelt einen Hauch von Noblesse.

Westfalia Camper

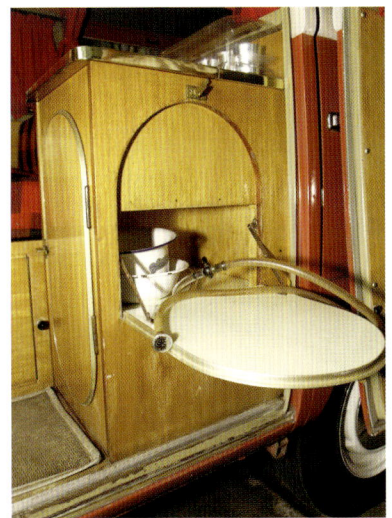

Osteuropa, den mittleren Osten und Palästina zu unternehmen, wollte er ein begehbares Modell ohne Trennwand, um sich im Bus frei bewegen zu können. Westfalia holte daraufhin extra für ihn einen Bus mit sechs Ausstellfenstern aus der VW-Fabrik! Der Bus ist auch dadurch ungewöhnlich, dass er durchgängig über rote Sitzbezüge und Vorhänge verfügt diese nur im Jahr 1961 angebotene Ausstattung ist sehr selten. Für das begehbare Modell musste das Reserverad im hinteren Bereich untergebracht werden, Westfalia fertigte dafür extra einen speziellen Vorhang an. Nach mehrjährigen, nervenaufreibenden Verhandlungen erwarb Mark Merz den Bus schließlich von seinem 89-jährigen Erstbesitzer und fand noch die gesamte Originalausrüstung vor, inklusive der Waschschüssel und dem Plastikgeschirr, dem seltenen Originalbezug für den Dachgepäckträger und alle damaligen Verkaufsquittungen.

Emaille-Schüsseln und Siphon-Pumpenschlauch sind in der Seiteneinheit abgelegt.

Die Pumpe befindet sich am Ende der vorderen Sitzbank.

Der unirote Innenraum wurde ausschließlich 1961 angeboten.

Die Kühlbox befindet sich hinten.

Die vordere Sitzbank beschränkt die Möglichkeit des Durchgangs.

Das Reserverad hat eine passende Hülle.

Ein Gepäcknetz für Schuhe und dergleichen hängt im hinteren Bereich an der Decke.

Die original Waschschüssel aus Plastik trägt noch den Aufkleber des Herstellers.

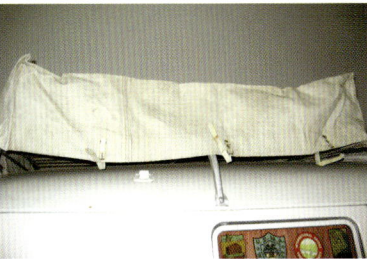

Ein selten zu sehendes Detail ist die original Westfalia-Abdeckung für den Dachgepäckträger.

Westfalia Camper

1961 – 1965
SO 34 und SO 35

Im Frühjahr 1961 wurden die Westfalia-Wohnmobile abermals überarbeitet und die neuen Versionen wurden SO 34 und 35 genannt. Der SO 23 war bis zum April 1961 weiterhin lieferbar. Die neuen Modelle werden oft „Flip seat"-Modelle genannt, wegen der einzigartigen Konstruktion der Vordersitze, die es ermöglichte, die Rückenlehne des Vordersitzes um 180 Grad zu drehen, um in Fahrtrichtung oder zum Wohnraum hin sitzen zu können. Die SO-Nummer bezog sich auf die Polsterung und die Ausstattung, der SO 34 erhielt weißes und graues Laminat, der SO 35 dunkles Schweizer Birnbaumholz. Die Polsterung war entweder aus gelb/orange-karierter Pendleton-Wolle mit einem roten Vinyl-Vordersitz oder blau/grün-kariert. Die U-Boot Dachluke war immer noch Standard für beide Versionen.

Der Innenraum war jetzt wie in der alten Exportversion gestaltet, mit Sitzgelegenheiten unter den Fenstern gegenüber den Ladetüren, mit Blick aus der Seitentür hinaus und nicht einander gegenüber. Das Bett wurde aus drei schmalen Kissen gebaut, die der Länge nach im Bus ausgelegt wurden, wobei der Vordersitz und der klappbare Mittelsitz, wenn erforderlich, zusätzlichen Platz boten. Die Rückenlehnen der Vordersitze konnten umgedreht werden, um das Sitzen in Richtung Wohnraum zu ermöglichen. Eine Kinder-Hängematte ließ sich über den Vordersitzen montieren, der Sitz in aufrechter Position diente dann als zusätzliche Stütze.

Der Tisch war am Boden verschraubt, war aber gleichzeitig drehbar, sodass die lange Seite entweder längs oder quer im Bus stehen konnte, und der Tisch ließ sich auch draußen verwenden, wenn man das Reserverad als Basis für das Tischbein benutzte. Drei Wasserbehälter von je 10 Litern Fassungsvermögen lagen unter der langen Sitzbank direkt hinter dem Fahrer. Der Kleiderschrank

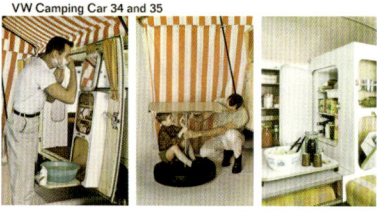

Der SO 34-Katalog bietet inszenierte Bilder von Familien beim Camping.

Ein anderer unverwechselbarer SO 34-Katalog bevorzugt einen indirekteren Ansatz.

Dieses zeitgenössische Foto zeigt den ungewöhnlichen Tisch auf dem Reserverad montiert.

war immer noch am selben Ort an der hinteren Ladetür angebracht, aber er bot nun mehr Platz. Gegenüber war das freistehende Fach für die Kühlbox, vorne gab es zwei Barfächer mit Regalen und sechs farbigen Aluminiumbechern. Dazwischen gab es einen einstellbaren Zwei-Positionen-Sitz, der in den Wohnbereich geschoben wurde und umgeklappt als Arbeitsfläche dienen konnte. Darunter war noch mehr Stauraum vorhanden. Ein tragbarer Klappsitz stand vor der Garderobe.

Auf der Rückseite gab es einen zweitürigen Kleider- und Wäscheschrank, gegenüber dem Vorratsschrank mit Klapptüren. Dieser konnte ausgeschwenkt werden, sodass der Zugang von vorne oder durch die Heckklappe möglich war. Ein optionaler zweiflammiger, tragbarer und mit Benzin betriebener Kocher konnte in dem schwenkbaren Vorratsschrank oder innen auf dem zusammengelegten Klappsitz betrieben werden. Auf der vorderen Ladetür gab es einen Wasch- und Toilettenschrank mit Waschschüssel, Spiegel und zwei Regalen.

Auf dem Sperrholzboden lag ein Sisalteppich. Es gab eine Steckdose für Elektrogeräte und eine kegelförmige, abnehmbare Lampe, die je nach Bedarf drinnen oder draußen aufgehängt werden konnte. Zur Standardausstattung gehörten weiterhin der Dachgepäckträger und Halterungen für große und kleine optionale Vorzelte. Optional gab es eine tragbare chemische Toilette, Standheizung und elektrische Dachventilatoren. Ab 1963 war es möglich, für alle Westfalia-Modelle das Martin-Walser-Hubdach von Dormobile zu bestellen.

Der hier gezeigte SO 34 aus erster Hand wurde am 10. April 1964 als Microbus gebaut und mit einem 1500er Motor ausgestattet. Er wurde von Westfalia in Beige-Grau lackiert. 1964 auf dem grauen Markt in Europa gekauft, wurde er in die USA ver-

Dieser belgische SO 34 wurde 2003 in Bad Camberg gezeigt.

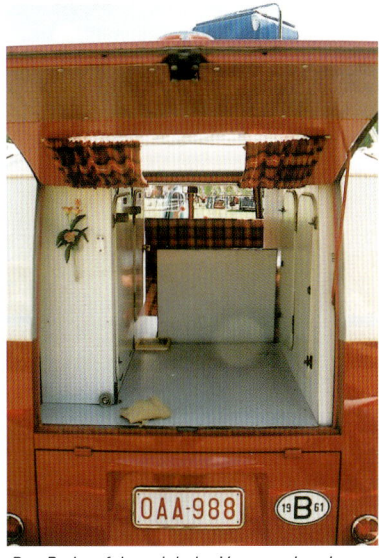
Das Rad, auf dem sich der Vorratsschrank nach außen drehen lässt, ist links in der Mitte zu sehen.

schifft und an eine Deutsche in Salem, Oregon verkauft. Der Bus war bis 1998 in ihrem Besitz, als sie ihn aus Altersgründen an Joe Crocket verkaufte. Der Bus befindet sich in einem einwandfreien Zustand, hat noch die vollständige Originalausstattung und die ursprüngliche Polsterung komplett mit dem „Keil-Kissen".

Die Original Hünersdorff-Wasserflaschen befinden sich unter dem Bett. Er hat beide Zeltvarianten, das kleinere Vorzelt und das größere Toilettenzelt in den Originaltaschen. Auch die gelbe Laterne, die über der seitlichen Schranktür in den Zubehöranschluss eingesteckt wird und der optionale Metall-Klappstuhl mit der Originalpolsterung sowie die hölzerne Toilette sind noch da. Der Enderskocher und die optionalen Benzinkanister befinden sich in der hinteren Speisekammer. Zu den ursprünglichen Einbauten gehören außerdem eine Lenkradverriegelung und ein Blaupunkt-Radio. John hat eine Rosenthal-Vase ergänzt und den Motor mit dem Originalgetriebe restauriert. Dieses Modell wurde nicht für den amerikanischen Markt gebaut, sondern musste auf US-Spezifikation umgerüstet werden, z. B. mit einem mph-Tacho.

Dieser 1964er SO 34 hat das kleine, grau-gelbe Vorzelt.

Die Hausbar mit eingelassenen Bechern befindet sich auf der hinteren Einheit bei den Sitzen.

Die Sitzreihe ist unter dem Fenster angeordnet. Beachten Sie die originalen Sitzkissen und die weißen Schränke.

Die Kühlbox, komplett mit Plastikschüssel bzw. Stauraum.

Westfalia Camper

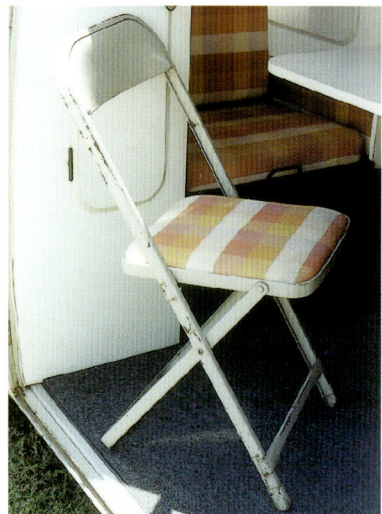
Ein Klappstuhl ergibt einen zusätzlichen Sitzplatz.

Der Toilettenschrank besitzt einen hochklappbaren Spiegel, der mit einem Plastikstreifen an der Tür befestigt wird.

Hinter der Kühlbox befindet sich der herausdrehbare Vorratsschrank, hier mit dem optionalen Original-Kocher von Enders und den Kraftstoffbehältern.

Das Reserverad, komplett mit passendem Bezug, steht hinter dem Vorratsschrank.

Drei Wasserkanister sind unter der Sitzbank verstaut.

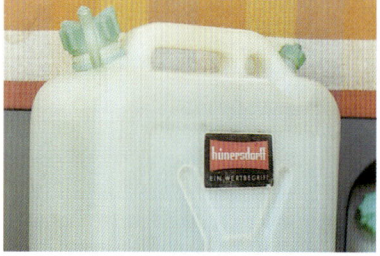
Die originalen Hünersdorff-Wasserkanister sind vollständig vorhanden und mit dem Aufkleber des Herstellers versehen.

Die kegelförmige Hängelampe kann innen und außen verwendet werden.

Der Original-Toiletteneimer mit Holzsitz.

SO 33 und Camping Mosaik 22

Ab 1962 stand eine weitere Ausbauversion zu Verfügung. SO 33 war die Bezeichnung für die fest installierte Ausführung, während Mosaik 22 die tatsächlichen Ausbauten bezeichnete, die in Einzelteilen gekauft werden konnten. Die Ausbauteile waren komplett herausnehmbar. Dadurch war es möglich, den Bus auch für andere Zwecke zu nutzen. Durch dieses System konnte jedes Teil einzeln gekauft werden, Stück für Stück. Die zeitgenössische Prospektliteratur beschreibt die Vorzüge dieses Ansatzes so:

„Natürlich ist diese Ausstattung herausnehmbar. Sie ist leicht zu installieren und leicht wieder zu entnehmen. So können Sie aus jedem VW Kombi oder Microbus – alt oder neu – einen Campingwagen machen. Sechs Tage die Woche verdienen Sie Ihr Geld mit diesem Auto. Es transportiert, bringt Lebensmittel, es liefert und holt ab. An den Wochenenden wird es zu Ihrem Bungalow auf Rädern und hilft Ihnen, Erholung und Entspannung zu finden, wo immer Sie wollen."

Interessanterweise erinnern die Ausbauten von 1963/64 an frühere Modelle mit den zwei einander gegenüber angeordneten Bänken und dem Tisch dazwischen. Um das Bett zu bauen, wurde eine Sitzfläche in die Mitte gerückt und die Rückenlehnen heruntergenommen und als Füllteile für die Lücken verwendet. Die vordere Rückenlehne war dünner und musste unterlegt werden, um die Höhenunterschiede des Bettes auszugleichen. Dazu nahm man kleine, klappbare Holzteile, die in einem Fach im vorderen Sitz untergebracht waren. Im Boden unter den Sitzen befanden sich große Stauräume. Die Schränke hatten quadratische Türen mit abgerundeten Ecken und Kunststoffleisten, aber anstelle der bisher verwendeten Messing-Schwenkriegel verwendete Westfalia jetzt stabile Kunststoff-Zugknöpfe.

Der Kleiderschrank wies Ähnlichkeiten mit dem im SO 34/35 montierten Exemplar auf. Auf der Rückseite war der Kleider- und Wäscheschrank mit Regalen, dem gegenüber befand sich die Kühlbox. An der vorderen Ladetür war ein Toilettenschrank angebracht, ausgestattet mit Waschbecken, Spiegel und Ablage, während die hintere Ladeklappe einen kleinen Klapptisch hatte. Eine Vorratskammer war auch vorhanden. Die Dachluke, die abnehmbare Dachlampe, der Dachgepäckträger und die

VW Camping Car 33 and VW Camping Car Mosaic 22

Halterungen für optionale Zelte wurden ebenfalls zum Standard für den SO 34/5.

Der Mosaik 22 bot die Möglichkeit, jedes Element einzeln zu bestellen und einzubauen, wenn die Kombisitze entfernt waren. Er verfügte über die gleiche Ausstattung wie der SO 33 mit Dachluke, Zelten, Kocher usw. als Optionen. Es gab auch die Möglichkeit, eine Stange mit einem Vorhang zur Abtrennung von Fahrerhaus und Wohnbereich anzubringen, aber eine elektrische Steckdose stand nicht zur Verfügung. Kombis oder Microbusse die mit dem Martin-Walter-Hubdach ausgestattet waren, wurden als SO 36 bezeichnet.

1965 – 1967
SO 42 und SO 44

Die Veränderungen der Kundengeschmäcker und des Lebensstils sowie der allgemein wachsende Wohlstand wurden in dem neuen Einrichtungsstil der 1965er Modelle deutlich. Eine der wichtigsten Neuerungen war die Einführung eines Ausziehbetts mit Federn (ähnlich dem Z-Bett), was bedeutete, nie mehr Tische und Kissen umbauen zu müssen. Die Dachluke im U-Boot-Stil wurde durch drei Varianten ersetzt: das feste Standarddach, das Westfalia Pop-Top-Hubdach mit Baumwollseiten und das Martin-Walter-Hubdach über die volle Länge. Alle waren mit der kompletten Palette von Sonderausstattungen und Optionspaketen lieferbar. Interessanterweise zeigen die offiziellen Händlerkataloge, dass es (theoretisch) möglich gewesen wäre, die SO-Modelle 33 und 34 bis 1966 neben den SO 42- und 44-Versionen zu bestellen.

SO 42

Der SO 42 war auf den Exportmarkt ausgerichtet und verkaufte sich besonders gut in den USA, wo es eine schier unersättliche Nachfrage nach Westfalia-Campern zu geben schien. Die Esszimmer-Variante mit dem klappbaren Tisch an der Seitenwand wurde wieder eingeführt. Die Kissen für den Exportmarkt wurden einfarbig (üblicherweise braun/gold) mit leicht zu reinigendem Vinyl bezogen. Auf dem heimischen und europäischen Markt waren sie gelb/orange oder grün-kariert. Für alle Einbauten wählte man Getalit in Holzoptik. In der vorderen Ladeklappe befanden sich nun eine größere Kühlbox (mit Regalen in der Tür) und eine kleine Besteckschublade. Obwohl es keine Spüle

Ein Katalog zeigt alle Teile bereit zur Montage.

Dieser 1962er SO 33 im Farbton Siegelwachsrot sieht fantastisch aus.

Der Innenraum im Esseckenstil

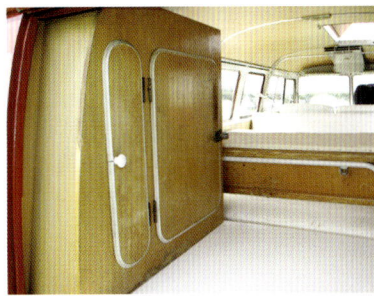

Die Kühlbox und der Vorratsschrank

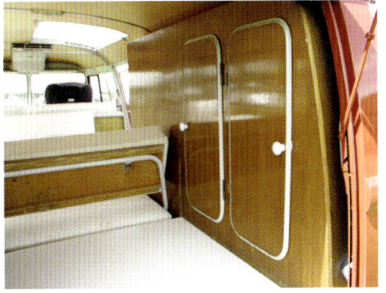

Wäsche- und Kleiderschrank

Die Kühlbox bietet reichlich Platz.

Westfalia Camper

gab, konnte mit der Wasserpumpe, die oben auf dieser Einheit installiert war, Wasser aus dem Vorratsbehälter entnommen werden. An der anderen Ladetür war ein offenes Regal für Kleinteile, Lebensmittel und Gewürze angebracht. Zwei Klapptische verschafften zusätzliche Arbeitsfläche. Einer war mit Scharnieren an der Seite der Kühlbox befestigt, der andere war an der vorderen Ladetür angebracht. Der Kleiderschrank hatte nun einen Spiegel an der Türinnenseite, und über dem Motorraum wurde im Dach ein neuer Dachschrank eingebaut. Der Kleiderschrank im Heck ließ sich nun nach oben öffnen, nicht wie bisher zur Seite.

Modelle mit Trennwand hatten eine doppelte Sitzbank hinter der Trennwand, durchgängige Versionen einen kleinen Notsitz zwischen der Spüle und dem einzelnen Sitzplatz. Zwischen dem Fahrer und dem hinteren Passagier gab es ein Ablagefach für Karten mit einem Deckel. Weiterhin hatten Modelle mit Trennwand noch einen Schrank ganz am Ende der Fahrerseite. Die seitlichen Lichter

Dieser 1967er SO 42 ist ein Modell ohne Trennwand, dafür mit der Hubdach-Option.

Der Innenraum ist komplett im Originalzustand erhalten.

Das offene Staufach in der hinteren Tür wurde von beinahe allen Westfalia-beeinflussten US-Umbauern übernommen.

Die Kabine verfügt über eine Reihe zeitgenössischen Zubehörs: 6-V-Kaffemaschine, Suchscheinwerfer an der Windschutzscheibe, Vase und Kabinentürregal.

Ein nützliches Staufach hinter dem Fahrersitz

Eine kombinierte Kühlbox/Wasserpumpeneinheit: Diese Modelle besaßen keine Spüle.

Die zur Originalausrüstung gehörigen Coleman-Kocher und -Wasserbehälter sind kaum benutzt worden.

Der Notsitz steckt im Durchgang, aber er hat Beine und kann deshalb auch woanders aufgestellt werden.

Dieses SO 44-Modell mit dem Dormobile-Dach ist im Besitz von Michael Steinke.

waren mit rechteckigen Blechen abgedeckt. Eine von den nordamerikanischen Händlern angebotene Option war ein vorne angebrachter Träger für das Reserverad, durch den mehr Platz im Innenraum entstand.

SO 44

Der SO 44 hatte eine ganz andere Gestaltung, wurde speziell für Modelle mit Trennwand entwickelt und vor allem in Europa vermarktet. Der Kleiderschrank befand sich an der hinteren Trennwand hinter dem Fahrer, und ein weiterer Teil verlief über die restliche Trennwand zu den Ladetüren (ähnlich der Anordnung bei den früheren Camping Box-Modellen).

Das Element hatte drei Abschnitte. Der Teil, der dem Schrank am nächsten war, verfügte über drei Regalböden und eine Menge Stauraum für Konserven und trockene Lebensmittel. Im mittleren Abschnitt waren drei kleine Schubladen für Kleinteile sowie Unterbringungsmöglichkeiten für Flaschen gegeben, während der dritte Abschnitt die Kühlbox enthielt. Darüber befanden sich zwei Schubladen. Ab 1967 konnte eine zusätzliche Box darauf installiert werden, die in hochgeklapptem Zustand Platz für den optionalen Kocher oder die Spülschüssel bot. Zuerst konnte man das Wasser durch Siphon-Pumpen, die an zwei herausnehmbaren Flaschen angebracht waren, entnehmen, aber spätere Modelle verfügten über einen eingebauten Wassertank. An beiden Ladetüren waren Klapptische angebracht.

Der Tisch war verschieb- und drehbar, und es gab einen zusätzlichen Sitz unter dem Fenster zwischen dem Schrank und der Rückbank. Das Bett hatte das gleiche Design wie im SO 42 und wurde durch einfaches Ausziehen zu einem voll gefederten Doppelbett, das von Wand zu Wand reichte. Die Polsterung war einfarbig gelb oder rot für Exportmodelle oder gelb/orange oder einfarbig grün für die europäische Variante. Drei große Dachspinde waren über dem Motorraum angebracht und boten eine Menge Stauraum, aber um den Preis einer eingeschränkten Sicht durchs Rückfenster.

Camping Mosaik SO 45

Das war die Bezeichnung für den Camping Mosaik-Ausbau. Dieser war so entwickelt worden, dass er in alle T2-Modelle passte. Er verfügte über dieselben Möbel und Ausrüstungsgegenstände wie der SO 42, und es gab alle Teile einzeln zu kaufen. Dieses Modell stand nur 1967 zur Verfügung. Alle Möbel waren mit Echtholzfurnier ausgestattet.

Die Küche mit Spüle und Wasserhahn verläuft entlang der Stirnwand und hat ganz am Ende einen Schrank.

Drei große Dachspinde sind im Heck montiert.

Westfalia Camper

Bezeichnungen für Innenausstattungsteile

Wenn Kunden individuelle Wünsche äußerten, bot Westfalia verschiedene Pakete an, in denen eine Reihe von beliebten Armaturen und Ausrüstungsteilen kombiniert waren. Den einzelnen Teilen war ein Buchstabencode vorangestellt.

Das SO 23-Paket enthielt:

A23: Standard SO 23 Camper
B23: wie A23, aber mit Chemie-Toilette
D23: wie B23, aber mit Enders Benzinkocher und Kühlbox im Heck

Für den SO 33 gab es folgende Ausstattungsvarianten:

A33: Standard Campingausrüstung mit großer Zeltplane
B33: wie A33 plus Chemie-Toilette und Zwei-Flammen-Benzinkocher
D33: wie A33, aber mit kleiner Zeltplane
E33: wie D33, aber mit Chemie-Toilette und Zwei-Flammen-Kocher

Der Code SO 42 hing mit dem Einbau oder Nicht-Einbau des neuen Pop-up-Dachs zusammen:

A42: Standard SO 42-Zubehör und Innenausstattung
B42: Standard SO 42 mit Hubdach, Seitenmarkise und Dachgepäckträger
C42: Standard SO 42 nur mit Hubdach
D42: Standard SO 42 mit seitlicher Markise und Dachgepäckträger

SO 36 bezeichnete das Martin-Walter-Hubdach. Campingausrüstungspakete standen speziell auch für den Mosaik zur Verfügung. Typische Pakete waren:

F22: Standard Camping-Innenausstattung (Sitze und Tisch), Wohn- und Schlafbereich mit separaten Vorhängen, Kissen und Teppichen
G22: wie F22, aber mit Kleiderschrank, Spüle, 55-l-Kühlbox, Kinderhängebett und Waschbecken
H22: wie G22 mit großer Zeltplane, Dachkojen, Klapptisch für die Seitentür
K22: wie G22 mit großer Zeltplane, Dachkojen, Klapptisch für die Seitentür, Chemietoilette, Hängeleuchte, Kabel, Stecker und Buchse, drei 10-l-Wasserbehälter und Waschschüssel

Westfalia Farben

In den USA gibt es noch Beispiele von frühen Bussen, die nur grundiert geliefert wurden und bei denen man vor der Lackierung in der Fabrik die Rückleuchten, Türgriffe oder Fensterdichtungen nicht demontiert hatte, sodass man, wenn man diese entfernt, heute immer noch die ursprüngliche Grundierung darunter findet.

Bis 1958 benutzte Westfalia zusätzlich zu den VW-Farben auch einige eigene Farbschemata wie Gelb oder Braun wie auf diesem 1952er Camper.

Es gibt Aufzeichnungen über dreifarbige Lackierungen (Gelb/Braun/Gelb- und Weiß/Braun/Weiß-Kombinationen), wobei das Dach zur Farbe der unteren Karosseriepartie passte. Der unverwechselbare Farbmix von 1957/58 war Graublau/Dunkelblau/Graublau, obwohl die Kombination Palmgrün bis Sandgrün die wohl am häufigsten zu findende Original-Farbkombination auf noch erhaltenen Fahrzeugen ist. Das Armaturenbrett und die Ablage waren oft passend zum Außenanstrich lackiert, wie man an dem Beispiel von 1958 sehen kann, es hat auch die originalen Zierstreifen.

Interessanterweise gibt es keine Aufzeichnungen, die Farbgestaltungen in Gelb/Schwarz und Rot/Schwarz dokumentieren, wie man sie bei frühen Modellen im Westfalia-Museum sehen kann. Sofern sie authentisch sind, müssen es Sonderbestellungen gewesen sein. Es sei an dieser Stelle darauf hingewiesen, dass die im Museum gezeigten Fahrzeuge nicht als Originale gezeigt werden.

Ab 1958 verwendete Westfalia standardmäßig ein- oder zweifarbige Kombinationen in den aktuellen VW-Farben, aber auf Anfrage konnte man auch die Farben der Vorjahre haben. Vorrangig wurden die Farben Taubenblau, Blassgrau sowie Braunbeige bis Hellbeige gewählt. Bei einigen frühen taubenblauen Modellen gab es einen weißen Zierstreifen um die Sicke.

T2-WESTFALIAS
1968 – 1979

1968: SO 60/61/62

Die neue Form des Westfalia-Campers stand ab Januar 1968 unter der Bezeichnung SO 60, 61 und 62 zur Verfügung. Das alte Hubdach wurde durch eine neue Form ersetzt, die vorne klappbar und in der Mitte hebbar war und so maximale Kopffreiheit im Wohnbereich garantierte. Eine neue Ausführung von Zeltplanen, die in einem Metallrahmen aufgehängt waren, wurde ebenfalls eingeführt. Das Pop-up-Top und ein Metall-Dachgepäckträger waren auch weiterhin verfügbar. Zumeist auf Kombi-Basis gebaut, waren sie einfarbig mit Poptop oder weißem Hubdach als Kontrast.

Ein 1980er SO 60 mit dem neuen, vorn angeschlagenen Hubdach.

Ein SO 62 von 1968 mit Pop-Top-Dachversion

Ab 1969 wurden drei Hubdachvarianten angeboten.

SO 60/61

SO 60 hatte die durchgängige Kabine und war mehr eine Basisversion mit einem Einzelsitz hinter dem Fahrer (oder bei rechts gesteuerten Fahrzeugen hinter dem Beifahrer) und einer Spüleneinheit gegenüber an der Vorderseite der Schiebetür. Bei dieser Einheit befanden sich der Wassertank und die Kühlbox unter der Spüle, und es gab ein offenes Regal mit aufklappbarer Arbeitsplatte bzw. Tisch an der nach außen weisenden Seite. Der Haupttisch wurde bei Nichtbenutzung flach an die Wand geklappt. Die Sitzbank konnte zum Bett herausgezogen werden, und eine Garderobe befand sich in der Schiebetür.

SO 61 war die Camping Mosaik-Version der oben genannten Ausstattung.

SO 62

Der SO 62 war ein voll ausgestattetes Wohnmobil. Die Gestaltung war eng an die vorherige SO 44-Version mit geteilter Scheibe angelehnt. Hinter dem Fahrer war die Garderobe, der Rest der Trennwand wurde von einer großen Kücheneinheit wie im SO 44 eingenommen. Dazu gehörten eine zentrale Schublade und drei Schränke. Der mittlere beherbergte die große Kühlbox. Darauf war eine weitere Einheit mit einem Deckel zum Anheben und ausklappbarem Spritzschutz an den Seiten angebracht. Darin waren auf der linken Seite auch die Spüle und daneben der zweiflammige Edelstahlkocher (in der Mitte über der Schublade und der Kühlbox) angebracht. Oberhalb des herunterklappbaren Tischs befand sich eine Leselampe. Hinten über dem Motorraum gab es ein dreiteiliges Dachfach wie im SO 44.

1969 – 1971: SO 69

1969 wurde die Westfalia Produktpalette erweitert. Jeder SO erhielt einen Modellnamen nach einer europäischen Stadt, also:

SO 69/1 – Oslo
SO 69/2 – Zürich
SO 69/3 – Stockholm
SO 69/4 – Brüssel
SO 69/5 – Paris
SO 69/6 – Rom
SO 69/7 – Amsterdam

Die Oslo- und Zürich-Modelle waren praktisch die gleichen wie der SO 62, nur hatten sie jetzt einen Drehtisch und eine durchgängige Sitzreihe unter dem Fenster. Der Oslo war ein Modell mit Trennwand und Doppelsitzen, der Zürich war durchgängig, hatte zwei Einzelsitze, und das Reserverad war seitlich über dem Motorraum angebracht.

Die Stockholm- und Brüssel-Modelle waren ähnlich aufgebaut, aber etwas teurer, da sie einen zusätzlichen Kleiderschrank und seitlich einen Wäscheschrank boten, was zugleich bedeutete, dass das Bett nicht über die gesamte Breite reichte. Keines von diesen Modellen hatte den Dachschrank.

Paris und Rom waren etwas billigere Versionen. Beide boten Stehhöhe, aber der Kocher zählte nicht zur Serienausstattung. Hinter dem Fahrer, gegenüber der Schiebetür gab es einen Schrank mit einer Spülen-/Kühlbox-Einheit. Diese hatte einen Schrank mit offenen Regalen und einen Klapptisch an der Seite der Tür sowie einen weiteren an der Gangseite. Im Paris gab es die Sitzbank/das Bett über die volle Breite, während der Rom auf der Schiebetürseite einen weiteren Schrank und weiter hinten einen Wäscheschrank hatte.

Der Amsterdam war das preiswerte begehbare Modell. Anstelle eines Kleiderschranks gab es einen Einzelsitz hinter dem Fahrer, und der Tisch konnte nur gegen die Seitenwand geklappt, anstatt in viele Positionen gedreht werden.

An der Schiebetürseite befand sich ein Kleiderschrank, hinten waren ein Wäscheschrank sowie die Einheit mit Spüle/Kühlbox mit Seitenschrank und einem kleinen Klapptisch an jeder Seite untergebracht. Im Durchgangsbereich konnte ein gepolsterter Hocker stehen oder für den täglichen Gebrauch in den Bereich der Seitentür geschoben werden.

1970 kamen neu gestylte Ausbausätze ins Programm, die SO 70 und SO 71 bezeichnet wurden. Hierbei han-

Das 1969er Modell hat die Amsterdam-Ausstattung mit dem Klapptisch und dem Einzelsitz, die Kühlbox fehlt jedoch.

Westfalia Camper

delt es sich um recht einfache Ausstattungen bestehend aus Rückbank, Klapptisch, Einzelsitz hinter dem Fahrer und einem gepolsterten Hocker. SO 71 war die Variante mit der Rückbank/Bett-Version über die gesamte Breite, während SO 70 die Variante mit reduzierter Breite war. Trotzdem war es weiterhin möglich, Spüle, Kleiderschrank und andere Zubehörteile aus der vorhergehenden Mosaik-Version zu kaufen.

Alle Modelle basierten auf Kombis, und es war auch das Martin-Walter-Hubdach in voller Länge zusätzlich zu den Scharnier- und anderen Hubdach-Versionen verfügbar.

Dieses besondere Modell (links) im Besitz von Jonathon und Nicky Crump rollte im April 1969 vom Band; bekannt als Stockholm SO 69/3 war es mit einer Reihe von interessanten Möglichkeiten ausgestattet. M517 weist es als Westfalia-Campingmobil aus, als 518 mit Aufstelldach. Es gibt keinen Code für das Dormobile-Dach, aber M191 (Platten zur Unterboden- und Karosserieverstärkung) wurde für Busse verwendet, bei denen man große Öffnungen in das Dach geschnitten hatte. Andere Variationen hatten eine Eberspächer-Heizung, Trennwände, (Kombis und Microbusse waren im allgemeinen Modelle mit Mitteldurchgang), Emden-Radio, beheizbare Heckscheibe und – ungewöhnlich – die Option M100 – keine VW-Frontplakette. Letztendlich gab es auch die Paketvarianten ausgestattet mit Rettungswagen-Ventilatoren, Gepäcknetz, Abschlepphaken (vorn und hinten) und Rückfahrscheinwerfer.

Dieser Westfalia Stockholm von 1969 wurde mit Dormobile-Dach und seitlicher Trittstufe bestellt und hat keine Frontplakette.

Kleiderschrank und Ausziehbett

Ein Klappbrett und ein Vorratsschrank sind am Ende der Küchenzeile untergebracht.

Kojen

Die Küche verläuft entlang der Trennwand ...

... mit einem weiteren Schrank ganz am Ende.

Westfalia Camper

Die Küchenzeile bietet eine Menge Stauraum sowie eine Edelstahlspüle/Herdkombination mit Abtropffläche und eine große Kühlbox.

Im hinteren Teil des Daches ist ein Gepäcknetz angebracht.

1970: Das US-Campmobil

In diesem Jahr stellte VWoA eine nur für die USA gebaute Version vor, bekannt als der VW Camper. Ob Westfalia tatsächlich selbst fertigte oder die Produktion an lizenzierte Betriebe vergab ist unklar, aber die Innenausstattung entspricht dem Amsterdam ohne den gepolsterten Hocker oder den Klapptisch im Durchgang. Einige Möbelteile waren in heller Eiche (kein Furnier) gehalten, und die Schranktüren waren eckig mit geraden Holzleisten anstatt der bisher üblichen abgerundeten Kunststoffleisten. Im Dach über dem Heck gab es ein Ablagefach. Das Reserverad war auf der Front angebracht, und die Westfalia-Aufhängung für die Zeltplanen sowie das Kinderhängebett waren Standard. Es gab die Möglichkeit, anstelle des nach vorne zu öffnenden Hängedachs, das Pop-Top-Dach mit Metalldachgepäckträger zu bekommen. Zusätzlich bot VW ein Hubdach – Penthouse-Dach genannt und von Sportsmobile gebaut – an. Diese Version war im Gegensatz zu den Sportsmobile Campern in zwei Abschnitte aufgeteilt.

Die frühen VWoA Reisemobile basierten auf Kastenwagen und wurden in Amerika mit Einrichtungen im Westfalia-Stil und -Design umgebaut. Das Sportsmobile-Hubdach war eine Neuheit, aber das Zelt war ein Westfalia-Modell.

Der Deckel dieser Einheit ist in die Kabine klappbar, und es entsteht eine große Arbeitsfläche.

Der werksseitig angebrachte Abschlepphaken und der Rückfahrscheinwerfer.

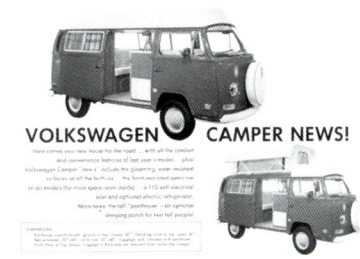

Westfalia Camper

1972: SO 72

Im August 1972 wurde der neu gestaltete Transporter mit Blinkern an der Front und dem nach vorne zu öffnenden Dach, das weiterhin für beide Versionen erhältlich war, vorgestellt. Ab Ende 1973 wurde das Dach hinten klappbar, und der Dachgepäckträger fand seinen Platz nun über der vorderen Kabine. Die neuen Modelle wurden wiederum nach Städten benannt, aber da die drei Modelle speziell auf den US-Markt zugeschnitten waren, bekamen sie Namen von Städten in den USA:

SO 72/1 – Luxemburg
SO 72/2 – Los Angeles
SO 72/3 – Helsinki
SO 72/4 – Houston
SO 72/5 – Madrid
SO 74/6 – Miami

Der Helsinki, das Top-Modell dieser Reihe, war von der Gestaltung vergleichbar dem frühen Paris-Modell. Allerdings gab es jetzt einen neuen Zwei-Flammen-Kocher, der nun am Schrank angebracht war. Er klappte in den Gang und wurde für den Gebrauch an der Spüle gesichert.

Die US-Versionen waren allgemein als Campmobile bekannt. Die Ausführungen hießen in Großbritannien hingegen Continental, und nicht Westfalia. Tatsächlich dachten viele Käufer, sie würden einen Camper kaufen, der von VW gebaut und montiert war! Der Miami hatte den Einzelsitz und die Spülen-/Kühlbox-Einheit mit den Klapptischen an beiden Seiten, den Falttisch an der Wand, einen Kleiderschrank, den Wäscheschrank an der hinteren Schiebetür und das Dreiviertel-Bett. Darüber hinaus hatte er den gepolsterten Hocker als zusätzliche Sitzgelegenheit. Beim Houston war der Kleiderschrank hinter dem Fahrer anstelle des Einzelsitzes angebracht. Außerdem vorhanden waren ein Drehtisch und ein Dachschrank. Die Rückbank/das Bett reichte über die volle Breite. Der Los Angeles bot einen zusätzlichen Seitenschrank, einen Wäscheschrank und ein Dreiviertel-Bett/Sitz.

1972: Der Continental

Continental war der Name, unter dem VW Westfalia Camper in Großbritannien vertrieben wurden. Die

Ausstattung war fast identisch mit der oben beschriebenen Helsinki-Ausstattung, mit Schrank und Herd/Spüle entlang der Vorderseite, abgesehen davon, dass der Wagen ein Rechtslenker war. Standardmäßig verfügte das Modell über ein Hubdach, Hängebett und Markise. Anstelle der Kühlbox war ein Kühlschrank erhältlich, und das Reserverad hatte einen Vinylbezug. Einen freistehenden gepolsterten Hocker gab es ebenfalls serienmäßig im Continental. Wände und Dach waren bei allen Modellen mit Sperrholzplatten in Birkenholz-Optik verkleidet. Die Polsterung war Herbst-Gold mit weiß/braun/orange-karierten Vorhängen Die Tischoberflächen waren weiß, alle Arbeitsflächen mit kratzfesten Kunststoffbeschichtungen versehen, und die Schränke bestanden aus dem üblichen Teakfurnier mit braunen Kunststoffleisten an den Türen. Zwei Lamellenfenster mit abnehmbaren Fliegengittern waren in die Schiebetür und gegenüber dem Seitenfenster eingebaut.

Das hier gezeigte Fahrzeug von 1972 ist im Besitz von Dave und Clare Simpkin. Das Modell hat die Continental-Ausstattung im frühen Stil mit dem vorn angeschlagenen Hubdach.

Westfalia Camper

Die Westfalia-Zeltplanen wurden damals in einen Rahmen gehängt und hatten ein gestreiftes Sonnendach als Erweiterung.

Ein freistehender Hocker war Standard beim Continental.

Die Kühlschranktür wurde für die Rechtslenker-Konfiguration nicht umgehängt (vielleicht zu teuer). Das machte den Zugang von außen etwas schwieriger.

Die Innenausstattung wurde geschmackvoll mit einer neuen Interpretation des Westfalia-Plaids erneuert und farblich auf das Fahrzeug abgestimmt.

Der Kleiderschrank befindet sich hinter dem Fahrer, und die Türen wurden für die Rechtslenker-Konfiguration umgehängt. Der Herd ist in der oberen Klapptür an der Seite des Kleiderschrankes untergebracht.

Der Kocher wird nach unten über den Durchgang geklappt und an der Kühlbox/Spüle gesichert.

Das große Auszieh-Doppelbett nutzt das Heck und reicht über die gesamte Breite.

Der hintere Teil des Dachs hat einen integrierten Dachgepäckträger.

Westfalia Camper

1973 – 1974: SO 73

Bei der IAA in Frankfurt im September 1973 wurde eine neue Generation von Hubdächern präsentiert, die hinten angeschlagen waren. Die auf der Messe 1974 vorgestellten Modelle zeigten eine weitere Variante der Möbelanordnung, die Spüle befand sich nun hinter dem Fahrer und eine Kocher/Kühlbox-Einheit auf der anderen Seite des Durchgangs an der Schiebetür. Alle Modelle hatten den Polsterhocker und trugen Städtenamen wie:

SO 73/1 – Düsseldorf
SO 73/3 – Malaga
SO 73/5 – Offenbach

Katalogbild von 1971   *Katalogbild von 1973*

Eine interessante Besonderheit der US-Campmobile war das faltbare Ersatzrad unter der Spüle, das mit einem 12-V-Kompressor und Elektrokabel geliefert wurde.

Der Düsseldorf hatte eine Spüle mit elektrischer Wasserpumpe und darunterliegendem Wassertank, die nun hinter dem Fahrer angebracht war. Ein Polsterhocker konnte im Gang oder neben den Schiebetüren stehen. Der neue Herd, ein zweiflammiger Kocher, stand nun an der Schiebetür, darunter eine Schublade und in einem Schrank darunter die Gasflasche. Ein nach außen gerichteter Klapptisch war an einem kleinen Schrank montiert. Die weitere Gestaltung war die Gleiche wie früher, mit Schwenktisch, Stauraum unter dem Fenstersitz, Sitz/Bett über die volle Breite, aber der Kleiderschrank befand sich nun an der Wand hinter der Fahrerseite, weswegen der Dachschrank kürzer ausfiel. Der Malaga hatte keinen hinteren Kleiderschrank, aber einen Kosmetikspiegel an der Spüle und einen Dachschrank über die gesamte Breite, während der Offenbach beides hatte, einen Schrank und den Kosmetikspiegel. Das Ersatzrad wurde bei der Malaga-Version mit dem gleichen karierten Stoff bezogen wie die Sitze.

Camping Mosaik-Versionen wurden als SO 73/7 und SO 78/8 bezeichnet, abhängig davon, ob es sich um ein Modell mit Bett/Sitz über die gesamte Breite oder über dreiviertel der Breite plus Kleiderschrank und hinterem Wäscheschrank handelte.

SO 73/2/4/6

Die nordamerikanischen Exportmodelle wurden nun „Campingmobile" genannt und in ähnlicher Größenordnung camp verschiedenen Kombinationen sowie in unterschiedlichen Ausführungen angeboten (wie die beschriebenen europäischen Modelle, jedoch mit einigen speziell für den US-Markt gefertigten Merkmalen wie Netz- und Wasseranschluss).

Das Campmobile

Das Standard Campmobile hatte Einzelsitze, die Spülen/Kühlbox-Einheit, Polsterhocker, Klapptisch, und die Kleiderschrank-/Wäscheschrank-Anordnung im Heck. Es gab auch einen vorne geöffneten Dachschrank, Lamellenfenster auf jeder Seite und eine 12-V-Leselampe über dem Tisch, der über ein ausziehbares Verlängerungsteil verfügte.

Die Deluxe-Version wurde mit Hubdach (also kein Dachschrank) und einem Gaskocher anstelle der Spüle an der Schiebetür geliefert. Unter dem Kocher befand sich anstelle der Kühlbox ein Kühlschrank. Der Propangastank war fest unter der Karosserie (unterhalb der Schiebetür) montiert. Die Spüle befand sich nun hinter dem Fahrersitz und ganz hinten auf derselben Seite war ein Kleiderschrank. Der Polsterhocker diente geschlossen als Stauraum (Abfallbehälter und der Tisch hatten ein aufklappbares Verlängerungsteil. Ebenso serienmäßig waren die Anschlussteile für die Strom- und Wasserversorgung vor Ort (einschließlich Schlauch), außerdem ein Moskitonetz für die Heckklappe. Beide Versionen hatten standardmäßig Zeltplanen sowie ein Kinderhängebett.

1975 – 1979: SO 76
Der Berlin und der Helsinki

1975 wurden zwei Basismodelle eingeführt, der Berlin und der Helsinki, bezeichnet als SO 75/1 und /2. Sie waren mit festem Dach, Pop-Top-Dach und Hubdach verfügbar. Eine Neuheit für beide Modelle war die an der Stoßstange montierte Box für das Reserverad: Man findet dies bevorzugt beim Berlin als Alternative oder zusätzlich zum faltbaren Reserverad. Ein Stromanschluss war Standard, und die Zeltplane hatte nun eine Sturmplatte über dem Baumwolldach. Der Berlin und der Helsinki sind bis heute die am besten ausgestatteten und luxuriösesten Westfalia-Umbauten und als eine Kombination aus Stil und Komfort sehr gefragt.

Der „Berlin"

Das Modell „Berlin" unterschied sich völlig von der Raumaufteilung früherer Versionen durch die Koch- und Küchenbereiche unter den Fenstern entlang der Seite gegenüber der Schiebetür. Hinter dem Fahrersitz befand sich ein offener Stauraum für das faltbare Reserverad sowie ein großer Schrank für die Gasflasche und den Wasserbehälter. Ein Drahtregal war an der Innenseite der Tür befestigt. Daneben gab es einen kleinen Schrank mit Regalböden für Pfannen und Kochutensilien. Darüber gab es zwei Schubfächer. Oben auf der Einheit befanden sich ein zweiflammiger Kocher und eine Spüle mit elektrischer Pumpe. Spüle und Kocher ließen sich mit Klappen verschließen und boten so eine zusätzliche Arbeitsfläche. Der Klapptisch war am Ende dieser Einheit montiert, und unter dem Seitenfenster stand wahlweise eine Kühlbox oder ein richtiger Kühlschrank. Über dem Motorraum war der Kleiderschrank posi-

tioniert, dessen Tür zum Innenraum wies. Ebenfalls an der Rückseite gab es einen geschlossenen Dachschrank. Ein gepolsterter Hocker mit Stauraum bot eine zusätzliche Sitzgelegenheit, die markanteste Neuerung war aber der schwenkbare Beifahrersitz. Beide Fahrerhaussitze hatten Kopfstützen.

Der „Helsinki"

Die Ausstattung folgte der bisher erfolgreichen Gestaltung mit einem Schrank hinter dem Fahrersitz, an dem der Klappherd befestigt war. Dieser wurde über den Gang gehängt und zum Gebrauch mit der Spüle verbunden. Die Spüle befand sich hinter dem Beifahrersitz und hatte eine Schublade. Die Kühlbox (optional ein Kühlschrank) befand sich darunter mit einem kleinen offenen Stauraum und einem Klapptisch an der Seite. Das Reserverad wurde im Heck verstaut, und die Sitzbank/das Bett, reichte über die volle Breite mit einem zusätzlichen Sitz (Stauraum) unter dem Fenster zwischen Kleiderschrank und hinterer Sitzbank. An der Rückseite befand sich ein geschlossener Dachschrank. Eine weitere Neuerung war ein Tisch für das Fahrerhaus. Er war zwischen Fahrer und Beifahrer am Armaturenbrett montiert. Beide Modelle gab es mit ein- oder zweifarbiger Außenlackierung und mit darauf im Innenbereich abgestimmten karierten Stoffen. Standardkombinationen waren:

Dakota Beige:
braun/beige/grün/schwarz-kariert

Graugrün oder Pastellweiß:
grün/gelb/schwarz-kariert

Chromgelb, Hellorange oder Pastellweiß
grün/orange/gelb/schwarz-kariert

Das Mosaik-Programm wurde durch die Baukastenangebote ersetzt, bei denen es immer noch möglich war, Komplettpakete oder Einzelteile zu kaufen. Dazu gehörten das Kleiderschrank/ Kocher/Spülen-Set (komplett oder einzeln), Polsterhocker (offen oder als Stauraumversion), Einzelsitze oder Sitzbänke, Dachschränke, Tische, Wandverkleidungen usw., die die Möglichkeit für zwei Grundausstattungen boten – Einzelsitze ohne Schrank und Herd beziehungsweise Schrank und Herdversion.

Westfalia Camper

Der Helsinki-Ausbau mit Spüle/Kühlbox und Kleiderschrank

Die Sitzbank/Bett-Einheit verlief über die gesamte Breite.

L-förmige Sitzgruppe rund um den Tisch

Ein 1978er Helsinki in Graugrün

Grün-karierte Innenausstattung

Der Kocher ist an der Kühlbox-Einheit angebracht und klappt zum Gebrauch über den Durchgang.

Rückansicht

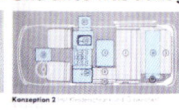

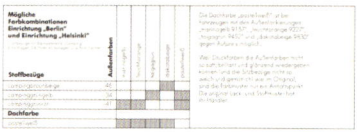

1978er Campmobile

Diese orientierten sich in gestalterischer Hinsicht dem Berlin, aber Kocher und Spüle verliefen jetzt unter dem Seitenfenster entlang, hinter dem Fahrersitz. Den Kocher gab es nur in der Deluxe-Version. Das faltbare Reserverad war direkt hinter dem Fahrer, am Ende dieser Einheit untergebracht. Daneben befanden sich eine Truhe und eine Kühlbox. Hinten gab es einen abschließbaren Kleiderschrank und ein geschlossenes Dachfach. Der Tisch war drehbar. Die Deluxe-Version hatte einen Kühlschrank anstatt der Kühlbox, einen gepolsterten Stuhl, der innen als Stauraum oder Mülleimer dienen konnte, und einen drehbaren Beifahrersitz. Es gab auch einen kleinen Tisch, der in der Fahrerkabine zwischen Fahrer und Beifahrer am Armaturenbrett befestigt werden konnte. Dieser war, wenn er nicht benutzt wurde, hinter dem Beifahrersitz untergebracht und mit einem Gummiband gesichert. Ein Stromanschluss zählte zur Serienausstattung, aber nur in der Deluxe-Version gab es auch einen Wasserkocher sowie einen Gaskocher nebst Gastank. Für Kanada bestimmte Fahrzeuge wurden nicht mit Gas ausgerüstet. Das Hubdach war für die Basisversion optional lieferbar, bei der Deluxe-Version gehörte es zur Standardausstattung.

Dieses Layout und die Optionen wurden über die gesamte Produktionszeit zwischen 1976 und 1979 beibehalten, aber die Versionen waren nun bezeichnet mit:

P21: Standard Wohnmobil
P22: Standard Wohnmobil mit Hubdach
P27: Deluxe Wohnmobil

Alle Versionen waren einfarbig lackiert und zwar modellspezifisch, beispielsweise wurde im Jahr 1976 Pastellweiß für den P21 verwendet, Chromgelb für den P22 und Salbeigrün für den P27. Die Polster waren entweder orange/grün/gelb- oder grün/gelb-kariert.

Ab 1976 konnte eine im Kabinendach installierte Klimaanlage bestellt werden. Wohnmobile von VW Canada entsprachen den US-Versionen, aber der drehbare Sitz war in allen Versionen serienmäßig vorhanden. Standard und Hubdach-Wohnmobile wurden jeweils als P21 und P22 bezeichnet, der Deluxe als P31. Bei diesen Modellen gab es keine Einlegeplatte für den Esstisch.

Westfalia ID-Codes

Bei den Innenausstattungen der 1970er bis 1979er Modelle gab die erste Stelle der Westfalia-Seriennummer das Modelljahr an; die Innenausstattung mit der Nummer 3 65489 stammt also aus dem Jahr 1973. Bei älteren Versionen findet man das Baujahr eingestanzt. Das auf der Sitzbank angebrachte Westfalia-Typenschild zeigt im Allgemeinen die SO-Nummer, aber manchmal, besonders in US-Bussen, steht dort nur „Wohnmobil 70".

Die „P"-Codes sind:

P21: Wohnmobil ohne Hubdach mit faltbarem Reserverad
P22: Wohnmobil mit Hubdach mit faltbarem Reserverad
P23: Wohnmobil mit Hubdach
P24: Wohnmobil mit Hubdach und kombiniertem Gas-/Elektro-Kühlschrank
P25: Wohnmobil mit Hubdach
P26: Wohnmobil mit Hubdach und kombiniertem Gas-/Elektro-Kühlschrank
P27: Wohnmobil Deluxe mit Hubdach, faltbarem Reserverad und kombiniertem Gas-/Elektro-Kühlschrank (1976 - 1979)
P28: Mit zusätzlichem Zelt für P21 bis P27
P29: Mit zusätzlichem 220-V-Stromanschluss (für P25 und P26)
P30: 1971 - 1973 Westfalia-Innenausstattung (ohne Hubdach)
P30: 1976 - 1979 kombinierter Gas/Elektro-Kühlschrank, mit Gaskochereinheit, Seitenbank in Fahrtrichtung zur Aufbewahrung von Gasflaschen für P21 und P22
P31: Westfalia mit Hubdach für Kanada
P32: Zusätzliches Zelt für Interieur P31

1979 – 2003: Der T3 (T25) und der T4

Der Joker

Die Westfalia-Tradition des exzellenten Designs und der überragenden Verarbeitungsqualität wurde mit der neuen T25-Serie fortgesetzt, als einer ihrer beliebtesten Umbauten vorgestellt wurde – der Joker. Er wurde 1979 in zwei Versionen eingeführt; als Joker 1 (Viersitzer) und als Joker 2 (Fünfsitzer mit hinterer Sitzbank über die gesamte Länge). Beim Entwurf des Jokers machte Westfalia sich seine jahrelangen Erfahrungen als Marktführer bei Camping-Innenausstattungen zu Nutze und kombinierte diese mit neuen Materialien und den modernen Details, die von einer anspruchsvolleren Generation nun verlangt wurden. Die Tischlerarbeiten waren nun in hellem laminierten Teakholz ausgeführt, mit braunen Kunststoff-Zierleisten an allen Ecken und Schranktüren. Die Polster waren in hellem, modernen Streifendesign auf dunkel- oder hellbrauner Basis gehalten. Im Joker gab es zwei Tische, der Haupt-Esstisch war schwenkbar montiert und wurde über dem unter den Fenstern gelegenen Stauräumen für Bettwaren gelagert, wenn er nicht gebraucht wurde. Ein kleiner Drehtisch war vorne montiert, um mit den drehbaren Vordersitzen benutzt werden zu können. Der Joker 2 hatte einen Einzeltisch und einen zusätzlichen seitlichen Einzelsitz anstatt des Schranks unter dem Fenster. Ein weiterer Schrank hinter dem Beifahrersitz hatte einen herunterklappbaren Notsitz. Das Doppelkochfeld, Spüle und Kühlschrank standen hinter dem Fahrer unter dem Fenster. Der Joker 1 hatte ebenfalls die hän-

Dieser 1979er Joker 2 ist einer der ersten aus der neuen Baureihe.

Westfalia Camper

gende Garderobe am Ende der Einheiten unter dem Fenster am Ende der Sitzbank. Auf derselben Seite gab es hinten einen großen Schrank und bei beiden Modellen einen Dachschrank. Ein Hubdach gehörte zur Standardausstattung, obwohl auch ein festes Dach bestellt werden konnte, und im Dachbereich gab es ein weiteres Doppelbett. Das Dach war in seiner Gestaltung ähnlich demjenigen, das in den frühen 1970ern eingeführt worden war, vorne angeschlagen, mit einem integrierten Dachgepäckträger über der Fahrerkabine. Gas- und Wassertank waren unter dem Fahrwerk angebracht.

Bis 1980 waren drei verschiedene Dachoptionen lieferbar: das übliche Westfalia-Klappdach und eine auf dem gleichen Prinzip basierende Konstruktion, die sich höher öffnete, sowie ein festes Hochdach mit einem Fenster vorne und zwei Oberlichtern. Der Joker war sehr beliebt und ab 1983 mit verschiedenen Ausstattungspaketen zu haben. Neben dem Joker 1 und dem Joker 3 gab es den Club Joker (der Fünfsitzer mit der Rücksitzbank über die gesamte Breite) und den Sport Joker, das einfache Wochenend-Modell mit Doppelbett und Tisch. Das laminierte Teakholz war inzwischen durch hellgraues Laminat mit dunkelgrauer Zierleiste ersetzt worden, um ein moderneres Aussehen zu erzielen.

Die letzten Joker-Modelle wurden 1987 produziert, ab 1988 erfolgte die Umbenennung der Modelle in California und Atlantic. Diese behielten das grundlegende Layout des Jokers bei, aber die Ausstattung war luxuriöser und in Bezug auf Materialien und Farben zeitgemäßer.

In Nordamerika war der Joker immer noch als das VW-Wohnmobil bekannt. Er entsprach im Wesentlichen der europäischen Version, abgesehen von ein paar kleineren Änderungen, die für den US-Markt erforderlich waren. Die meisten waren mit P23 als Deluxe-Modell bezeichnet, während der Zeit zwischen 1980 und 1981 gab es auch den Weekender (mit P22 bezeichnet), der hauptsächlich in den USA, aber auch in Europa angeboten wurde. Der Weekender war ein einfaches Modell ohne Schnickschnack für die verschiedensten Verwendungsmöglichkeiten. Er hatte eine Rücksitzbank/ein

Katalog von 1982

Katalog von 1987

Westfalia Camper

Im zeitgenössisch gestalteten, hellgrauen Schrank sind der Kühlschrank, Edelstahlkocher und die Spüle untergebracht.

Dieser Silver Edition Club Joker 3 war einer der letzten produzierten Joker.

Kopfstützen hinten waren Standard.

Bett über die gesamte Breite, keinen Kocher, keine Gasversorgung und eine Kühlbox statt eines Kühlschranks, aber er bot viel Platz, sodass die Passagiere sich auf Reisen komfortabel ausstrecken konnten.

Der hier gezeigte 1980er Weekender gehört Stan Wohlfarth. Da die Weekender in den USA nur kurze Zeit angeboten wurden, sind sie dort kaum anzutreffen. Das Fahrzeug wird angetrieben von einem umgebauten 2,0-l-Typ-4-Motor. Der Bus wurde nicht nur zweimal neu lackiert, sondern Stan hat auch die meisten Sitze neu polstern lassen und auf einige der Innenverkleidungen blaues Vinyl aufgezogen (da, wo das ursprüngliche weiße Vinyl unansehnlich geworden war). Der hintere Ecksitz neben der Küchenzeile besitzt noch die Originalpolsterung auf beiden Kissen. Hinter dem Beifahrersitz wurde der Notsitz aus einem späteren Modell angebracht. Weitere Veränderungen sind z. B. im Wohnmobil verteilte Getränkehalter in verschiedenen, passenden Farben, ein Ventilator über der Küchenzeile, ein Messingverschluss für das Gefrierfach (der seine Aufgabe, die Tür geschlossen zu halten, viel besser erfüllt als die Original-Verriegelung), eine Seitenstufe und Kabinensitze mit nicht verstellbaren Armlehnen aus einem 1984er Vanagon. Die Leichtmetallräder sind nachträglich montiert worden; sie sind bekannt als „Dan Gurney-Räder".

Westfalia Camper

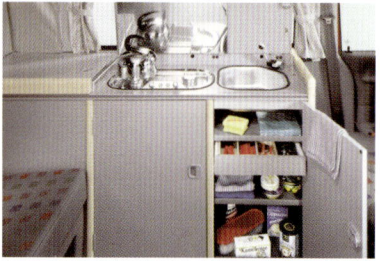

1989: T4 California

Der für die letzten T25-Umbauten verwendete Name California wurde von Westfalia für die neue, auf dem T4-basierende Generation übernommen. Die im Joker bewährte grundlegende Innenaufteilung wurde ebenfalls beibehalten, mit Kocher, Kühlschrank, Spüle und Stauräumen unter dem Fenster gegenüber der Schiebetür. Die Innenausstattung wurde aus Holzimitat oder hellem Laminat gefertigt, und das Paket enthielt viele Ausstattungsmerkmale serienmäßig, die in anderen Umbauten nur als Zusatzausstattung zu bekommen waren.

Sondereditionen

Westfalia vermarktete neben der standardmäßigen Produktlinie zusätzliche Sondereditionen in limitierter Auflage. Diese wurden nur als Linkslenker gebaut und waren auf den europäischen und nordamerikanischen Markt ausgerichtet. Das hier gezeigte Exemplar aus dem Jahr 2001 wurde „Generation" genannt und gehört Ralph und June Pettit. Diese Sondereditionen waren immer mit vielen Extras ausgestattet, in diesem Fall mit Klimaanlage, beheizten Vordersitzen, ABS und Traktionskontrolle, zwei Airbags, Tempomat, getönten Scheiben, in Wagenfarbe lackierten Stoßstangen und Spiegeln sowie einer mit Diesel betriebenen Zentralheizung. Weiterhin gibt es eine intelligente Zentralverriegelung mit Fernbedienung, die es ermöglicht, dass die Schiebetür verwendet werden kann, während die anderen Türen verschlossen sind, und die Heckklappe kann in angelehnter Position gesichert werden, um eine gute Belüftung zu ermöglichen, aber auch eine gewisse Sicherheit während der Nacht zu gewährleisten. Die Polsterung dieser speziellen Modelle unterschied sich von den Standardmodellen (in diesem Fall in Grün und Grau), die einen fast identischen Innenraum nur mit weniger Extras hatten.

Der hier gezeigte Camper besitzt eine modulare Rücksitzbank/Bett mit zwei einfach abnehmbaren Kopfstützen und zwei Dreipunkt-Sicherheitsgurten. Die Küchenzeile verfügt über einen zweiflammigen Kocher ohne Grill (wegen der Sicherheitsvorschriften waren Grills in deutschen Wohnmobilen nicht gestattet). Die Spüle hat eine Plastikschüssel und eine Pumpe für den isolierten 25-l-Tank. Das Abwasser wird in einen isolierten, an Bord befindlichen 27-l-Tank geleitet. Beide Tanks sind zwischen dem Mobiliar und der Außenhaut angebracht und werden durch außenliegende Armaturen gefüllt bzw. entleert. Der Kühlschrank verwendet ein ausschließlich aus dem Bordnetz gespeistes Niederspannungssystem und wird mit einem Kompressor betrieben. Er wird von oben beschickt und sieht aus wie ein kleines Kühlschränkchen für Eiscreme, aber es ist viel mehr als nur ein Kühlschrank. Er kann zwischen -20 °C und +20 °C betrieben werden und dient somit als Tiefkühltruhe oder als Warmhaltefach. Die Batterie ist eine wartungsfreie 135-Ah-Gel-Batterie. Dach- und Unterschränke, Fächer in den Sitzen, eine Garderobe und handliche Beutel im Heckraum bieten reichlich Platz. Das Radio Typ Gamma und der Tempomat gehörten zur werksseitig montierten Mehrausstattung. Dies ist zweifellos ein modernes Wohnmobil für ein neues Jahrhundert, entwickelt für eine neue Generation von Käufern, die Stil, Komfort und praktische Anwendbarkeit erwarten.

Im Jahr 2001 präsentierte Westfalia anlässlich des 50-jährigen Jubiläums der Produktion von VW Campern eine limitierte Sonderedition, den California Event mit der typischen karierten Polsterung. In den Werbebroschüren wurden als Hommage an die Ursprünge des VW Campers sogar Originalbilder aus den 1950er Jahren verwendet, obwohl der luxuriöse Innenraum nur noch wenig Ähnlichkeit mit der guten alten Camping Box aufweist! Ein langer Radstand, Hochdachversion sowie ein privates Badezimmer im hinteren Teil – komplett mit Toilette und versenkbarem Waschbecken waren nur einige dieser Unterschiede. Die letzte Sonderedition erhielt den Namen Freestyle. Nach der Einführung des T5 produzierte Westfalia zwar noch eine begrenzte Anzahl von Umbauten auf Basis des T4, aber keine einzige auf T5-Basis, da die Zusammenarbeit zwischen VW und Westfalia im Jahre 2004 nach 53 Jahren endete. Volkswagen verwendete den Namen California jedoch für seine eigene Version eines Campers auf T5-Basis weiter. Dies war das erste Mal, dass VW werksseitig ein eigenes Wohnmobil produzierte.

Westfalia Camper

Limitierte Sonderversion 2001: der Generation

39 2005: Zum Schluss ein VW Camper ...

Für viele Menschen ist der Westfalia Camper das Synonym für VW Campingmobile schlechthin, aber entgegen der landläufigen Meinung gab es bis in die jüngste Vergangenheit nie so etwas wie eine werkseigene VW Camper-Produktion. Stattdessen zog VW es stets vor, Verträge mit etablierten Umbaufirmen zu schließen. Die von den VW-Händlern vertriebenen Volkswagen Camper waren also Umbauten von Firmen wie Westfalia, Devon oder Danbury, kamen aber in den Genuss der vollen VW-Werksgarantie. Seit Jahren stellte Volkswagen Westfalia immer Vorabinformationen über Neuentwicklungen zur Verfügung, bis hin zur Bereitstellung von Prototypen, damit das Westfalia Design-Team vor Produktionsbeginn damit arbeiten konnte. Aber als Westfalia im Jahr 2001 von DaimlerChrysler übernommen wurde, war VW nicht bereit, die Details für das neue T5-Modell preiszugeben. Als Volkswagen die Beziehung zu Westfalia 2004 dann beendete, erkannte man auch in Wolfsburg die Notwendigkeit, eine Campingversion zu bauen und brachte das Modell California auf T5-Basis heraus. Das Fahrzeug wurde im Volkswagenwerk ausgestattet und brach auch mit der Tradition des modernen, minimalistischen Designs. Von der Fachpresse gefeiert, glänzte der neue Camper mit dem innovativsten Design, das man je bei einem VW Camper gesehen hat, und luxuriöser Ausstattung auf höchstem Niveau, auch wenn das Fehlen eines Grills von den internationalen Testern bemängelt wurde. Zur Verfügung standen zwei Modelle, der California Trendline und der etwas höherwertige Comfortline, beide hatten ein elektro-hydraulisches Aluminium-Hubdach.

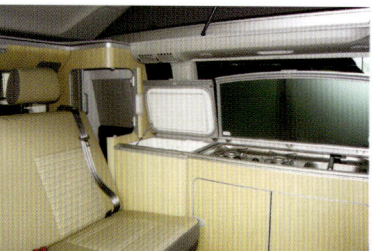

Esseckenanordnung mit drehbaren Vordersitzen: Unter den Seitenfenstern befinden sich Spüle, Herd und Kühlbox.

Modernes Styling bis hin zum Kochfeld und zur Spüle

Die mitgelieferten Klappstühle werden in der Heckklappe untergebracht.

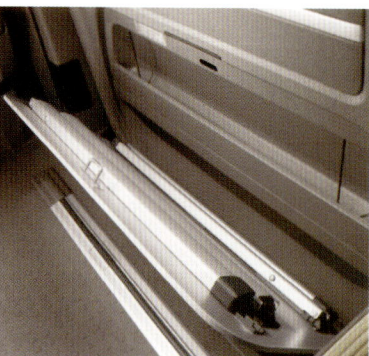
Der Tisch wird zusammengelegt und in einem Fach in der Schiebetür verstaut.

Anhang

Karosseriefarben 1950 – 1967

Van, Kombi

März 1950 – Februar 1953
Perlgrau
Taubengrau
Mittelgrau
Kastanienbraun
Braunbeige

März 1953 – Juli 1958
Perlgrau
Grau
Taubengrau
Elfenbein

August 1958 – August 1961
Taubengrau
Elfenbein
Lichtgrau
Siegellackrot

September 1961 – Juli 1963
Taubengrau
Elfenbein
Lichtgrau
Perlweiß
Türkis
Rubin

August 1963 – Juli 1964
Taubengrau
Elfenbein
Lichtgrau
Perlweiß
Türkis
Rubin

August 1964 – Juli 1967
Taubengrau
Perlweiß
Lichtgrau
Elfenbein

Microbus und Deluxe

1950 – 1955
Obere/Untere Karosseriefarbe
Braunbeige	Hellbeige
Steingrau	Steingrau
Kastanienbraun	Siegellackrot

März 1955 – Juli 1958
Obere/Untere Karosseriefarbe
Palmgrün	Sandgrün
Steingrau	Steingrau
Kastanienbraun	Siegellackrot

August 1958 – Februar 1961
Obere/Untere Karosseriefarbe
Möwengrau	Mangogrün
Perlgrau	Perlgrau
Beigegrau	Siegellackrot

März 1961 – Juli 1964
Obere/Untere Karosseriefarbe
Blauweiß	Türkis
Perlweiß	Mausgrau
Beigegrau	Siegellackrot

August 1964 – Juli 1965
Obere/Untere Karosseriefarbe
Blauweiß	Seeblau
Blauweiß	Samtgrün
Beigegrau	Siegellackrot

August 1965 – Juli 1967
Obere/Untere Karosseriefarbe
Kumulusweiß	Seeblau
Perlweiß	Samtgrün
Beigegrau	Tizianrot
Lotosweiß	Lotosweiß

L-Codes	Deutsch	Englisch
L21	Perlgrau	Pearl Grey
L22	Mittelgrau	Medium Grey
L23	Silbergrau	Silver Grey
L28	Grau	Grey
L31	Taubenblau	Dove Blue
L37	Mittelblau	Mid Blue
L41	Schwarz	Black
L53	Siegellackrot	Sealing Wax Red
L59	Kirschrot	Cherry Red
L62	Elfenbein (>64)	Ivory White
L63	Postgelb	Post Office Yellow
L70	Grausilber (>66)	L70 Grey Silver
L73	Kastanienbraun	Chestnut Brown
L75	Hellbeige	Light Beige
L76	Braunbeige	Brown Beige
L80	Weiß-grau	Grey White
L82	Silberweiß	Silver White
L84	Weiß	White
L221	Steingrau	Stone Grey
L249	Taubengrau	Dove Grey
L260	Sandgrau	Sand Grey
L282	Lotosweiß	Lotus White
L289	Blauweiß	Blue White
L311	Sandgrün	Sand Green
L312	Palmgrün	Palm Green
L325	Mausgrau	Mouse Grey
L345	Lichtgrau	Light Grey
L346	Mangogrün	Mango Green
L347	Möwengrau	Seagull Grey
L360	Seeblau	Sea Blue
L380	Türkis	Turquoise
L456	Rubin	Ruby Red
L466	Silberbeige	Silver Beige
L471	Steinbeige	Stone Beige
L472	Beigegrau	Beige Grey
L512	Samtgrün	Velvet Green
L528	Grau	Grey
L555	Tizianrot	Titian Red
L567	Elfenbein	Ivory White
L680	Kumulusweiß	Cumulus White
L693	Grausilber	Grey Silver

Karosseriefarben 1968 – 1979

L-Code	Modelljahr	Deutsch	Englisch
L555	1968	Tizianrot	Titian Red
L282	1968 – 1970	Lotosweiß	Lotus White
L512	1968 – 1970	Samtgrün	Velvet Green
L620	1968 – 1970	Savannenbeige	Savanna Beige
L87	1968 – 1970	Perlweiß	Pearl White
L30H	1969 – 1970	Montanarot	Montana Red
L50H	1969 – 1970	Brillantblau	Brilliant Blue
L610	1969 – 1970	Deltagrün	Delta Green
L11H	1971 – 1972	Sierragelb	Sierra Yellow
L31H	1971 – 1972	Chiantirot	Chianti Red
L53D	1971 – 1972	Niagarablau	Niagara Blue
L60D	1971 – 1972	Ulmengrün	Elm Green
L91D	1971 – 1972	Kansasbeige	Kansas Beige
L13H	1973 – 1974	Ceylonbeige	Ceylon Beige
L30B	1973 – 1975	Kasanrot	Kasan Red
L53H	1973 – 1975	Orientblau	Orient Blue
L61B	1973 – 1975	Sumatragrün	Sumatra Green
L20B	1973 – 1979	Leuchtorange	Brilliant Orange
L62H	1974	Baligelb	Bali Yellow
L65K	1974	Ravennagrün	Ravenna Green
L20A	1976 – 1977	Marinogelb	Chrome Yellow
		(bis Fahrgestellnummer 2172 079 871)	
L31A	1976 – 1979	Senegalrot	Senegal Red
L57H	1976 – 1979	Ozeanicblau	Reef Blue
L63H	1976 – 1979	Taigagrün	Sage Green
L21H	1977 – 1979	Marinogelb	Chrome Yellow
		(ab Fahrgestellnummer 2172 079 872)	

L-Code	Modelljahr	Deutsch	Englisch
L86Z	1977 – 1979	Agatabraun	Agate Brown
L13A	1978	Dakotabeige	Dakota Beige
LH8A	1978	Dattelbraun	Date Brown
L97A	1978 – 1979	Silbermetallic	Silver Metallic
L12A	1979	Panamabraun	Panama Brown
	1979	Mexicobeige	Mexico Beige
–	alle	Grundiert	Prime Red
L345	alle	Lichtgrau	Light Grey
L50K	alle	Neptunblau	Neptune Blue
L567	alle	Elfenbein	Ivory
L90D	alle	Pastellweiß	Pastel White

Dachfarben

L-Code	Modelljahr	Deutsch	Englisch
L581	1968 – 1970	Wolkenweiß	Cloud White
L41	1971	Schwarz	Black
L90D	1971 – 1979	Pastellweiß	Pastel White
L91Z	1977	Atlasweiß	Atlas White
L13A	1978	Dakotabeige	Dakota Beige
LH3A	1978	Fuchsrot	Fox Red
LE1M	1979	Mexicobeige	Mexico Beige

Anmerkung:
1968 – 1970 Dach und Regenrinnen in der oberen Farbe lackiert
1971 – 1979 Dach und Karosserie ab der Seitenlinie in der oberen Farbe lackiert